今日からモノ知りシリーズ

トコトンやさしい

空気圧の本

香川 利春

圧縮によるエネルギーである空気圧は圧力と温度、そして湿度の影響を大きく受けます。状態が変化しやすい空気圧の計測・制御は簡単ではありません。空気圧のメカニズムを知ることで、空気圧システムの応用の幅は広がります。

B&Tブックス
日刊工業新聞社

はじめに

空気圧の応用範囲はますます広がり、産業用自動化機器だけでなく、血圧や眼圧などの生体計測にも利用されています。こうした応用分野の広がりに伴って空気圧のメカニズムを紹介する本が必要だと思い、空気圧を優しく分かりやすく解説する本として、原稿を書き始めました。

フルードパワー技術の一環として空気圧の特徴である圧縮性に関する性質をどのような順次でお話ししようか。理解を促すためには空気圧の不思議な現象をまず解説して、それに伴う性質を示すのがいいと考えました。

空気圧システムはチョーク、音速となる現象を上手にというよりも、適した言葉としては、偶然に用いています。本書で解説するように、負荷が大きくなっても動作速度は同じになります。この現象については、空気圧システムのユーザである日本溶接協会の安藤弘平先生が１９６３年に指摘しています。

現在、フルードパワー技術は電動化の波にさらされています。言葉を換えれば、切磋琢磨しています。電気では有効でない、空気圧だからできるという特徴を明確にし、その利点を活用している分野としてアクチュエータが挙げられます。空気圧アクチュエータの特徴はメータアウト速度制御技術にとどまらず、計測技術としても重宝されています。

産業界における最近の10年では、経済産業省が中心となりトップランナー制度、すなわち各工業製品の効率を明らかにすること、また排出する二酸化炭素量の減少を目標に立てています。例えば、自動車業界では排気ガスの分析や燃費について各社は多くの人材を用いて改善に心掛けています。

こうした業界の要望に応えるため、空気圧システムでも効率が注目されています。しかし、空気圧システムにおいて、計測は大変難しい技術です。この課題を解決するため、業界では力をあわせて取り組んでいるところです。

本書では空気圧システムの有効エネルギーについて明らかにする計測器を紹介しますが、計測で見える効率的な結果以上に、空気圧システムには魅力があります。本書で、その魅力の一端をお伝えできれば幸いです。

香川　利春

トコトンやさしい

空気圧の本

目次

目次 CONTENTS

第1章 空気圧とは

第2章 空気の圧縮性の役割

第3章 空気の温度変化

第4章 空気圧における流体力学と流量の表記

第5章 空気圧システムの制御と回路

第6章 活躍する空気圧システム

第7章 空気圧真空機器

第1章

空気圧とは

1 空気圧の秘密

駆動技術としての特徴

空気圧駆動の歴史は古く、ローマ時代まで遡ります。実用的技術としての活用は産業革命後となり、第1次・第2次世界大戦を経て、日本の高度経済成長時代に重要な駆動技術となります。半導体による情報革命を第2次産業革命ともされますが、それらの機器の製造手段として、空気圧、油圧、電気などの駆動方式は用いられてきました(図)。

近年、経済産業省が主導し各種工業製品の効率性の向上とそれを表示する動きがあり、空気圧システムの効率についても、検討するプロジェクトが行われました。空気圧システムの効率は一般的に高くないと言われているにも関わらず、多くの自動化システムで多用されています。

空気圧が多方面で利用される理由について分かりやすく説明します。1つ目は、作動流体が空気であるため大気中に無尽蔵に存在すること。また、使い終わって圧力の下がった空気は、戻り配管を経由する必要がありません。大気に放出すればいいからです。

2つ目は、使われている空気圧絞りの中の流れが音速に達すると、空気圧アクチュエータの動作速度の制御が極めて容易になります。これを空気圧シリンダのメータアウト速度制御と呼び、本書で詳しく説明します。

3つ目は、空気圧駆動システムが発生する力や動作速度が工場の自動化ラインのハンドリング速度に合っていること。空気圧システムは頻繁に動作する用途に適した駆動方式で、電動駆動のモータなどに比べて安価という特徴を有しています。

厳密な空気圧システムの効率計算法はISO(国際標準化機構)においても確定していません。今後、その結果が明らかにされると考えます。空気圧システムの高い信頼性や使いやすさは、多くのユーザに支持されています。

要点BOX

- ●空気圧の効率性は高くないけれど、多方面で活用されている
- ●空気圧システムの信頼性と使いやすさ

空気圧・油圧・電気の違い

空気圧

- クリーン
- 機器がシンプルでコンパクト
- 効率性は一般的に低め

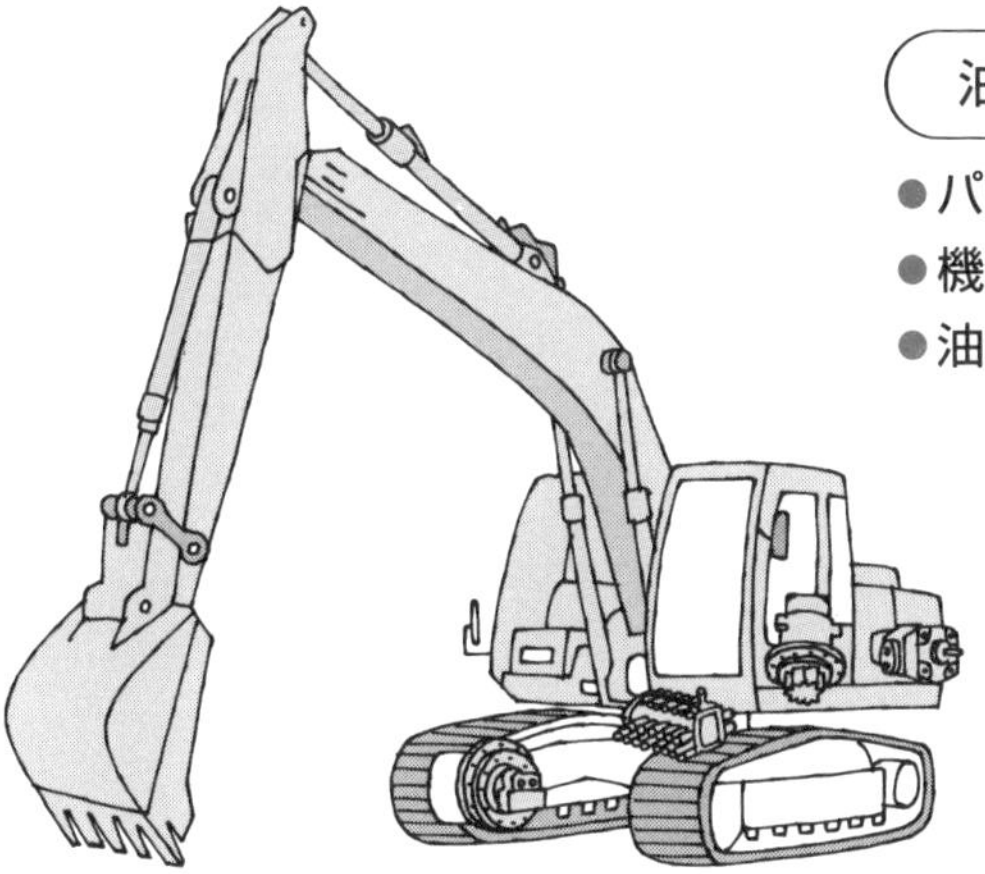

油　圧

- パワーが大きい
- 機器の寿命が長い
- 油漏れの危険がある

電　気

- スピードがある
- パワーの強弱が付けやすい
- 機器が重くなりがち

2 空気圧の歴史

紀元前から利用されてきた

人類における空気圧を利用する歴史は古く、紀元前後に地中海沿岸のアレクサンドリアのクテシビオスやヘロンなどが空気の圧縮性を発見し、後世のボイル・シャルルの法則を予見するような発明を生みました。プトレマイオス朝の首都であるアレクサンドリアでは、空気圧を利用したふいごが多く出土されています。金属加工においては、ふいごが多くの酸素を供給し、金属の溶融温度に素早く達することができるからです。紀元前2～3世紀には、こうした発明が行われていたのです。クテシビオスの発明では長時間動作できる水時計が有名です。弟子のヘロンは世界で初めて反動型蒸気タービンを試作しました。

図1にヘロンの噴水を示します。水鉢Aに入っている水は水連結パイプEを経由してタンクCに導かれます。タンクCの空気圧力は水の流入に伴い上昇し、空気圧連結パイプを経由してタンクBの空気圧を上昇させます。タンクBの空気圧が上昇し、水鉢A部分のノズルからタンクBの水が噴出します。水と空気を用いたサイフォンのからくりとも言えます。

17世紀に入ると、ドイツ・マクデブルグ市長のオットー・フォン・ゲーリックは2つの半割の鋼球を動物の皮をシールとして内部の空気を抜き、これを8頭ずつの馬に引かせて、やっと引きはがすことができる実験を行いました。内部の空気を真空ポンプで抜いたとの記述もありますが、大気の認識が十分でない時代におけるこの実験は、いわゆる見世物でした(**図2**)。

直径が30㎝～40㎝の半球同士をくっ付け、真ん中の圧力を下げます。一説には水を少し入れて加熱し、その蒸気によって空気を追い出し、負の圧力を達成していたともあります。面積は1200㎠ですので、1t近い力で引っ張らないと球は外れないことが分かります。産業分野での空気圧の利用は、ここから100年以上の歳月を要しました。

要点BOX
- ●火力を高めるために空気圧を利用
- ●大気圧の概念がなくても行われた空気圧の実験

図1　ヘロンの噴水

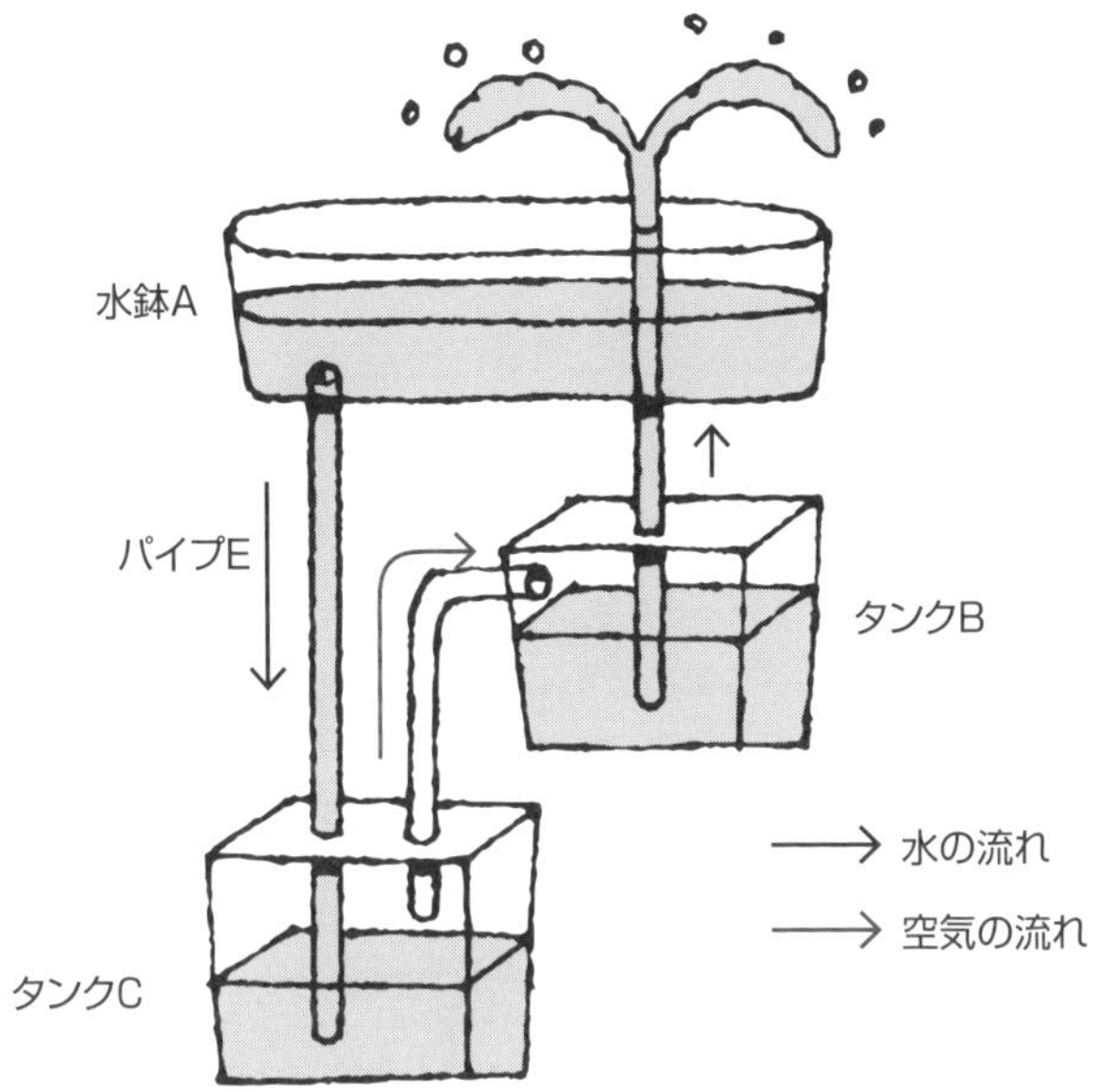

図2　マクデブルグの半球

3 まずは原理を知ろう

圧力差が生み出す力

空気圧システムでは、コンプレッサといった圧縮機などによって高められた空気の力を駆動動作が必要とされる部位に配管を通じて輸送し、圧力差による力によって負荷物体を駆動します。空気圧のエネルギーを機械的な動きにして機器を動かす駆動装置であるアクチュエータには、シリンダや回転運動を行うロータリアクチュエータがあります。基本的にはどのアクチュエータも圧力差による力を駆動に利用しています。

図1に空気圧タンクの圧力切り替えの基本回路を示します。圧力供給源からの空気は減圧弁によって所定の圧力に調整されます。電磁弁は電気信号によって空気の接続されるポートを切り替えます。供給ラインに接続されると、電磁弁の流量通過能力によって決まる流量で空気圧タンクは充填されます。空気圧システムの特徴の1つに、上流圧力と下流圧力の比率がある比率を下回ると、空気の流れが音速状態になり、下流の圧力の影響を受けない性質があります。この現象は空気圧システムの最大の特徴であり、チョークもしくは閉塞状態と呼びます。

また、空気の充填に伴い、タンク内に元々あった空気は圧縮されて高温になります。充填する場合、充填される空気は外部から供給されるので、断熱温度までにはなりません(第3章で詳述)。

空気圧の基本はタンクの充填放出と空気圧シリンダの駆動回路です(**図2**)。減圧弁によって調整された空気は、電磁弁によってAもしくはBのラインに供給圧力がつながります。Aにつながった場合には、シリンダのヘッド側の圧力が上昇して摩擦力に打ち勝った時点で空気圧シリンダは右上方に動きます。ラインBは空気圧サイレンサを経由して大気に放出され、Bのラインに接続されるロッド側空気圧はほぼ大気圧となり、シリンダはその差圧で動作します。

要点BOX
- **圧縮された空気の圧力差が物体を動かす**
- **最大の特徴は上流圧力と下流圧力の関係。チョーク・閉塞状態がポイント**

図1　タンクの充填回路

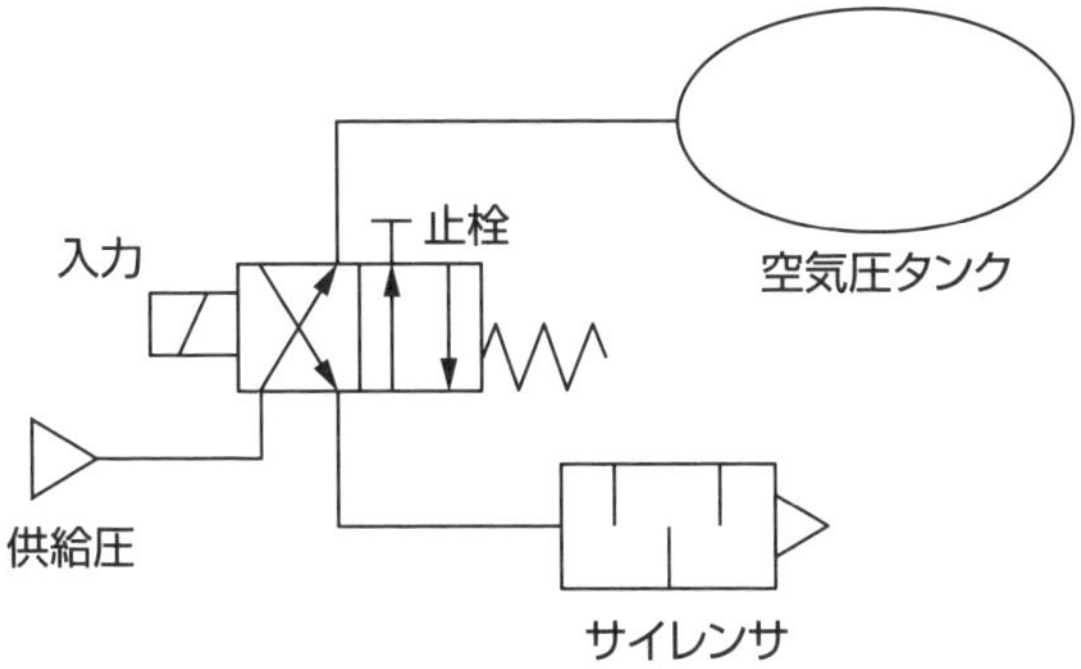

図2　空気シリンダの駆動回路

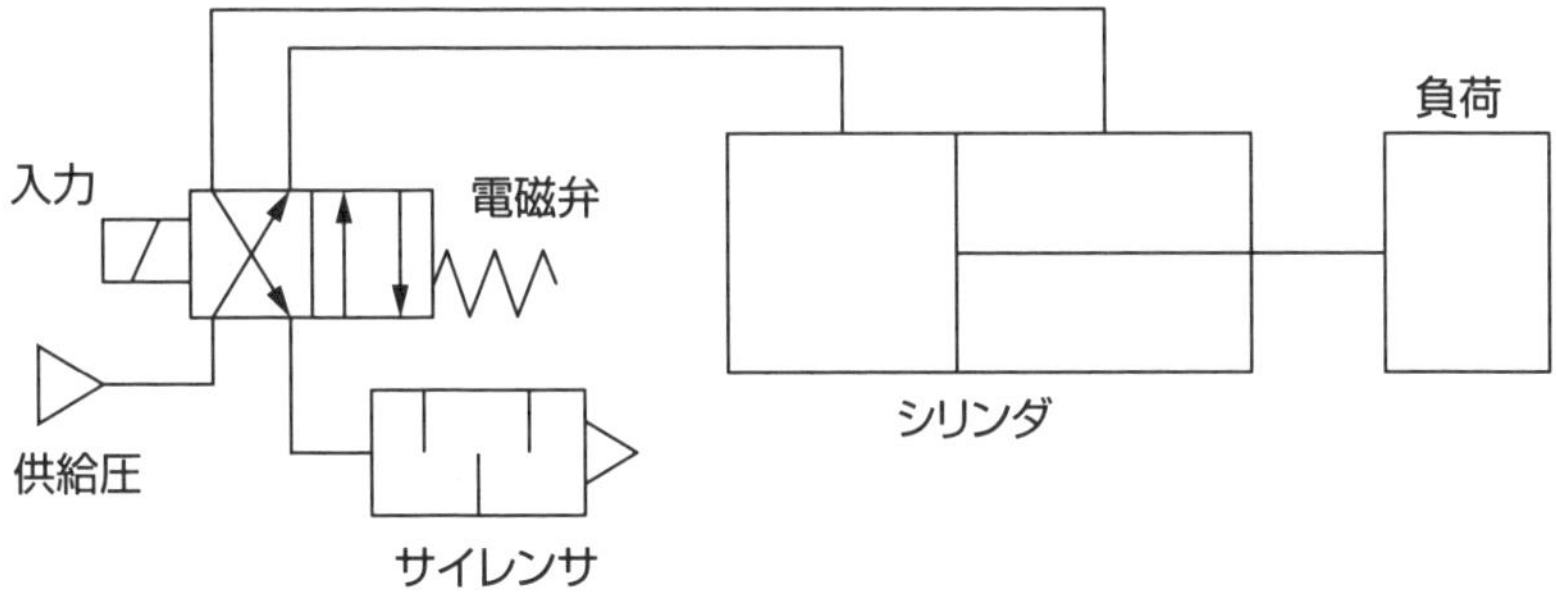

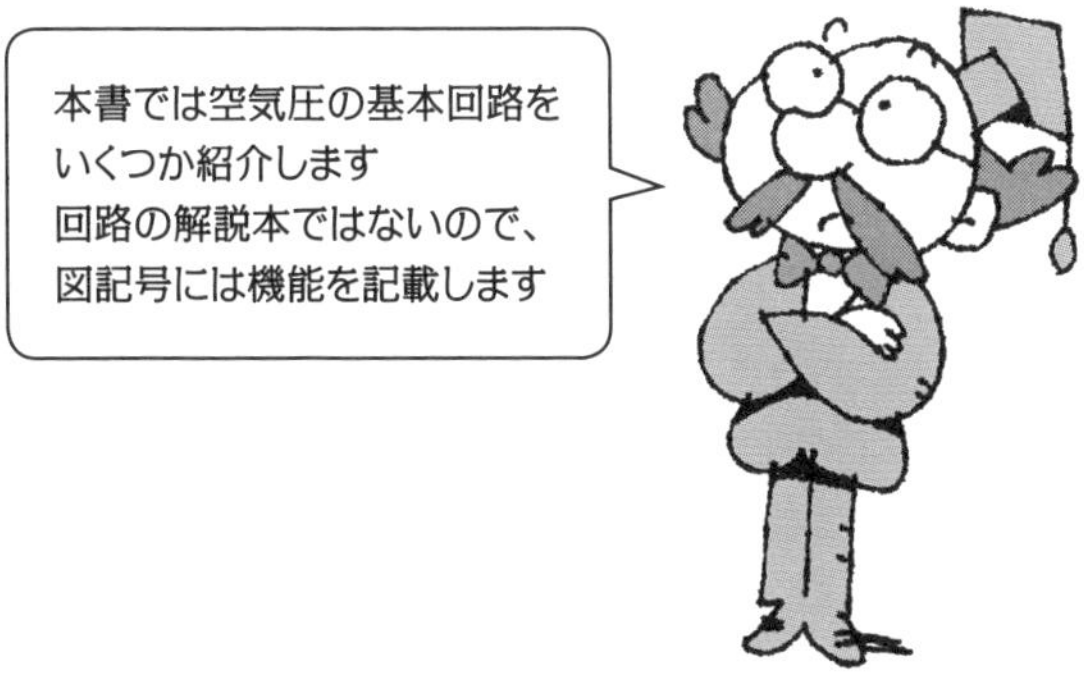

4 空気の組成と質量

空気には重さがないという常識

空気圧システムの挙動を知るためには、空気の組成についての知識も重要です。地表から500㎞の高さまでの気体を総称して大気と言い、地表から15㎞の対流圏にある気体を空気と言います。空気圧システムはこの空気の圧縮された状態を応用します。空気は対流のために常時攪拌され、その組成はほとんど変わらず、窒素、酸素、アルゴン、二酸化炭素、ネオン、キセノン、ヘリウム、クリプトンなどからなる混合ガスです(図1)。私たちが呼吸している空気は、実際には水蒸気を含んだ湿り空気です。水蒸気の量は場所、時間、風速、温度によって著しく異なり、質量にして0・02~3%程度です。空気の湿り程度は湿度で表し、これは空気圧工学にとっては重要な課題となります。

空気圧システムが利用されている工場環境では、水蒸気以外に油や塵芥《じんかい》などの不純物も空気に含まれています。これらの物質は水蒸気とともに空気圧機器の作動不良や配管の腐食などの原因となります。現在の空気圧システムではエアドライヤやフィルタなどの清浄化機器が用いられ対策されています。

空気の質量というと、通常は空気には重さがないものという認識です。物体には浮力が働くというアルキメデスの原理は有名です。アルキメデスの原理とは、物体が押しのけている体積分の気体もしくは液体の重量の分だけ浮力が作用して軽くなることです。プールに入ると体が浮くのが例です(図2)。

一方、空気の場合では、そもそも1㎥あたり常温常圧で1・2kg/㎥の密度は人体の比重に比べて小さいため、空気圧タンクに圧力を高めても重さ的にほとんど変化しません。しかし空気の圧力は一般に用いられる空気圧釘打機用の圧縮機では4・5MPaで圧力が高められているため、釘打機用によく用いられている5ℓのタンクでは空気の重さが200g以上となり容易に測ることができます。

要点BOX

- 対流圏にある気体である空気を活用する
- 空気の湿り度は空気圧工学にとって重要
- 空気は圧縮すると重くなる

図1　乾き空気の組成表

気体	窒素	酸素	アルゴン	二酸化炭素
体積百分率	78.09	20.95	0.93	0.03
質量百分率	75.53	23.14	1.28	0.05

図2　アルキメデスの原理

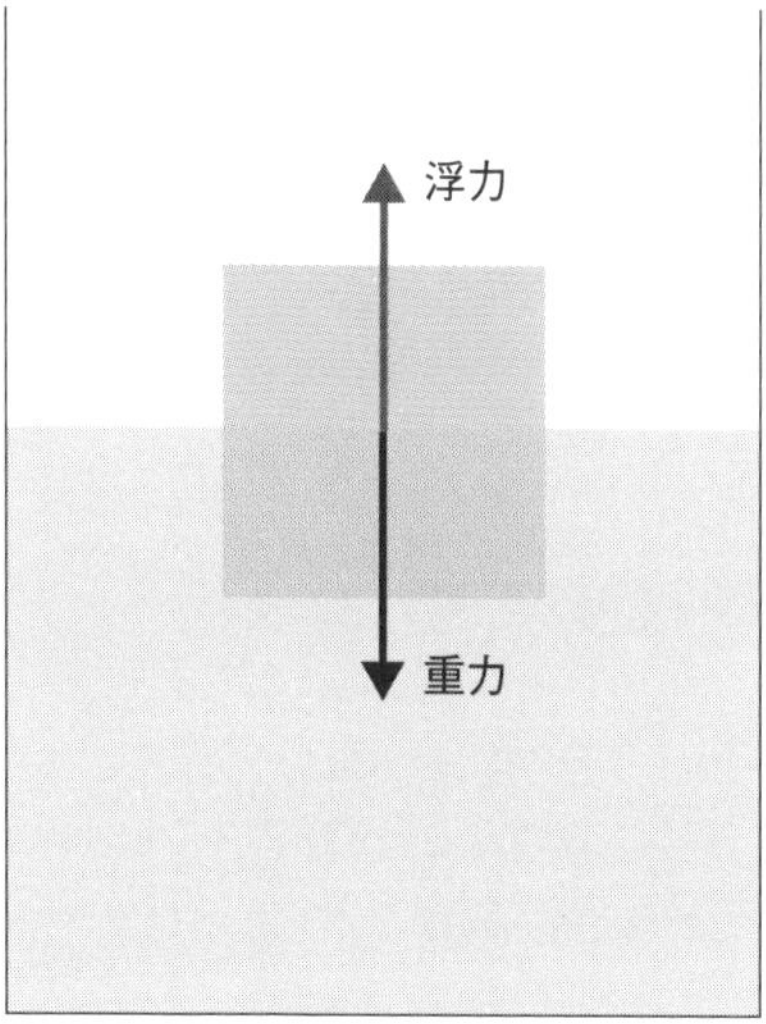

水の中に置かれた物体が押しのけた水の重量（重力）と同じ浮力が働きます。

塩分濃度が極めて高い死海では人間の体の3分の1も浮いてしまいます。人間の体の比重と水の比重はかなり近く、塩分の量によって浮力の効果が大きく現れます。

5 空気の状態表示

圧力、温度および体積

空気の状態表示には、圧力、温度および体積が基本状態量として利用されています。この3つの基本状態量はそれぞれに独立した量であり、これらが決まれば空気の状態や量が決まります。さらに空気圧システムでは、これら3つの状態量に加えて湿度の量が重要です。

私たちは大気圧101・3kPaの中で生活しています。一般生活において圧力はゲージ圧力が用いられ、大気圧との差を表示します。また国によって用いる単位が異なる場合があります（6項で詳述）。米国ではpsiが用いられます。

空気圧システムでは、絶対真空と大気圧の間において多くの機器が関係しています。57項で解説する真空トイレではエジェクターと呼ばれる空気の巻き込みを用いて負圧を発生する機器が多く利用されています。これらの低真空領域に対して、半導体産業では高真空領域（0・1Pa以下）が用いられ、半導体の線幅が数ナノメートルのチップが開発されています。

圧力に次いで、温度が重要な状態量です。圧力と温度が決まれば密度が求められます。温度の表示としては摂氏（℃）、絶対温度K（摂氏温度＋273・15）、華氏温度F（1・8×摂氏温度＋32）があります（図）。空気圧工学では多くが摂氏温度で表示されますが、空気の質量などを求めるためには絶対温度が用いられます（7項で詳述）。

空気圧シリンダの体積は空気消費量に直接関係します。毎分あたりの空気圧シリンダの空気消費量は、圧力にシリンダ体積と動作回数を掛けたものになります。

圧力、温度、体積の状態量に加えて、空気中の水分量が極めて重要な状態量です。空気圧システムのトラブルは温度補正とそれに伴う水分の相の変化、すなわち空気中の水分が温度変化によって凝縮し、さらなる温度変化を伴う氷結の問題があります（表）。

要点BOX
- ●空気圧では圧力、温度、体積と湿度が重要
- ●空気圧シリンダの消費空気量は絶対圧力×シリンダ体積×動作回数

温度換算式

●摂氏温度から絶対温度

摂氏温度+273.15

●絶対温度から摂氏温度

絶対温度-273.15

●摂氏温度から華氏温度

1.8×摂氏温度+32

●華氏温度から摂氏温度

$(\text{華氏温度}-32)\times\frac{5}{9}$

飽和水蒸気量表

温度(℃)	飽和水蒸気量(g/m³)	温度(℃)	飽和水蒸気量(g/m³)	温度(℃)	飽和水蒸気量(g/m³)
-50	0.060	10	9.40	45	65.3
-40	0.172	15	12.8	50	82.9
-30	0.448	20	17.3	55	104.2
-20	1.067	25	23.0	60	129.8
-10	2.25	30	30.3	70	197.0
0	4.85	35	39.5	80	290.8
5	6.80	40	51.0	90	420.1

$$\text{温度}[\%] = \frac{\text{空気}1\text{m}^3\text{中の水蒸気量}[\text{g/m}^3]}{\text{その温度での飽和水蒸気量}[\text{g/m}^3]} \times 100$$

これを相対湿度と呼びます

6 圧力と温度の関係

表示の違いを知る

完全な真空状態には空気分子がないので、圧力は生じません。この完全な真空状態を零基準にした圧力を絶対圧力と呼びます。工業上、いわゆるゲージ圧力計で直接測定されているのは零基準にとった絶対圧力です。

ガソリンスタンドで車のタイヤに入れる空気圧は、大気圧を基準にしたゲージ圧力（相対圧力）で依頼します。標高3000mの高地では空気の密度は30％程度低いため、大気圧を基準にしたゲージ圧力で入れなければタイヤの圧力は高すぎます。

空気圧工学で理論計算する場合には絶対圧力が用いられます。大気圧力より低い圧力は、負圧もしくは真空圧力領域と呼びます。これらの関係を図に示します。

圧力の単位はPa（パスカル）、bar（バール）、mmHg（水銀柱ミリメートル）、kgf／cm²（キロ）が用いられています。

ISOではPaとbarが用いられています。Paは、大気圧の場合には100000Paとなり、あまりにも桁数が多いためkPaもしくはMPaが用いられています。ゲージ圧力の場合にはPa（G）と表記します。米国の場合にはpsi（ポンドスクエアインチ）が用いられます。換算方法については表に示します。

温度変化は、空気圧システムの特性に大きな変化を及ぼす重要な状態量です。空気分子は微細なブラウン運動（微小な粒子が衝突して起こる不規則な運動）をしているものの、空気圧工学ではそれに気付くことはありません。

温度表示としては、摂氏温度（℃：セルシウス度）、絶対温度（K：ケルビン）、華氏温度（F：ファーレンハイト）があります。アメリカでは主に華氏温度が利用されています。

要点BOX
- ●真空状態を零基準にしたのが絶対圧力
- ●一般社会ではゲージ圧力、空気圧力の解析には絶対圧力を用いる

圧力表示

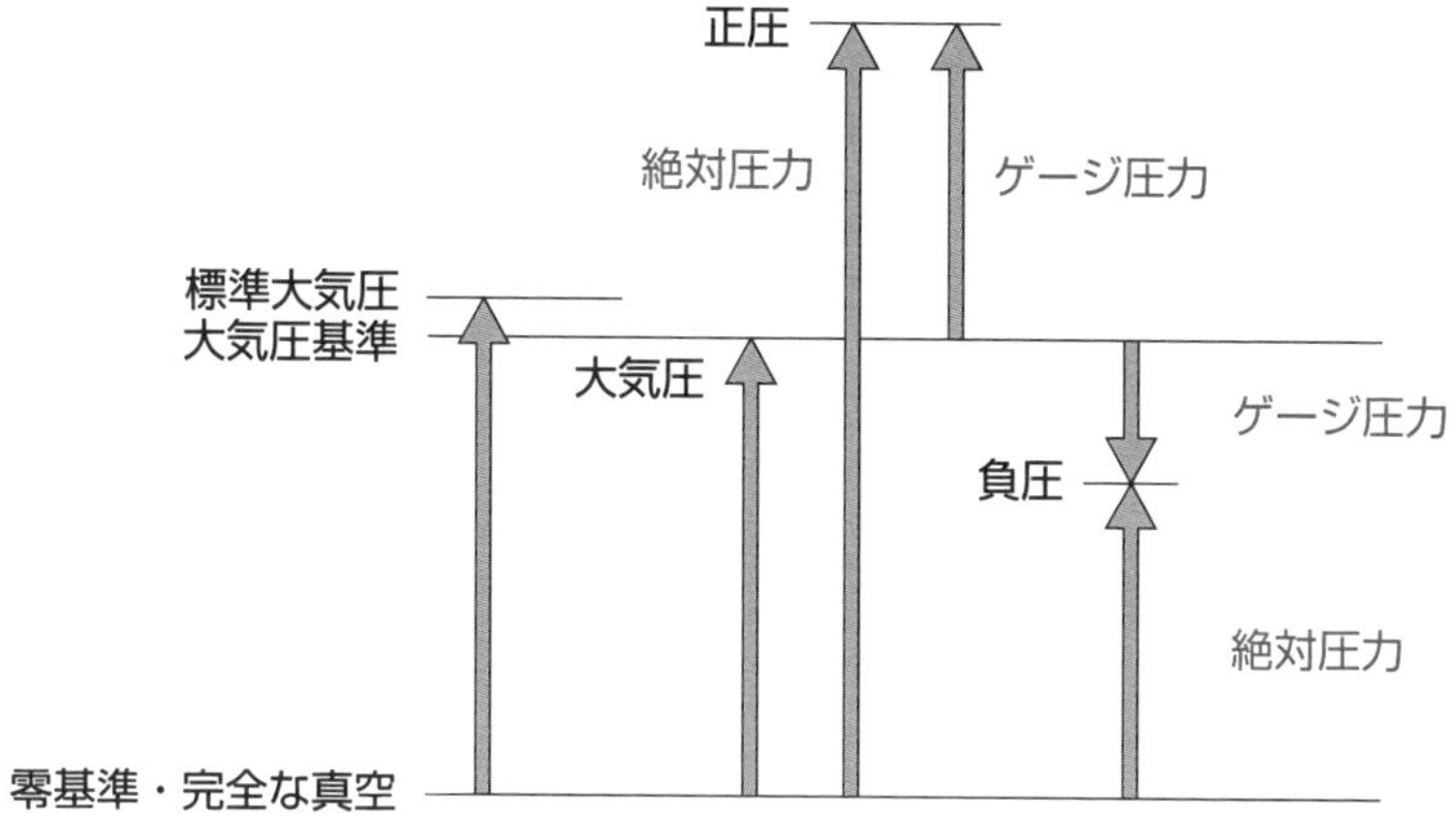

圧力単位の換算表

単位	Pa	bar	atm	psi	mmHg	mmH_2O
1 Pa		10^{-5}	9.869×10^{-6}	1.450×10^{-4}	7.500×10^{-3}	0.1020
1 bar	1×10^{5}		0.9869	14.50	750.0	1.020×10^{4}
1 atm	1.013×10^{5}	1.013		14.70	760.0	1.033×10^{5}
1 psi	6895	6.895×10^{-2}	6.805×10^{-2}		51.71	703.1
1 mmHg	133.3	1.333×10^{-3}	1.316×10^{-3}	1.934×10^{-2}		13.60
1 mmH_2O	9.807	9.807×10^{-5}	9.678×10^{-5}	1.422×10^{-3}	7.356×10^{-2}	

7 基準状態と標準状態

空気の状態を揃える

ここまで空気について解説してきてまだ続くのかと思われるかもしれませんが、ここをしっかり押さえておかないと圧縮性流体としての空気を理解できません。もうすこし、お付き合いください。

基準状態(Normal Temperature and Pressure)と標準状態(Standard Temperature and Pressure)の定義と、それらの状態における空気の密度を表に示します。基準状態は物理学に基づく値で、標準状態は産業的な値です。

日本国内の流量計メーカの間では、基準状態が慣例的に用いられています。日本フルードパワー工業会で決めたノルマル状態といって温度と圧力が異なります。基準状態は0℃ですが、ISO/TC131(空気圧システムおよび要素機器を審議する委員会)が扱う領域では20℃がノルマル状態となります。

ノルマル表記におけるNが力のニュートン(N)と間違えることが考えられるために、2001年からの新計量法ではNl/minをl/min(normal)、またはl/min(nor)に表記するよう規定が変更されました。

標準状態については、従来日本国内では温度20℃、絶対圧力101・3kPa、相対温度65%の状態が使用されています。アメリカの産業界では、華氏温度62℉、絶対圧力14・7psi、相対湿度65%の状態が用いられています。

しかしながら、1990年以降、ISO8778をはじめ、ISO2787、ISO6358に表に示す新しい標準状態が採用されました。英文名がStandard Reference Atmosphereと統一され、表記がANRとされたのです。

ISOの制定というとさぞかし紳士的に会議で決まると思われるかもしれませんが、寝技と国同士の談合でほとんど決まります。

要点BOX
- ●国内の流量計メーカは基準状態を用いる
- ●標準状態はISOでの基準値がある
- ●アメリカではほとんどISOを使わない

基準状態と標準状態

		基準状態	標準状態	
			ISO	日本国内
状態	温度(℃)	0	20	20
	絶対圧力(kPa)	101.3	100	101.3
	相対湿度	0%	65%	65%
表記		NTP	ANR	STP
密度(kg/㎥)		1.293	1.185	1.200

8 空気圧シリンダと電動アクチュエータの効率比較

電動を上回る効率性とは

　ここでは空気圧シリンダと電動アクチュエータの効率を比較します。空気圧システムの効率は未だISOとJIS化はされていないため、日本フルードパワー工業会規格を用いて比較します。比較実験のために空気圧シリンダと電動アクチュエータ、それぞれ2社の機器を用いて、水平方向と垂直方向に速度を変えて繰り返し運動を間欠的に行いました。空気圧システムはエアパワーメータを用い、電動アクチュエータでは電力消費計によって計測を行います。

　まず、間欠動作の場合に負荷を3種類変化させて保持させ、どれだけの消費エネルギーが発生するかを調査しました。負荷は0、16、27・8kgとします。電動アクチュエータの場合、垂直方向に負荷を持ったまま静止すると、16kg負荷では25W~30Wのエネルギー消費が発生しました。**図1**にサイクル時間を変化させた場合の電動アクチュエータのエネルギー消費を示します。この実験結果から、電動アクチュエータにも適する動作速度があることが分かります。

　次に、**図2**に1サイクル時間を変化させた場合の空気圧シリンダのエネルギー消費を示します。5項で解説した通り、1回あたりのストロークによる空気圧シリンダの空気消費量は決まっているので、ストローク時間を変えても消費エネルギー量はほとんど変わらないことが分かります。

　図3に駆動速度を変化させた場合の空気圧・電動のエネルギー消費比較を示します。この実験結果を見ると、電動アクチュエータが広い領域で空気圧シリンダより効率のよいことが分かります。しかしながら、特に負荷のかかる垂直駆動で、間欠動作の空気圧シリンダの効率がいいことが分かります。

　また、エアパワーメータでは、通過したエネルギー値が表示され、そのエネルギーは放出してしまう仮定ですが、高圧の空気圧は回収して再利用することができます。

要点BOX
- ●電動の方が広い範囲で一般的に効率が高い
- ●電動も万能ではない
- ●空気圧の方が効率性の高い部分もある

図1 1サイクル時間を変化させた場合の電動アクチュエータのエネルギー消費

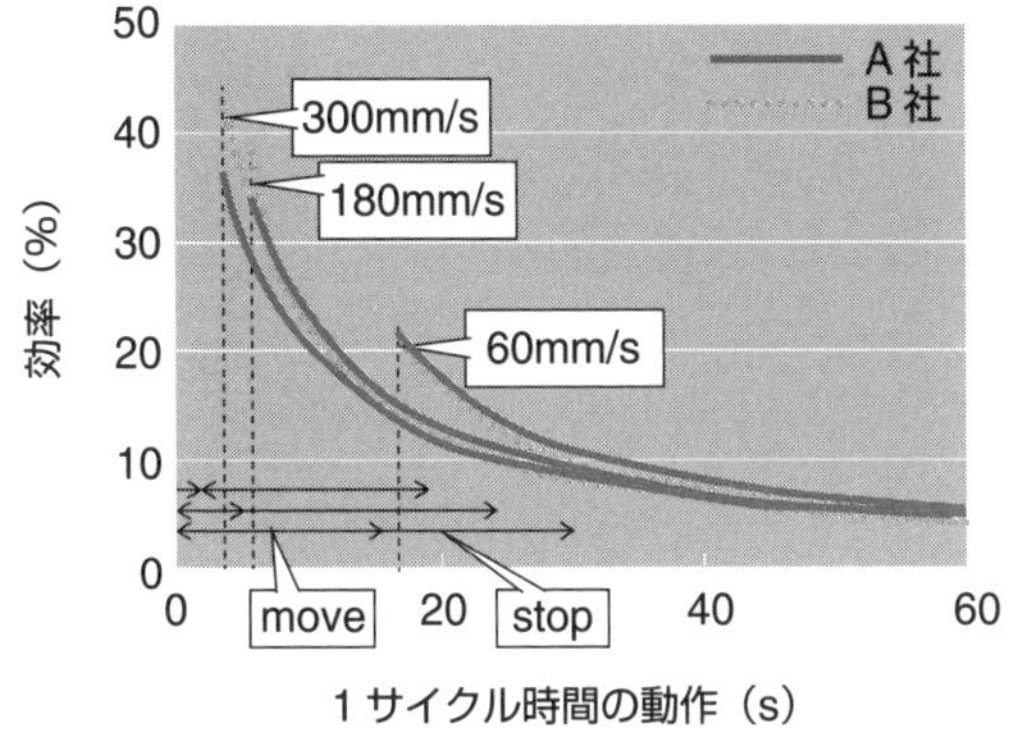

図2 1サイクル時間を変化させた場合の空気圧シリンダのエネルギー消費

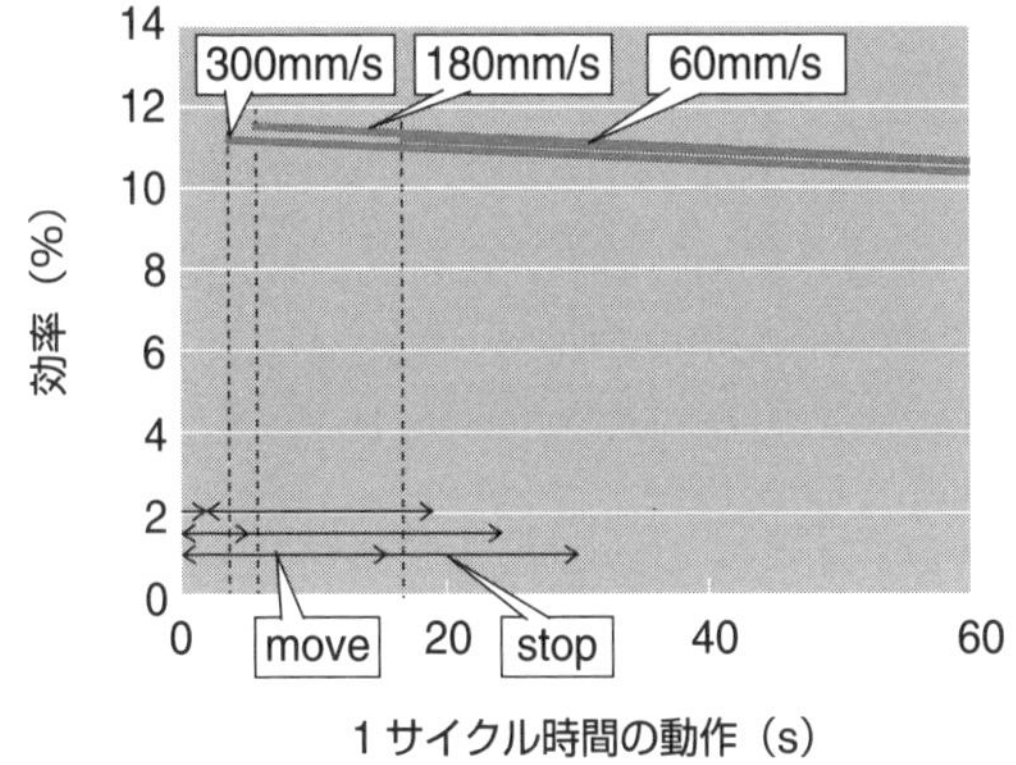

図3 垂直駆動で駆動速度を変化させた場合の空気圧・電動のエネルギー消費比較

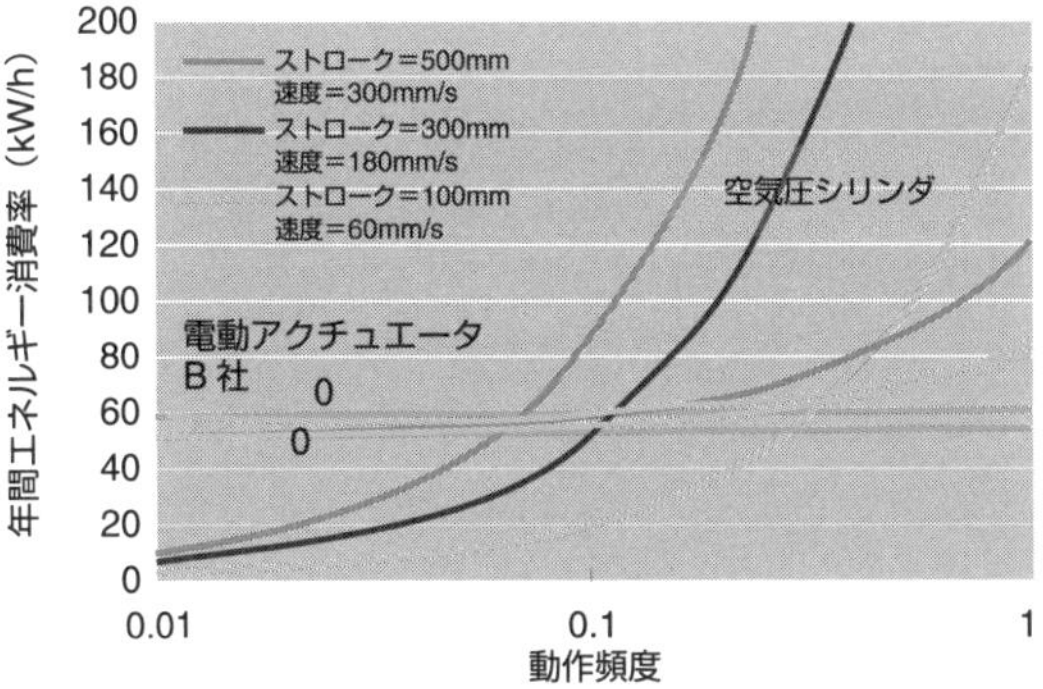

Column

空気の温度変化が招くトラブル

1994年、ロンドンとパリ、ブリュッセルを結ぶ鉄道・ユーロスターが開通しました。英仏海峡トンネル(ユーロトンネル)がドーバー海峡を横断します。このユーロトンネルでは、空気の温度変化による思わぬトラブルが発生しました。

2009年にヨーロッパで大寒波が発生。鉄道車両が故障しユーロトンネルの中で停止し、2500人以上の乗客がトンネル内に10数時間閉じ込められてしまいました。これは、トンネル外部の冷たい空気がトンネル内の温かい湿った空気に接触・凝縮し、ユーロスターの制御の電子機器で凝縮水が発生し電子基板が動作しなくなったのが原因でした。この緊急事態に、日立製作所の車両「ジャベリン」が乗客を救出したそうです。

このように、空気の温度変化によって大きなトラブルが発生するのです。

空気圧工学では凝縮水の発生量を求める場合があります。5項でも説明しましたが、ポイントは圧力と温度が決まれば規程の体積に含まれる水分の量が求まる、ということです。

温度変化は空気の圧力変化に伴い常時発生します。温度が下がると飽和水蒸気量が減少しますので、温度変化前より減った分は凝縮して水となります。この水が先ほどのユーロスターの電子基板に悪影響を及ぼした訳です。

このように、凝縮水が出てもトラブルになります。さらに、凍結の問題も発生します。

第2章
空気の圧縮性の役割

9 空気の圧縮性

空気などの圧縮性流体は、外力に対して容易に体積を変化させます。

車のタイヤを例にしましょう。タイヤには空気が充填されています。ガソリンスタンドでタイヤの空気圧を調整する際、大気圧からどれだけ大きいかを基準にしたゲージ圧を使います（**図1**）。一般の乗用車では、2・2bar～2・6bar（220kPa～260kPa）の圧力を入れます。空気を入れすぎるとタイヤが固くなって、跳ねるような乗り心地になります。

車のタイヤに窒素を入れると燃費がよくなったり、圧力が減りにくくなると言われます。酸素と窒素の分子の大きさにそれほど相違はありませんので、空気を入れる場合には飽和水蒸気の状態で水分が入ってくるため、その一部が凝縮してタイヤの空気圧が減ると考えられます。

図2に、空気圧シリンダと油圧シリンダに力を加えた場合を示します。空気圧シリンダの場合には、ロッドに圧縮力を加えると容易にストロークします。一方、油圧シリンダではほとんどストロークしません。空気の圧縮されやすさは空気の状態方程式より求めることができます。

空気の圧縮性の果たす役割には、機械システムにダンピングを与えることが挙げられます。空気が入ったシリンダを圧縮すると、体積の減少に伴って力×体積の分のエネルギーが空気に加わります。その結果として空気の温度が上昇し、空気とシリンダの内壁面とで熱移動が生じます。この熱移動がダンピング効果をもたらし、エネルギーを減少させます。

空気圧アクチュエータのみならず、圧縮機においても同様の現象が発生します。せっかく圧縮機がストロークして空気の圧力を高めても、同時に温度が上昇してしまい、しばらくするとその温度が大気温度まで下がってしまいます。従って空気の持つエネルギーが減少するわけです。

要点BOX
●空気は外力によって体積が容易に変化する
●油圧シリンダはストロークしづらい
●「力×体積」のエネルギーによって熱が発生

図1　ゲージ圧

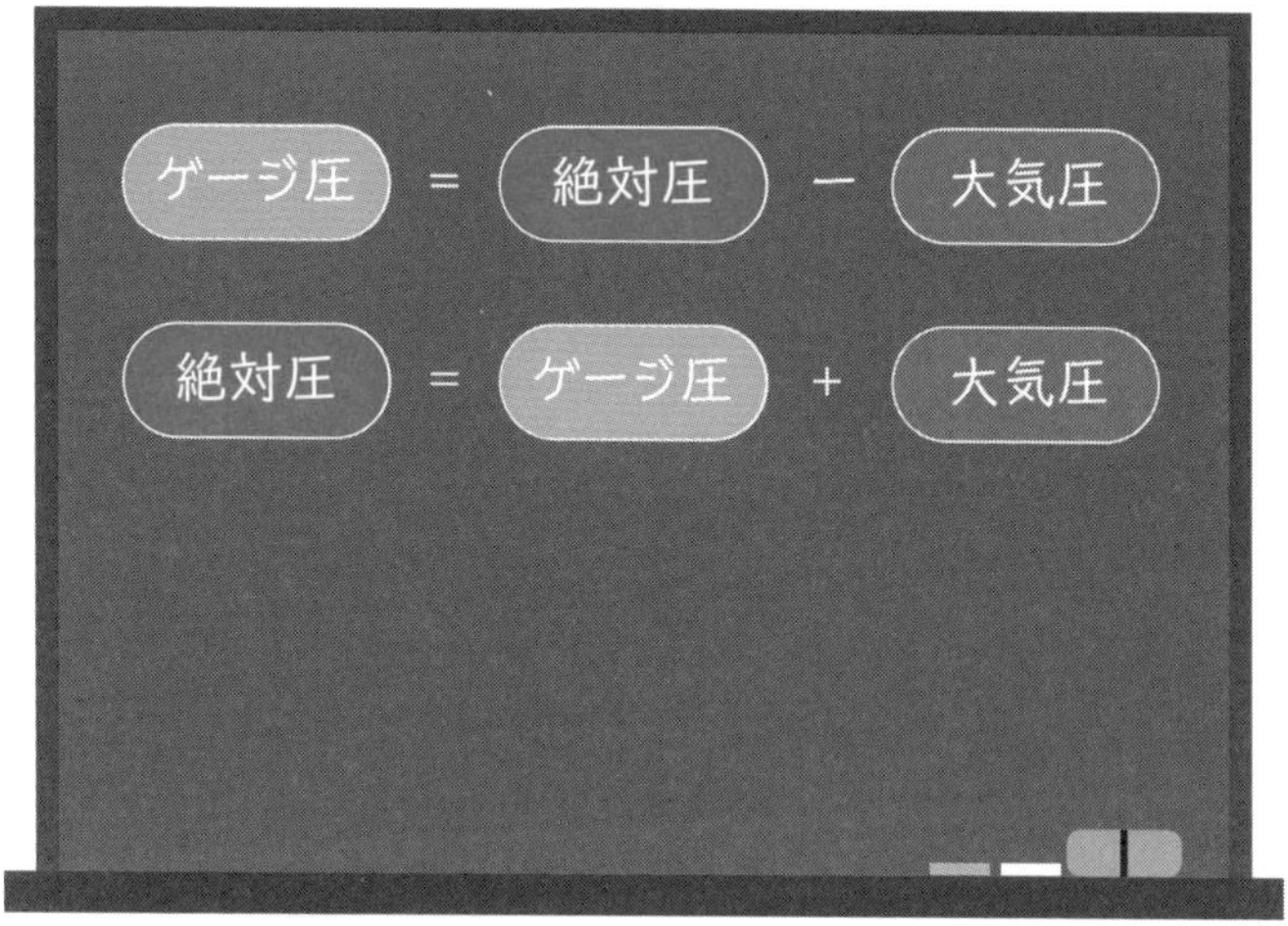

ゲージ圧 ＝ 絶対圧 － 大気圧
絶対圧 ＝ ゲージ圧 ＋ 大気圧

図2　空気圧シリンダと油圧シリンダの比較

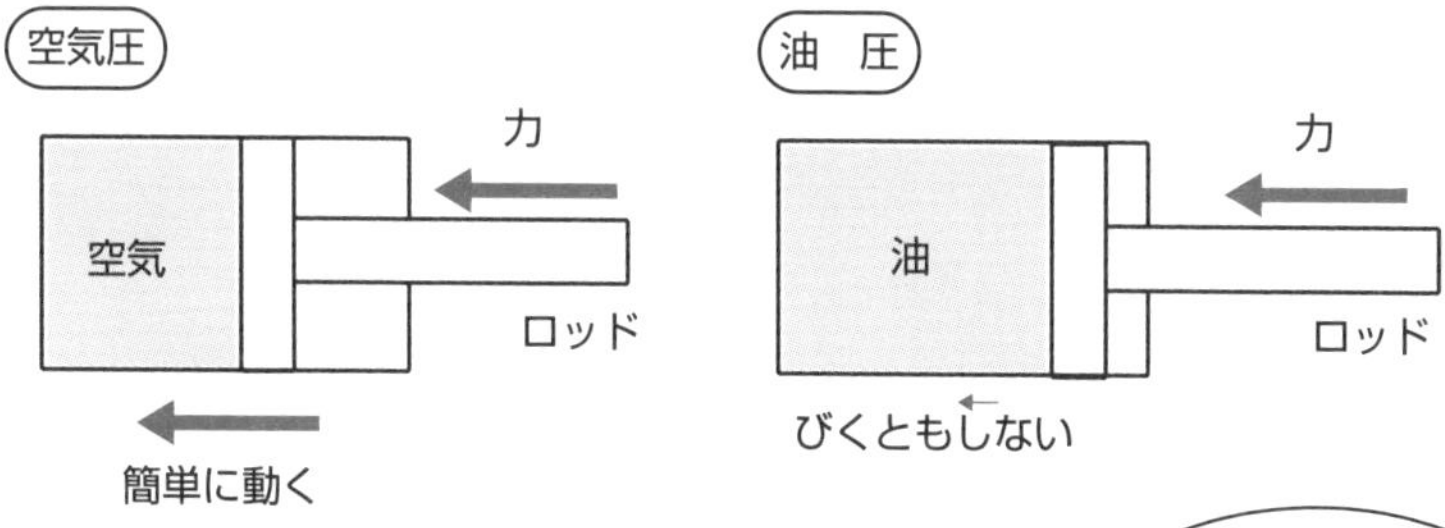

ロッド
びくともしない

空気の状態方程式

$$PV = WR\theta$$

P	V	W	R	θ
圧力	体積	質量	気体定数	温度

本書では
温度の表記は
T ではなくθを用います

用語解説

ダンピング：振動を抑制する効果のこと。

ロッド
簡単に動く

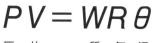

10 空気圧容器の充填

流量とは

空気圧システムでは、電磁弁のような抵抗要素の上流圧力と下流圧力の絶対圧の比率が0・5より小さくなると、電磁弁の絞り部における流れは音速状態となって質量流量Gが上流圧力のみの関数となります(図1)。

図2に空気圧電磁弁と空気圧タンクの極めて簡単な回路を示します。電磁弁をオンにすると、供給側の圧力P_sから電磁弁を経由して流れ込みます。P_sの圧力を600kPa(500kPaゲージ：標準状態でのゲージ圧力+100kPa=絶対圧力)と仮定すると、すぐに音速流れが実現し、**図3**の式のように、質量流量GはP_sの関数となって、下流圧力P_cの影響を受けません。従って、タンクの空気圧は閉塞の条件が外れるまで一定の速度で上昇します。

閉塞状態では、流量Q_{anr}は一定になります。例えば有効断面積S_eが1㎟、P_sが0・6MPaでは閉塞流量は72ℓ／minとなります。

S_eが1㎟で、体積が1ℓでは上昇時定数T_pは約5秒になります。ここではタンク内空気の温度変化がない場合を仮定しました。温度は293Kの値で常に一定としました。

Q_{anr}は標準状態すなわちISO規格で定められた圧力100kPa、温度293Kの条件における体積流量で質量流量に対応しています。業界によって標準となる圧力、温度は異なっていますので注意が必要です。圧力が100kPaとの取り決めも議論がありました。流量計の業界では今でも0℃を使っている場合があります。

空気は気体であり、その体積は圧力と温度の関数で表されることを示しています。圧力変化で大変興味深いことは、有効断面積S_eと空気圧タンクの体積Vが決まれば、圧力応答は簡単に求まることになります。

要点BOX
- ●抵抗要素を挟み、上流と下流で圧力は異なる
- ●絞り部は音速流れを実現する
- ●閉塞状態では流量は一定になる

図1　下流圧力と流量

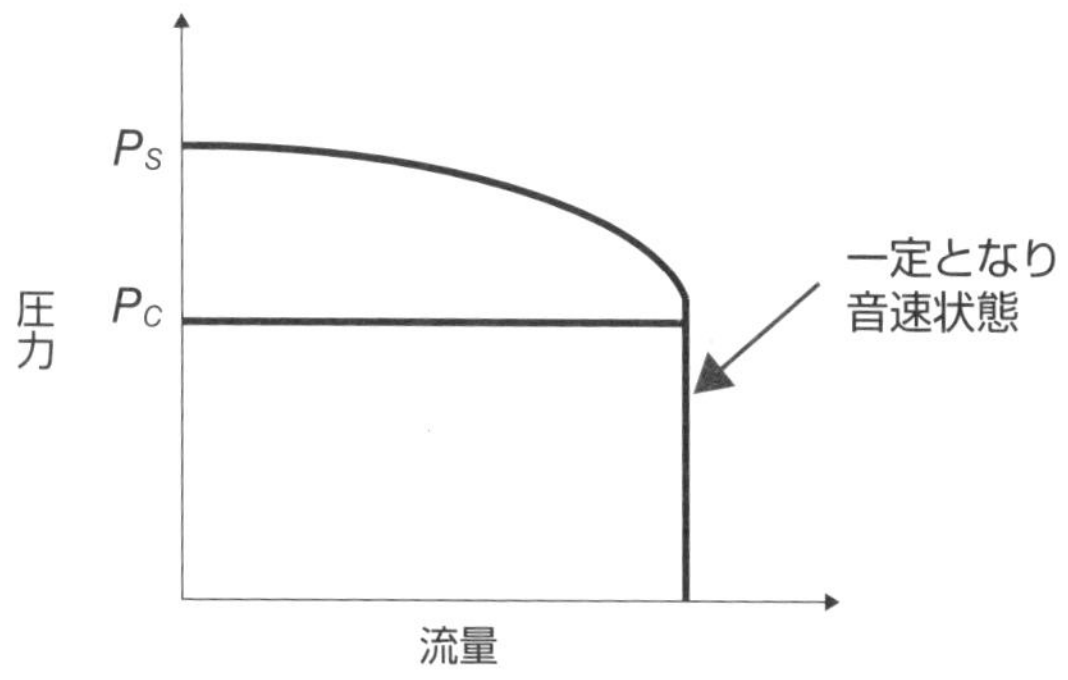

図2　空気圧電磁弁と空気圧タンクの回路

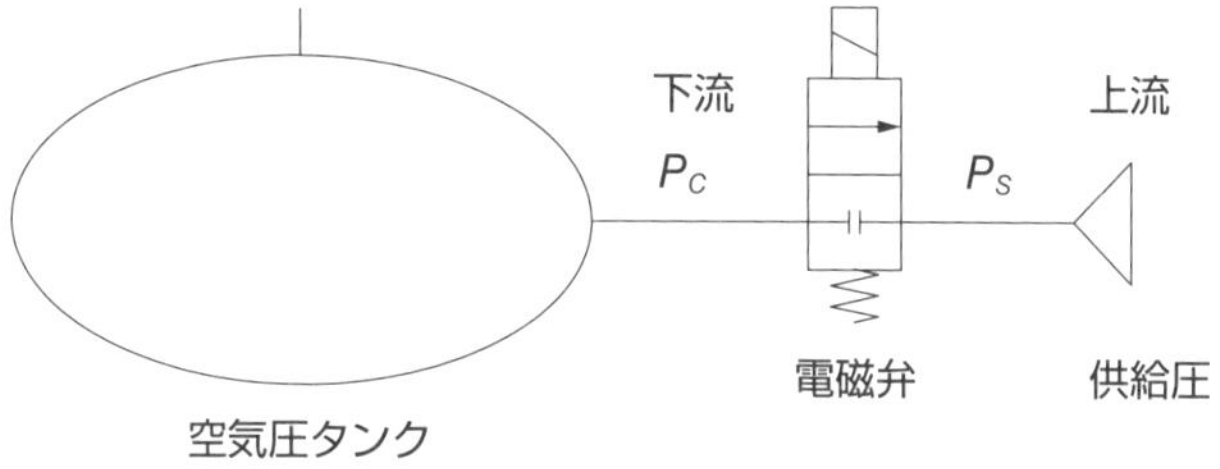

図3　圧力上昇時定数

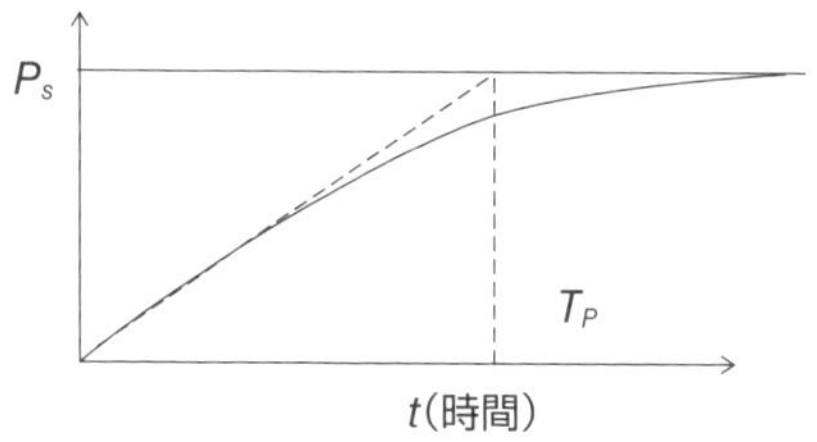

$$G = K_g \quad Q_{anr}$$

$$\frac{dP_c}{dt} = \frac{R\theta}{V} \frac{dW}{dt} = \frac{R\theta}{V} G$$

$$Q_{anr} = 120 \cdot S_e \cdot P_s$$

$$T_p = \frac{V}{192S_e}$$

G：質量流量（kg/s）
K_g：変換係数　2×10^{-5}
Q_{anr}：体積流量（ℓ/min normal）
S_e：有効断面積（mm^2）
P_s：供給圧力（MPa）
V：体積（cm^3）

11 空気圧シリンダの速度制御

シリンダ内の圧力

図1に空気圧シリンダのメータアウト速度制御の回路を示します。この回路は空気圧シリンダの速度制御で最も多く使われています。供給圧P_sから管路に入った流れは、速度制御弁と呼ばれるチェック弁と、空気圧抵抗が並列に組み合わせられた部分に入ります。空気圧抵抗を並列に組み合わす、これをスピコン(スピードコントローラ)と言います。給気側のシリンダ室のチェック弁は順方向の自由流れで、速やかに空気は充填されます。

一方、排気側ではチェック弁は開かない逆方向となり、放出される空気は制御流れの抵抗で絞られますので、シリンダの動きは抑制されます。したがって、給気側と排気側の両方のシリンダの圧力は動作中、高く保たれます。

ここで空気圧システムを特徴づける代表的な現象が発生します。この現象を理解するために、垂直に設置された空気圧シリンダに人間が1人もしくは2人乗る場合を考えます(図2)。

20項で後述しますが、空気は簡単に音速状態となり、チョーク状態(閉塞状態)が発生します(図3)。チョーク状態が発生すると、絞りを通過する質量流量は上流圧力に比例します。ところが、シリンダの中の圧力は高まっていて、圧力によって空気の体積は小さくなっています。そうすると、空気圧シリンダに乗っているのが1人でも2人でも速度は変わらないという現象が発生します。1人のときの放出流量の2倍が、2人のときでは流れる。一方、シリンダ内の圧力は2人の方は2倍となり、空気の密度も2倍。しかし、シリンダの移動速度はなんと同一ということです。物理現象としては自己平衡性があるとも言います。

最初は無意識のうちにこの現象を使っていました。この現象を最初に指摘したのは、空気圧シリンダのユーザサイドである溶接機関係の先生とのことです。

要点BOX
- ●空気の流れの向きによってチェック弁が動作
- ●チョーク状態では絞りを通過する質量流量は上流圧力に比例。シリンダ内の圧力に関係しない

図1　メータアウト速度制御の回路

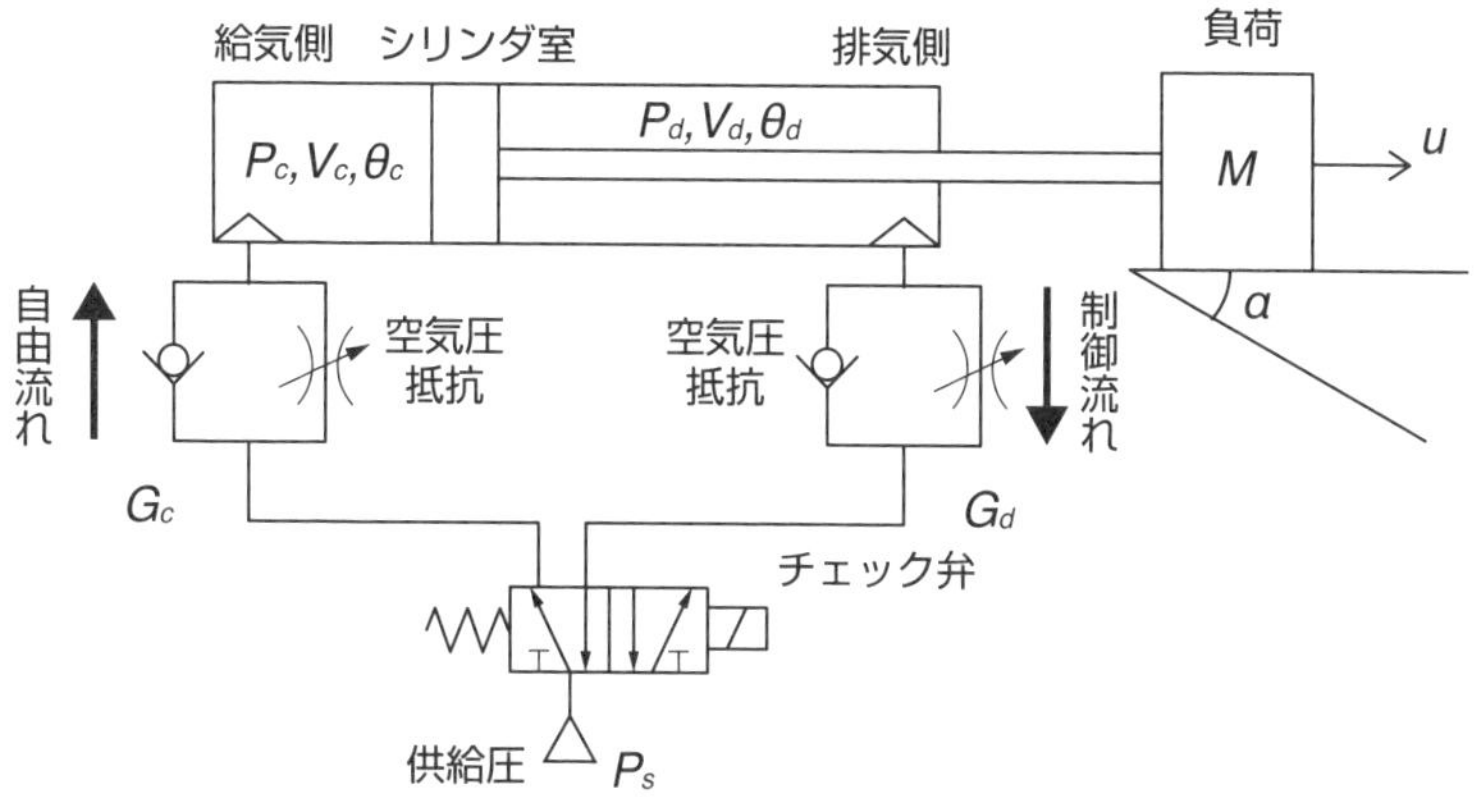

図2　空気圧の不思議

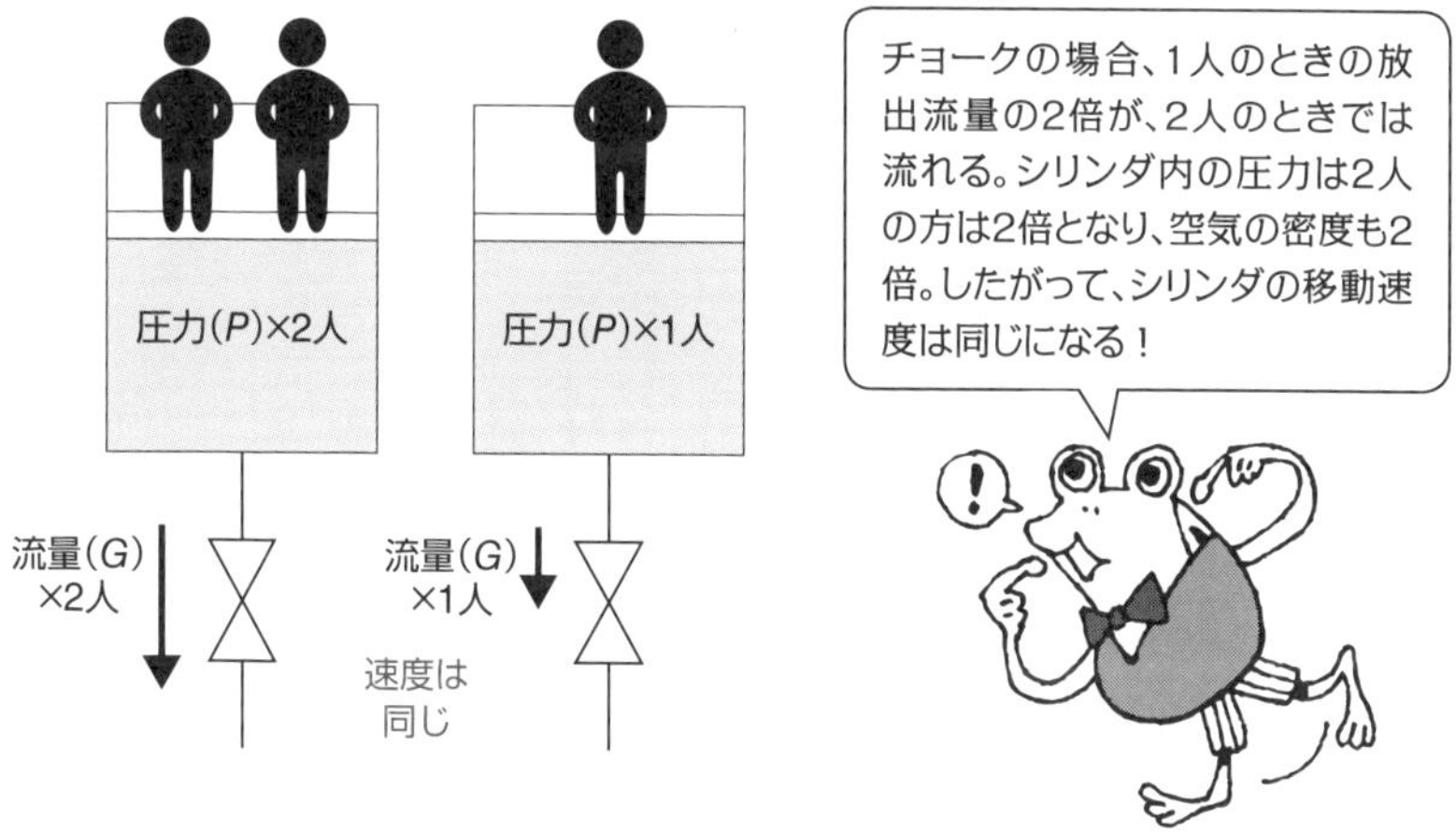

図3　チョーク状態

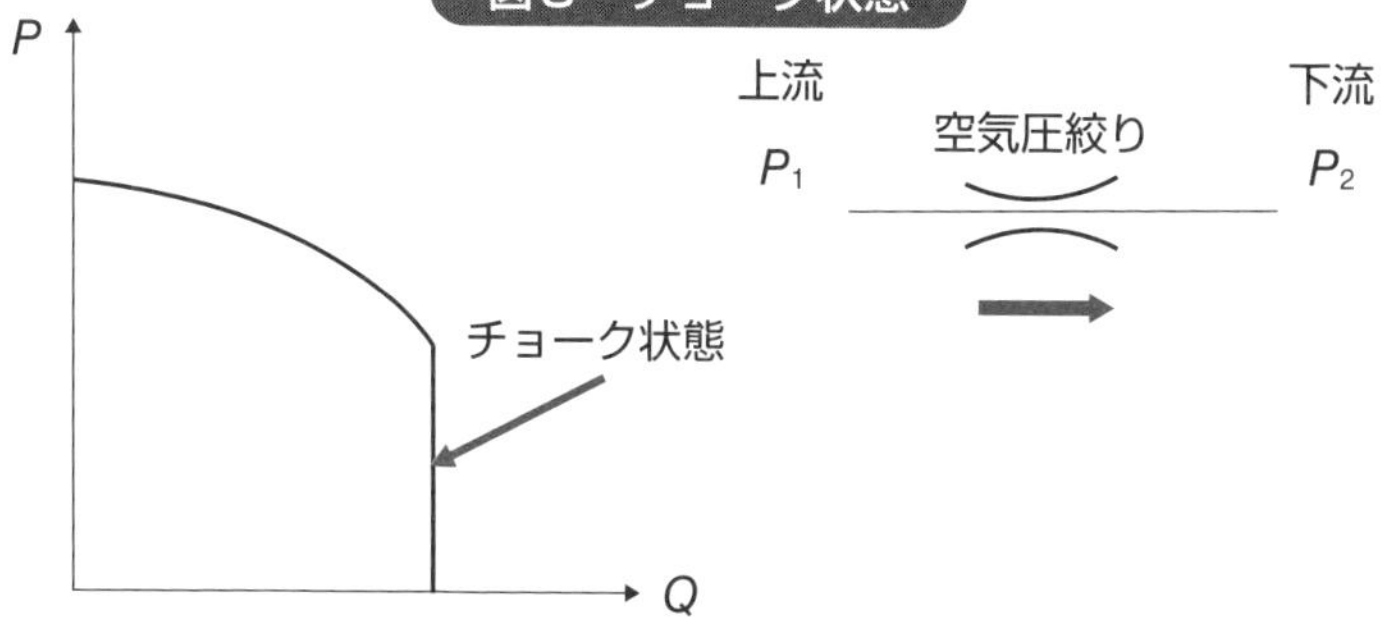

12 空気の状態変化

等温変化と断熱変化

空気の圧縮や膨張に伴い、温度は変化します。このことを前提に、図のシリンダにおいて急に圧縮する場合を考えてみましょう。ゆっくり圧縮する場合、ボイル・シャルルの法則となり、等温変化と呼びます。一方、空気の圧縮が短時間に行われれば、放出に伴い温度の低下した空気に、空気圧タンクからの熱移動は間に合わない状況となります。これが、断熱変化と呼ばれる空気の状態変化となります。この等温変化と断熱変化のどちらに近いかは、熱の移動速度によります。

数式的に言えば、フーリエの熱伝導方程式によりますが少し難しくなるので、一般的にはポリトロープ変化の近似手法が用いられます。一見、これで近似が上手にできたように思われますが、空気圧システムの動特性の表示に重大な欠点が発生します。

図を使って解説します。漏れや摩擦のないピストンに一定の空気が入っていると仮定しましょう。初期圧力P、体積V、絶対温度ϕとの状態から、まずゆっくりと体積が半分に減少するように圧縮されたとします(図ⓐ)。その場合、ボイル・シャルルの法則に従って等温変化ではピストンの中の空気圧は2倍に上昇します。一方、断熱変化では図ⓑまで圧力は上昇します。またポリトロープ変化を仮定した場合は図ⓐとⓑの間の圧力となります。シリンダの体積を急に半分にした場合の圧力、温度を示します。

ポリトロープ変化を仮定すればすべての状態変化に対応できるように思われますが、指数をどのように決めるべきか、また一定とみなすことができないなどの問題点があります。これまで空気のみならず、圧縮性流体の状態変化に40%の不確定要素が存在したために空気圧システムの扱いに信用性が十分にありませんでしたが、空気圧の状態変化に熱移動の数式を取り入れ、解析を行う試みが定着して今日に至っています。

要点BOX

- ●少量の空気放出ではタンク内温度は変化しない
- ●一斉に放出された場合、温度は低下し、タンクからの熱移動は間に合わなくなる

等温変化と断熱変化

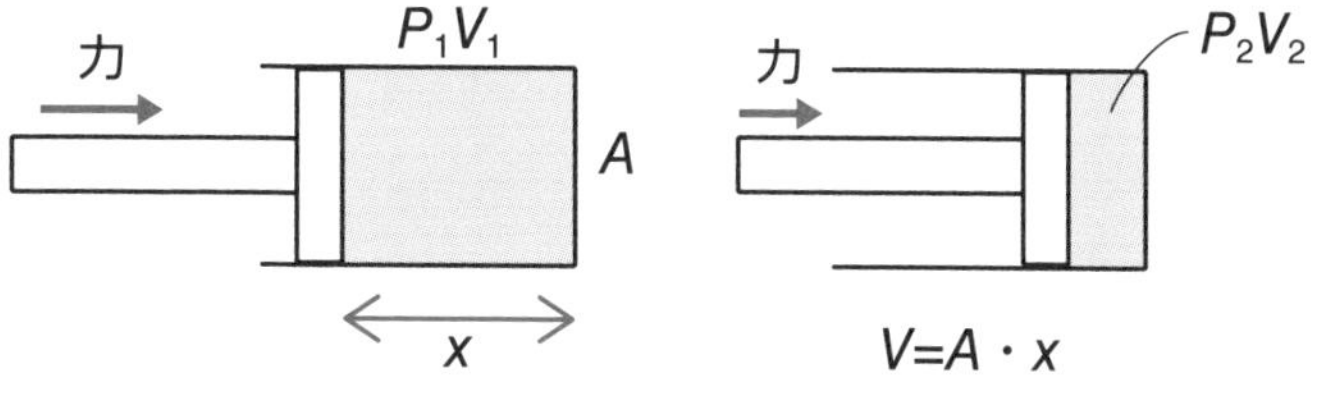

(a) 等温変化　(b) 断熱変化

等温変化：$P_1V_1=P_2V_2$

断熱変化：$P_1V_1^{\kappa}=P_2V_2^{\kappa}$　　κ：カッパ≒1.4

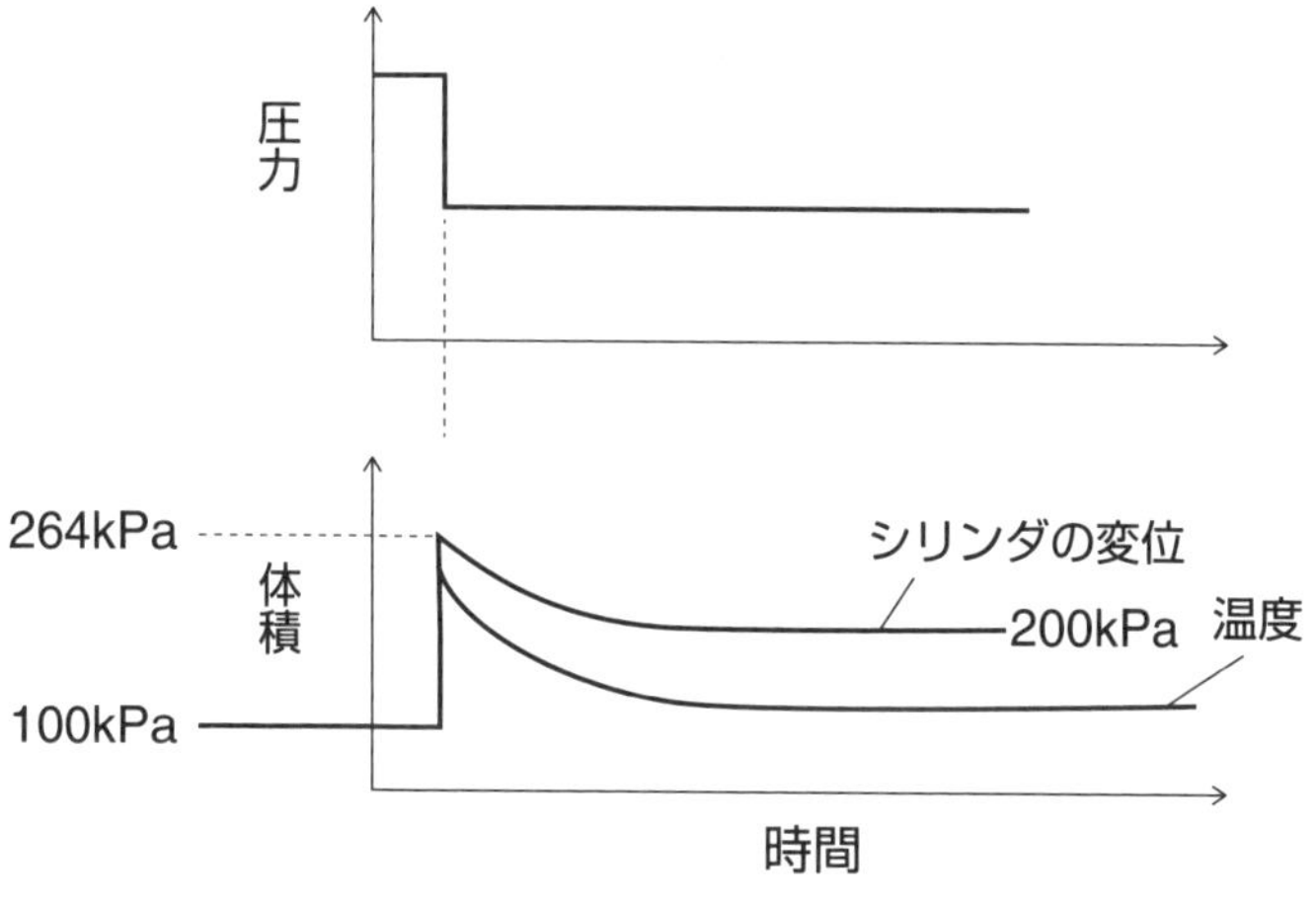

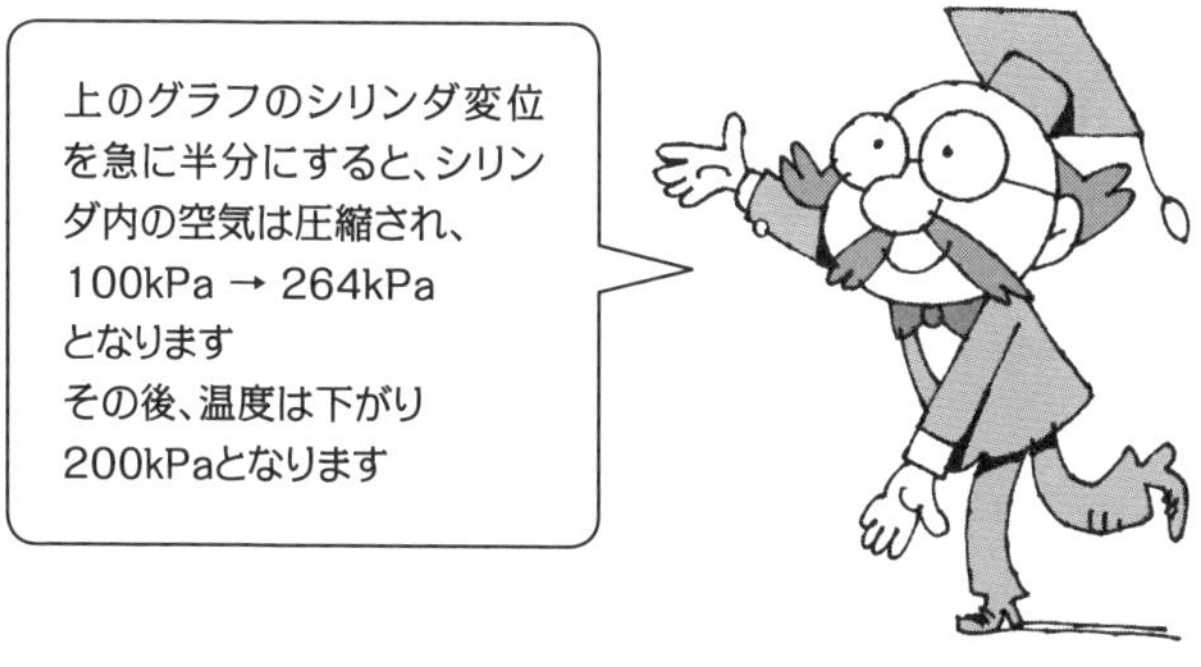

13 等温化圧力容器

ボイルの法則を再現する

空気を圧縮や膨張させると温度が変化するので、「温度は一定」という条件下でのボイルの法則（体積と圧力は反比例する）ではなくなるわけです。そこで、空気の状態変化を等温に保つ必要性から、等温化圧力容器を開発しました（図1）。

容器内には微小直径の銅線が封入されています。この銅線の体積密度は4%ですが、圧力の変化による熱変化を銅線が吸収できます。容器内空気の圧力を計測することによって、等温化圧力容器からの質量流量を動的に導出できるのです。

開発当初、等温材料にアルミの微小破材でできた台所で利用するスチールウールを用いていました。しかし、サーボ弁や電磁弁の特性計測を行った際に材料の微小なかけらが弁に詰まってしまうトラブルが発生しました。その後、被覆した細い銅線を綿状にして容器に入れ込むようにしました。

図2に、等温化圧力容器と空タンクからの空気放出の実験結果を示します。等温化圧力容器の空気温度変化は2～3℃に収まっています。空のタンクでは初期温度から45℃の温度減少が観察されます。

温度がこれだけ減少することは常温で実験した場合には空気中に含まれる水分が凝縮、さらには凍結することもあるためです。このことからも、空気圧システムのトラブルは水分に関する件が多いと言えます。

空気の状態方程式を時間に対して微分すると、$PV = WR\theta$。空気の温度が変わらないとすれば、Gの流量$G = V/RT \times (dP \cdot dt)$となります。

等温化圧力容器を用いる計測法は、主に電磁弁の流量特性に用いられ、従来法に比べ、短時間かつ省エネルギーで計測可能です。

要点BOX
- ●空気を等温に保つ圧力容器。銅線が熱変化を吸収する
- ●容器内空気の圧力を計測し質量流量を導く

図1　等温化圧力容器

図2　等温化圧力容器と空タンクの比較

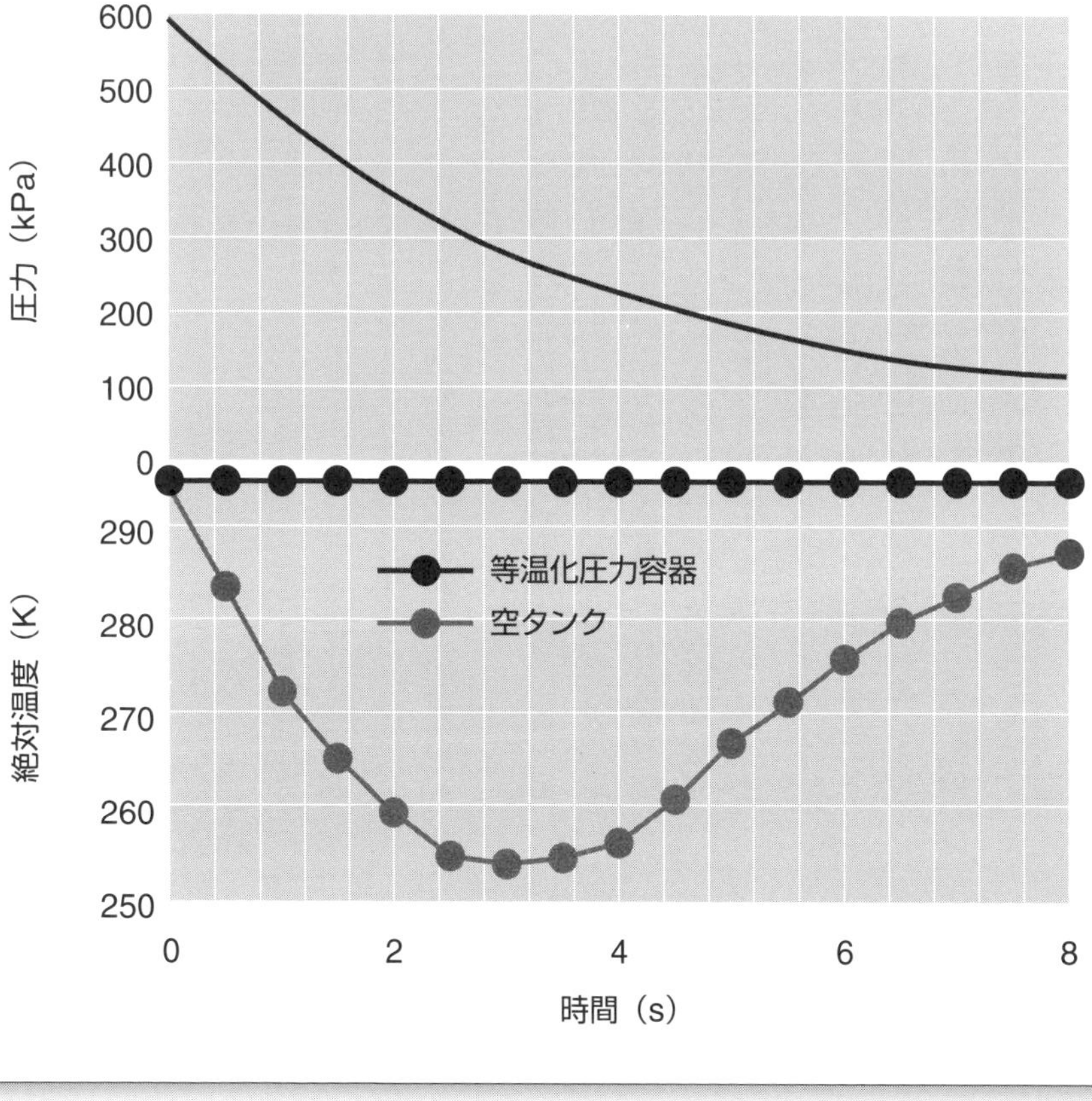

14 非定常流量発生への応用

断続する空気流量

ここでは、等温化圧力容器の応用事例を解説します。空気圧抵抗に一定圧力をかければ、一定の流量が発生します。連続流量発生装置は産業界で用いられていますが、ここでは、空気流量の連続的非定常流量発生装置について紹介します。前項で解説した等温化圧力容器は、現在、電磁弁の特性計測に用いられているのみで、非定常流量の計測制御にはまだ用いられていません。

図1に等温化圧力容器を用いた非定常流量発生装置の回路を示します。等温化圧力容器にサーボ弁を接続し、パソコンから信号をサーボ弁に与えて非定常流量を発生させます。この装置のポイントは、流量計を用いずに等温化圧力容器の圧力変化から流量を算出するもので、より計測の原理に近いと言えます。

図2にサーボ弁を2台用いて、連続的に非定常流量を発生させる回路を示します。サーボ弁1では絞り部の空気を音速とすることによって、流量の値を動的に明らかにしています。この状態で等温化圧力容器下流に設置してあるサーボ弁2を動作させて非定常流量を発生させます。等温化圧力容器の圧力はサーボ弁1によって内部の空気が不足とならないように制御を行います。

この流量発生装置の原理は、空気圧絞りにおいて上流圧力と下流圧力の比率が0・5を下回ると、空気流量は上流圧力のみで決まる流量となります。空気の絞り部分で空気の流速は音速となって、空気絞りの下流の情報は上流に伝わりません。従って、上流圧力を制御すれば流量が規定の値になるわけです。

空気の流れが音速となる現象は、日本の流量の基準値を定めている産業技術総合研究所で音速ノズルとして用いられています。また、二輪車および四輪車の内燃機関の試験には流量発生装置が用いられています。

要点BOX
- ●電気信号発生器のように空気流量を発生させる
- ●ガスに応用すれば半導体産業に利用可

図1　等温化圧力容器を用いた非定常流量発生装置の回路

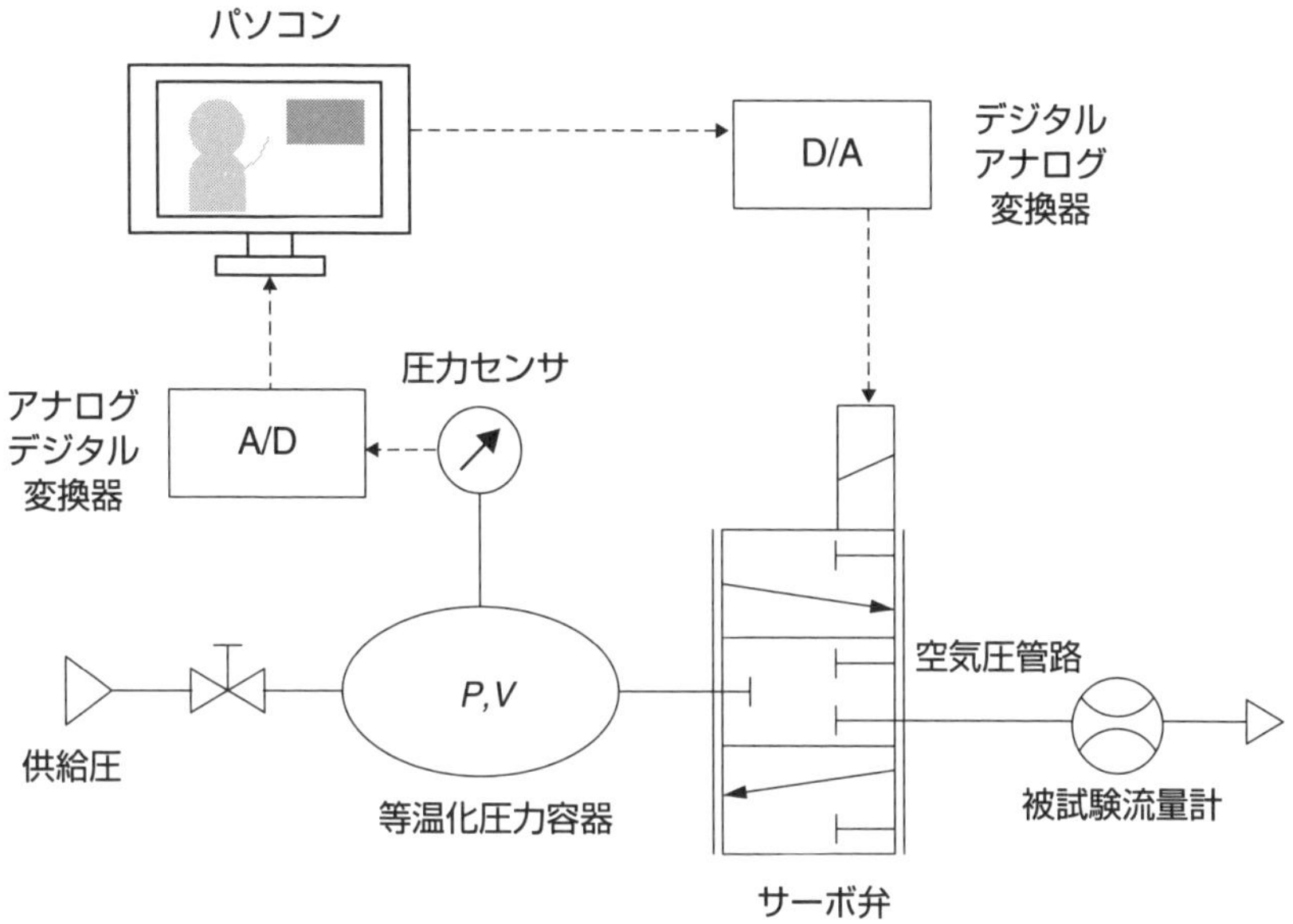

図2　サーボ弁を2台用いた非定常流量発生装置の回路

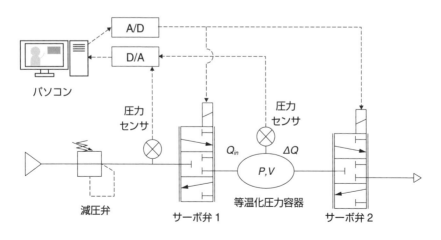

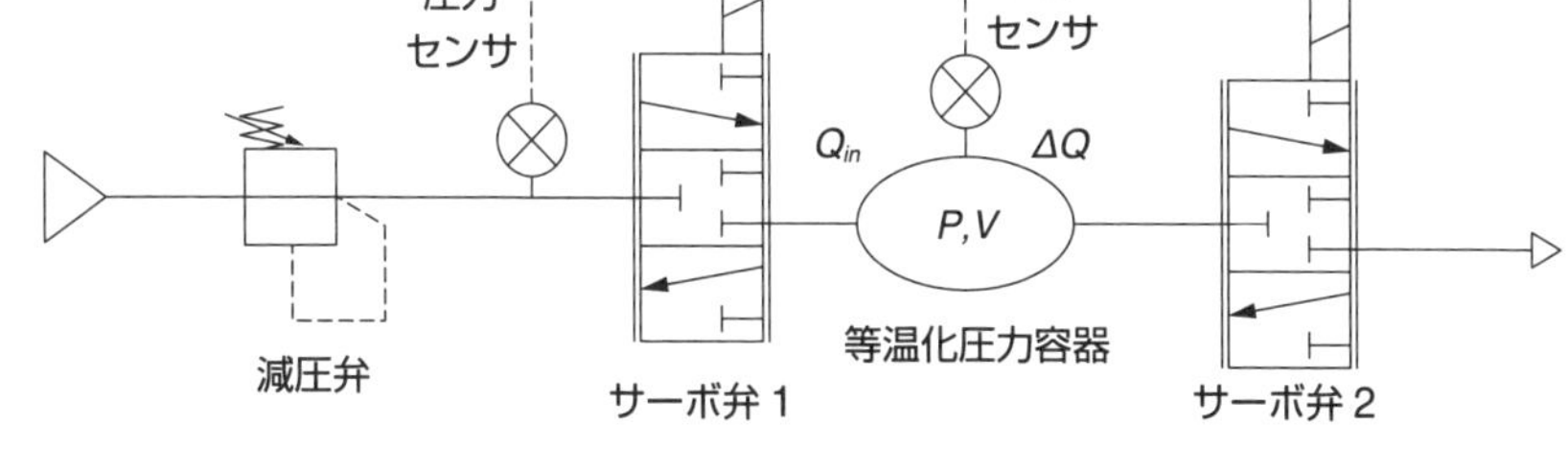

Column

食品・半導体産業で活躍する空気圧

食品産業における空気圧の応用は近年顕著で、加えて省力化が進んでいます。重量がそれほど重くない食品は、空気圧アクチュエータで十分に搬送できます。人間の体に入るもののため衛生的な搬送が求められ、その要望に空気圧システムは応えられます。

パンやケーキなどのつぶれやすい食品に対して、空気流を用いたベルヌーイグリッパによる搬送が実用化され始めたそうです。空気の流れですと接触せずに、また物体の大きさのバラツキがあってもそれほど問題にはならないので、空気圧はこうした搬送技術を支えています。

半導体産業においても空気圧の利便性が評価され、用いられています。真空チャンバーのゲートバルブや一般の搬送システム以外に、近年では真空領域の駆動にも用いられ出しています。

半導体の線幅はナノメータ（nm）で呼ばれています。i線（アイセン）との波長は３４０nmであり、大気があってもそれほど影響を受けません。一方、スマートフォンなどの小型の機器ではより集積度の高い半導体（クリプトンもしくはＵＶ線）が用いられます。最近、中国・ファーウェイ社の新型スマホには、線幅が６nmの半導体を使っているとのことで話題になりました。米中摩擦の中で、半導体製造装置やステッパーなどに対してアメリカは中国への輸出を規制しています。こうした背景もあり、国家間での技術競争は激化すると思われます。

このような高集積化されたチップの製作は真空中で行います。真空とは０・００１Torr以下の圧力状態で、空気圧とは領域が異なります。真空の中で電動アクチュエータを動作させると、発熱によって動作不良になります。一方、セラミック製空気圧シリンダによる駆動では発熱が回収されて、安定した動作が可能です。ここ10年で開発された技術で、排気ポンプの高性能化にも助けられています。

第3章

空気の温度変化

15 空気には比熱が2つ存在する

気体に熱を加えると、温度が上昇して体積は膨張しようとします。膨張に伴い仕事が発生し、温度も変化します。厳密な解析をしようとすると、大変厄介です。数値で示すと、定積比熱C_vが718J／（kg・K：ジュール毎キログラム毎ケルビン）、定圧比熱C_pが1005J／（kg・K）となります。

空気の圧力がどのように発生するか考えてみましょう。物理的に大変興味深い現象を伴います。空気の分子が運動してぶつかり合って圧力を発生するのです。近年、空気圧の分野でも真空領域の応用が盛んです。

空気圧を理解するために、熱力学の第一法則の概略を分かっていただければよいと思います。熱力学の第一法則とは、ある閉じた系でそこに加わった仕事のエネルギーは内部に保存されるという法則です（図1）。Hはエンタルピーと呼ばれる物理量で、ジュールの値を持ちます。油圧は温度の変化は油の粘性の変化を考えればほとんどの場合に対応できますが、空気圧は圧力によって体積と温度が変化し、その結果、システムの動作が決まるという複合事象となり、扱いは簡単ではありません。

図2のようなピストンを考えてみましょう。外部から圧縮仕事が加わると、内部エネルギーが上昇します。

電磁弁で駆動されるピストンでは受動的となりますが、温度変化は同じになります。温度が上昇する場合、アクチュエータの内側壁面との熱移動によってエネルギーが失われます。

円筒容器を横置きにして、空気を放出した場合の熱対流の可視化により、容器内には2つの対称渦が発生することが分かりました。

要点BOX
- ●空気の分子がぶつかり合って圧力は発生する
- ●定積比熱は温度と圧力が上昇する状態、定圧比熱は圧力が一定で温度だけ上昇する状態

図1　熱力学の第一法則

ボイル・シャルルの法則

$$PV = WR\theta$$

熱力学の第一法則

$$H = U + pV$$

U：内部エネルギー　p：圧力　V：体積

図2　外部からの圧縮仕事

外部からの
圧縮仕事
内部エネルギー
空気を圧縮すると、
温度は
上昇します

16 空気の圧縮と膨張による温度変化

気象から学ぶ

ここでは空気圧システムの応用に限らず、広い範囲における圧縮と膨張による温度変化について、気象を例に解説します。気象変化をもたらす要因は、地球の大気の流動と温度変化が関係しています。さまざまな現象が複雑に絡んでいます。天気予報で高気圧、低気圧と前線という言葉をよく耳にするように、気圧は重要な要因です。例えばフェーン現象は、湿度の高い空気が山に向かって吹き、山を越えて吹き降りたときに風下で乾燥した高温の風になります(図1)。高度と湿度の変化が関係し、気象の変化を引き起こします。

次に、雲の発生について考えてみましょう。大気の熱で地表の空気が暖められると、ボイル・シャルルの法則でも分かるように密度が小さく軽くなり、空気が上昇し膨張します。空気の熱伝導率は低いため、ほとんどが断熱的に膨張します。膨張して温度が下がると、凝縮現象が発生して雲が生成されます。凝縮現象が激しい場合は、夏にもかかわらず雹《ひょう》が降ることもあります。

産業機器の故障発生要因は温度と湿度にあると言われています。例えば、断熱圧縮による発熱現象は、超音速ジェット機やスペースシャトル、大陸間弾道ミサイルの大気圏への再突入時に発生します(図2)。

超音速ジェット機の限界速度は機体の断熱温度で決まると言われるほどで、圧縮と膨張による温度変化は重要な検討項目です。スペースシャトルが大気圏に再突入する場合では千数百℃の温度に耐える材質でなくてはいけません。大陸間弾道ミサイルは成層圏を飛翔しますので、マッハ40～50の速度となり、大気圏に再突入の温度上昇が問題となります、また再突入角度が不適切であると大気圏の空気によって跳ね返されてしまう心配があります。

要点BOX
- ●フェーン現象は高度と湿度変化が関係する
- ●スペースシャトルでは断熱圧縮による発熱現象を考慮した機械設計を行う

図1　フェーン現象

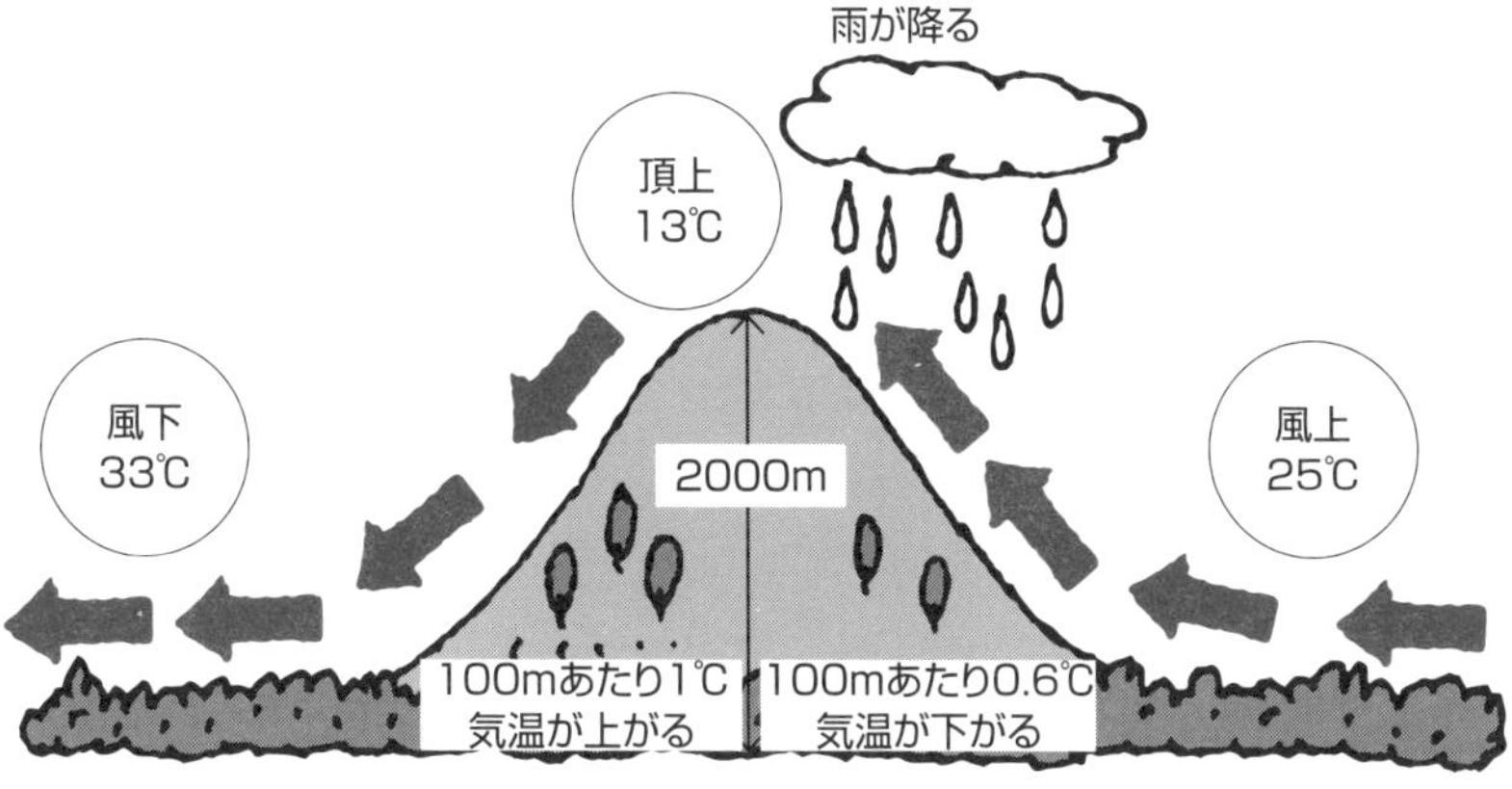

出典:気象庁

図2　断熱圧縮による発熱現象

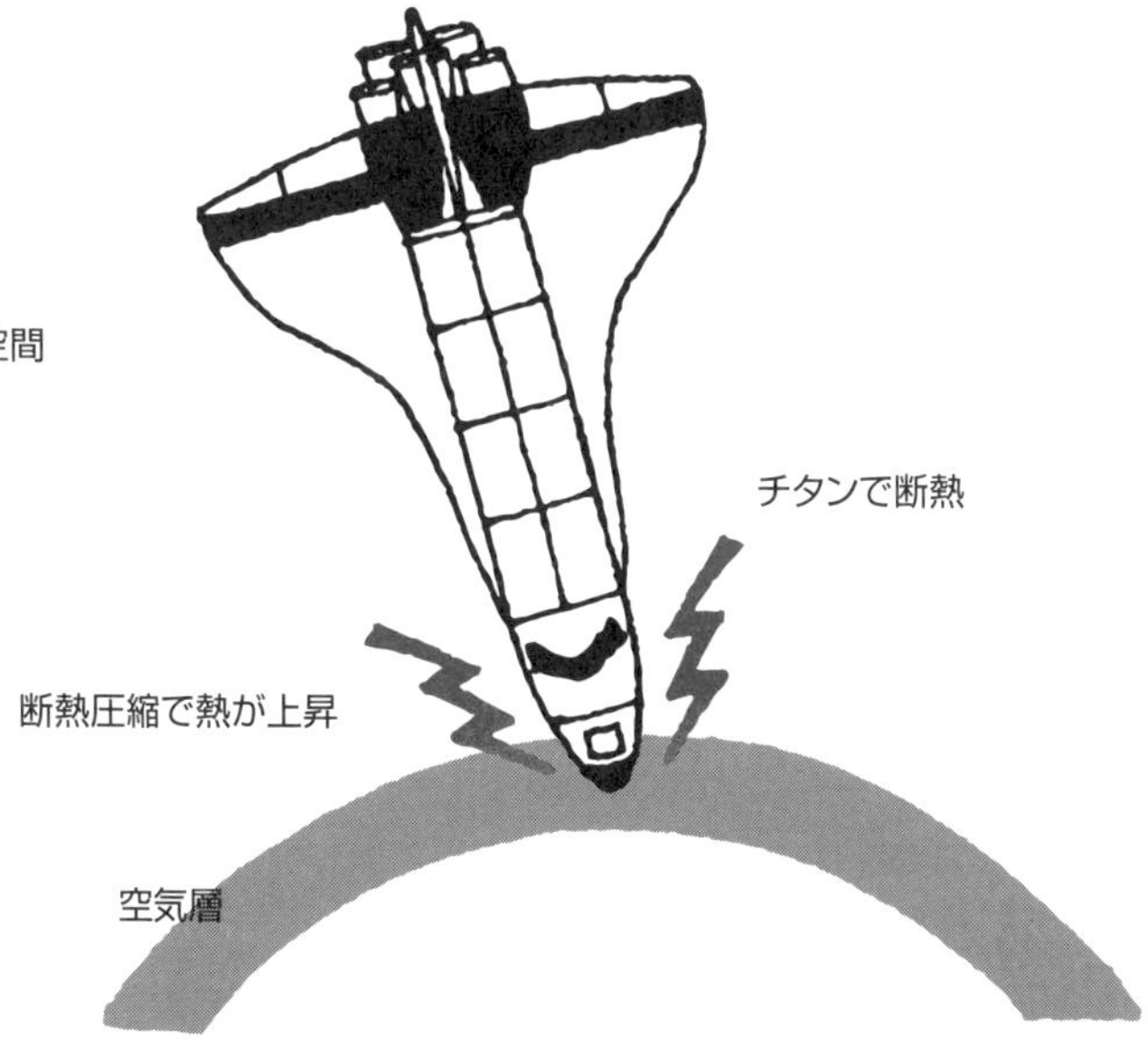

17 空気を圧縮するディーゼルエンジン

産業界を代表する空気圧システム

空気圧の解説書ですが、内燃機関であるディーゼルエンジンにおいて燃料を噴射するまではまさに空気の圧縮工程であり、空気の性質に大いに関連するため、ここで裏話を含めて少し触れてみましょう。

空気の圧縮を用いた代表的産業機械と言えば、間違いなくディーゼルエンジンです。エンジンの一往復する時間は熱の移動する時間と比較して短いため、空気の状態変化はほぼ断熱変化と言えます。従って、シリンダの内部の空気は通常のガソリンエンジンの11前後の圧縮比では650℃までの温度上昇がもたらされることが分かります。一方、ディーゼルエンジンでは圧縮比は20と極めて高いため850℃までの温度上昇があり、燃料が噴射された場合にはプラグがなくても自然着火します(**図1**)。

ディーゼルエンジンはルドルフ・ディーゼル(1853―1913)の発明とされます。レギュラーガソリンは引火しやすく扱いに細心の注意が必要ですが、軽油では火のついたマッチを近付けても引火しません(**図2**)。そこで安全性の高い軽油に注目しました。彼はフランス生まれのドイツ人で、ドイツ・ミュンヘン工科大学機械工学科を首席で卒業しています。圧縮着火技術の研究に没頭して、1893年に論文を公表するとともに国際特許を取得。早速20人規模の会社を立ち上げて実用化に努めました。この頃は第2次世界大戦の数年前で、産業革命は終わっているものの機械加工の工作精度が十分でなかった時代です。ディーゼルエンジンを量産したものの着火ミスと思われる不具合が続発して、会社は倒産。その後、1913年にイギリス・ロンドンからドイツに帰国する船旅の途中で不審な死を遂げます。それから50～60年後、ヨーロッパではディーゼルエンジンの最盛期を迎え、2015年のフォルクスワーゲンの排ガス不正問題で収束します。

要点BOX

- ●シリンダ内の空気は、ガソリンエンジンでは650℃、ディーゼルエンジンは850℃まで上昇
- ●ディーゼルエンジンは圧縮比が高い

図1　ディーゼルエンジンの仕組み

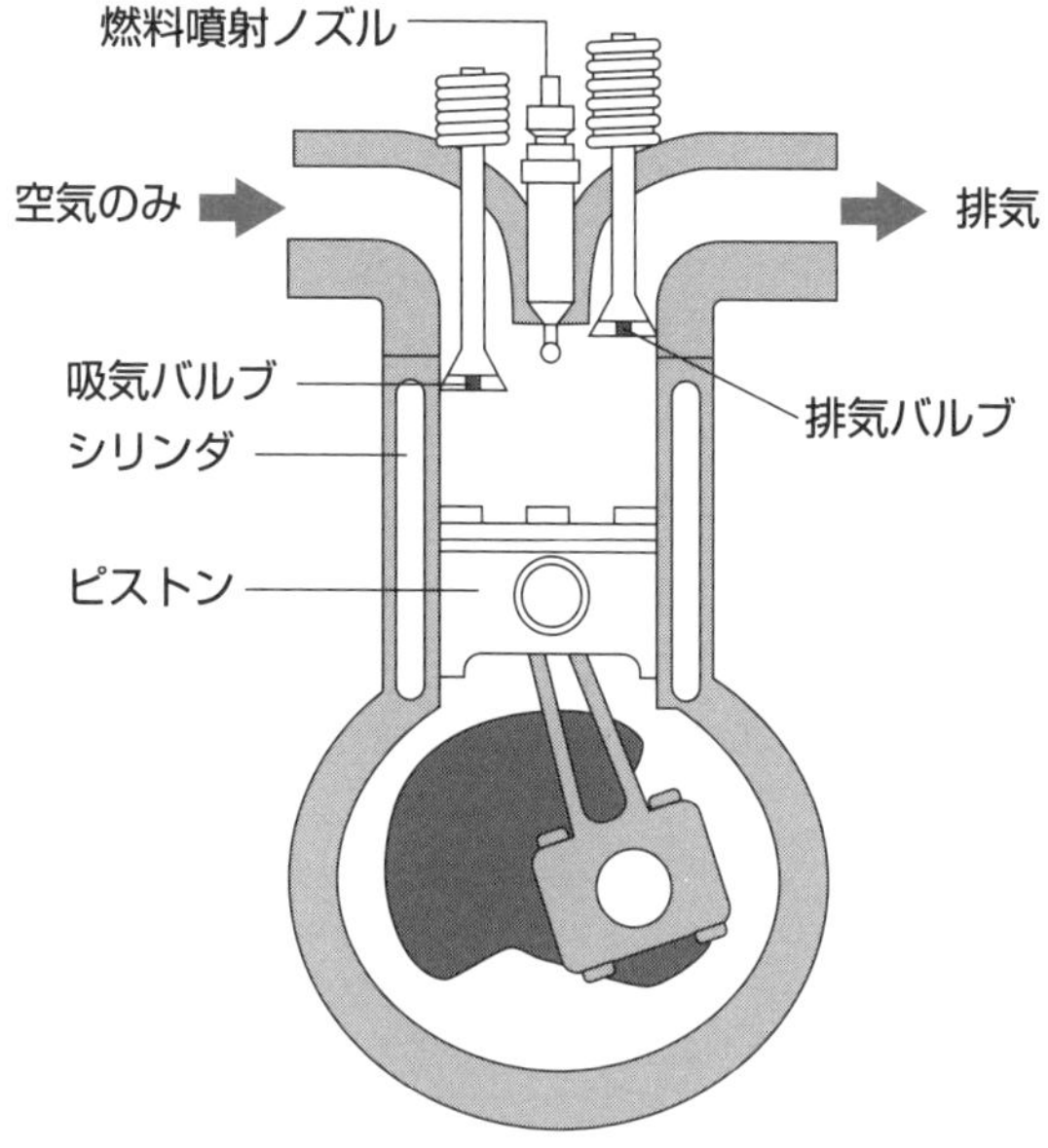

図2　ガソリンと軽油の違い

○軽油は、ガソリンよりも引火点が高い
○軽油は、ガソリンよりも凍りやすい
○軽油は、ガソリンよりも（税金の関係で）安い

18 容器内空気の平均温度測定法

次項で解説するJIS B 8390-2に用いられていた、圧力の変化途中で電磁弁を閉じる試験法を理解するために、ストップ法について説明します。

ストップ法では、空気の比熱を実験的に求めるクレマンデゾルムの方法を参考にして、非定常に、かつ分布的に変化する空気の平均温度を求めることができます。1986年に実用化されました。

潜水艦の浮上原理は、高圧空気を用いてバラストタンクの海水を艦外に押し出して浮力を得ます。アメリカ・スレッシャー号の場合、高圧タンクの空気は除湿しておらず空気が膨張し結露が出て、空気中の水分が凝縮して更に氷結し、バラストタンクの水を押し出すことができなくなりました。この初期の原子力潜水艦における事故は1963年に発生して、100人以上が犠牲となりました。ドライヤを付ける設計がされていなかった時代の事故例です。

図にストップ法の実験装置を示します。例えば、初期圧力を絶対圧700kPaに設定し、接続した電磁弁を経由して大気に放出します。電磁弁を開いて、この場合では4秒の時点で電磁弁を閉じます。圧力は345kPaから410kPaまでゆっくり回復していきます。温度が下がっている内部の空気に対して熱移動が発生しているため、圧力は回復しているわけです。電磁弁を閉じた瞬間の温度は46・5Kも低下していることが分かります。300Kの初期温度で放出を行った場合では、マイナス24℃まで下がっていることになります。

電磁弁を圧力変化の途中で閉じるため、ストップ法と呼んでいます。ストップ法では、熱電対などの温度計測機器は必要とせず、ボイル・シャルルの法則を用いるだけで非定常に変化する容器内空気の平均温度を知ることが可能になりました。ISO6358、JIS B 8390の等温化圧力容器の性能を検定する方法にも用いられています。

要点BOX
- ●ストップ法は非定常・分布的に変化する空気の平均温度が分かる
- ●ボイル・シャルルの法則による簡略的な計測法

ストップ法のための空気圧回路

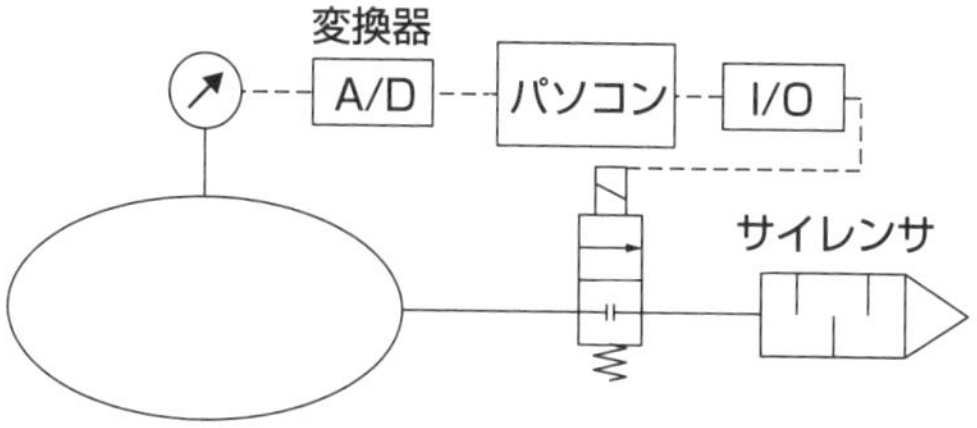

$$\int_v P_1 dv = P_\infty V = \frac{P_\infty V}{R\theta_a}$$

$$\theta_1 = \frac{\int_v P_1 \theta_1 dv}{\int_v P_1 dv} = \frac{P_1}{P_\infty}\theta_a$$

P：圧力（Pa）
V：体積（㎥）
R：ガス定数（J/kg・K）
dv：系の体積変化（㎥）
θ：温度（K）

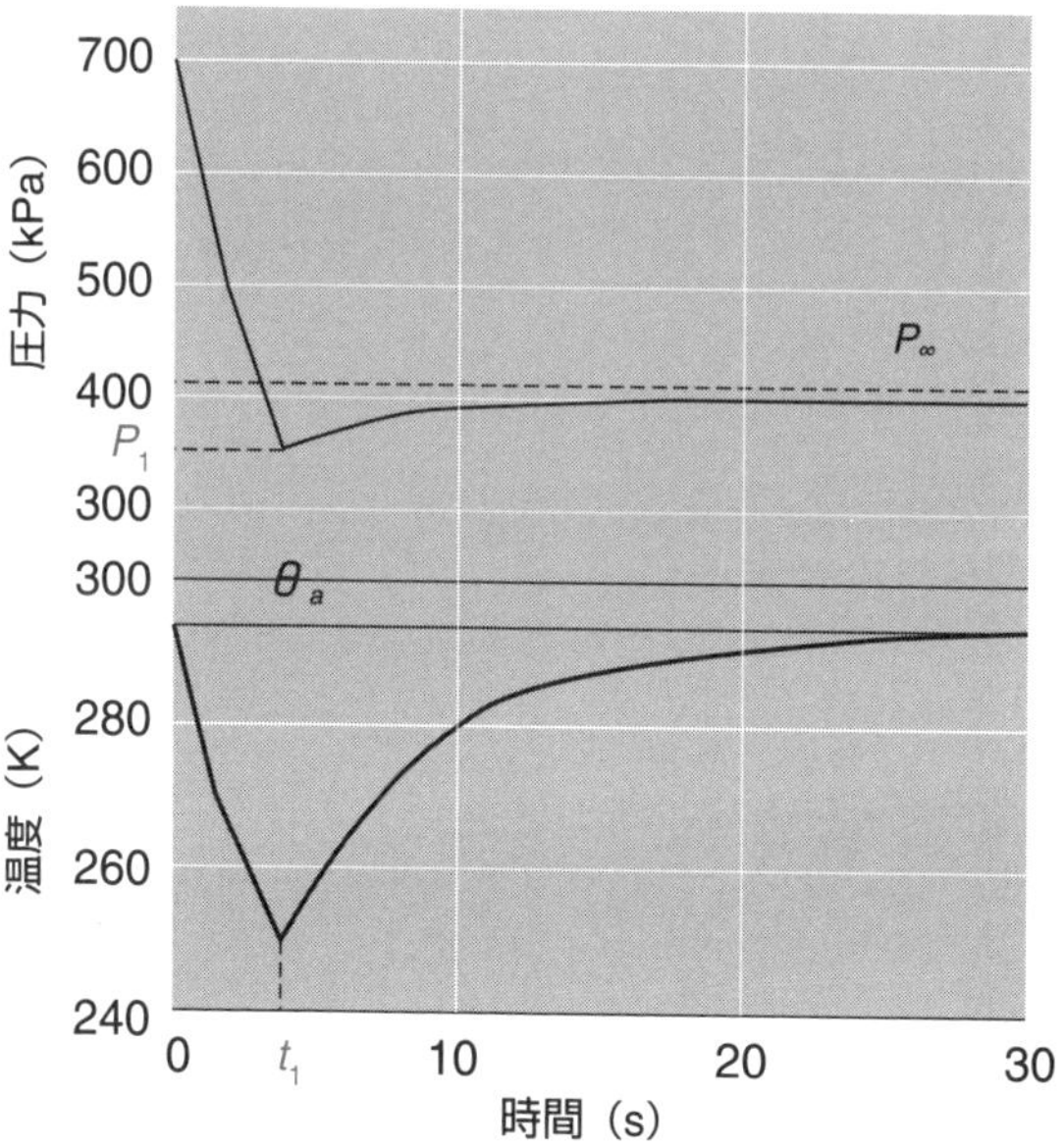

空気タンクは電磁弁により700kPaからP_1まで放出されます。上の圧力は圧力センサによって直接計測することができますが、温度がいかに変化するのかは分かりません。
これを知る方法がストップ法です。
t_1で電磁弁を閉じると、圧力が回復するにつれて温度も戻って計測することができます。

用語解説

クレマンデゾルムの方法：圧力を高めた空気圧容器から短時間に空気を放出させることによる圧力変化をもとに、空気の比熱比を求める方法。

19 等温化放出法

新JIS B 8390-2①

新JIS B 8390-2「圧縮性流体用機器の流量特性試験法　第2部：代替試験法」は2018年7月に制定されました。この試験法は等温化放出法で空気圧を初めて学ぶ方々にとって大変よい教材となるので少し詳しく説明します。

バルブの流量特性が空気圧システムの特性、特に動的な特性に重要であることはすでに理解していただいたと思います。このバルブ特性計測には音速コンダクタンスCに加えて、新たに臨界圧力比bを計測する必要があります。従来の有効断面積S_eを数値的に5で割れば音速コンダクタンスCとなります。等温化放出法ではストップ法を用いないため、等温化圧力容器を1回放出するだけでこの2つのパラメータを計測することが可能になりました。

従来のJIS B 8390-1では流量の静的特性を逐一計測していたため、時間を要することやエネルギーを消費することが欠点でした。この等温化放出法により、音速コンダクタンスCと臨界圧力比bを圧力波形から一度に測定することができます。空の50ℓタンクでは温度の整定時間は1分程度、100ℓタンクになると2〜3分、500ℓタンクの場合では10〜20分です。この間に室温が変わると、何を計っているか分からなくなります。

図1に新JIS B 8390-2バルブ特性計測回路を示します。等温化放出法では、温度の整定性が極めて速いため、迅速に実験を行えます。ただし、流量計を用いた音速コンダクタンスCの静的測定法に比べ、等温化圧力容器の容量の誤差が音速コンダクタンスCに大きな影響を及ぼします。現在、日本フルードパワー工業会JIS制定流量測定委員会では等温化圧力容器の容量の測定に、基準等温化圧力容器の採用が許可されました。音速コンダクタンスCと臨界圧力比bを**図2**から求めるのが、新JIS B 8390-2 バルブ特性試験法です。

要点BOX

- 新JISの等温化放出法は迅速に2つのパラメータが計測可能
- 業界団体による測定精度を高める働き

図1　新JIS B 8390-2 バルブ特性計測の回路

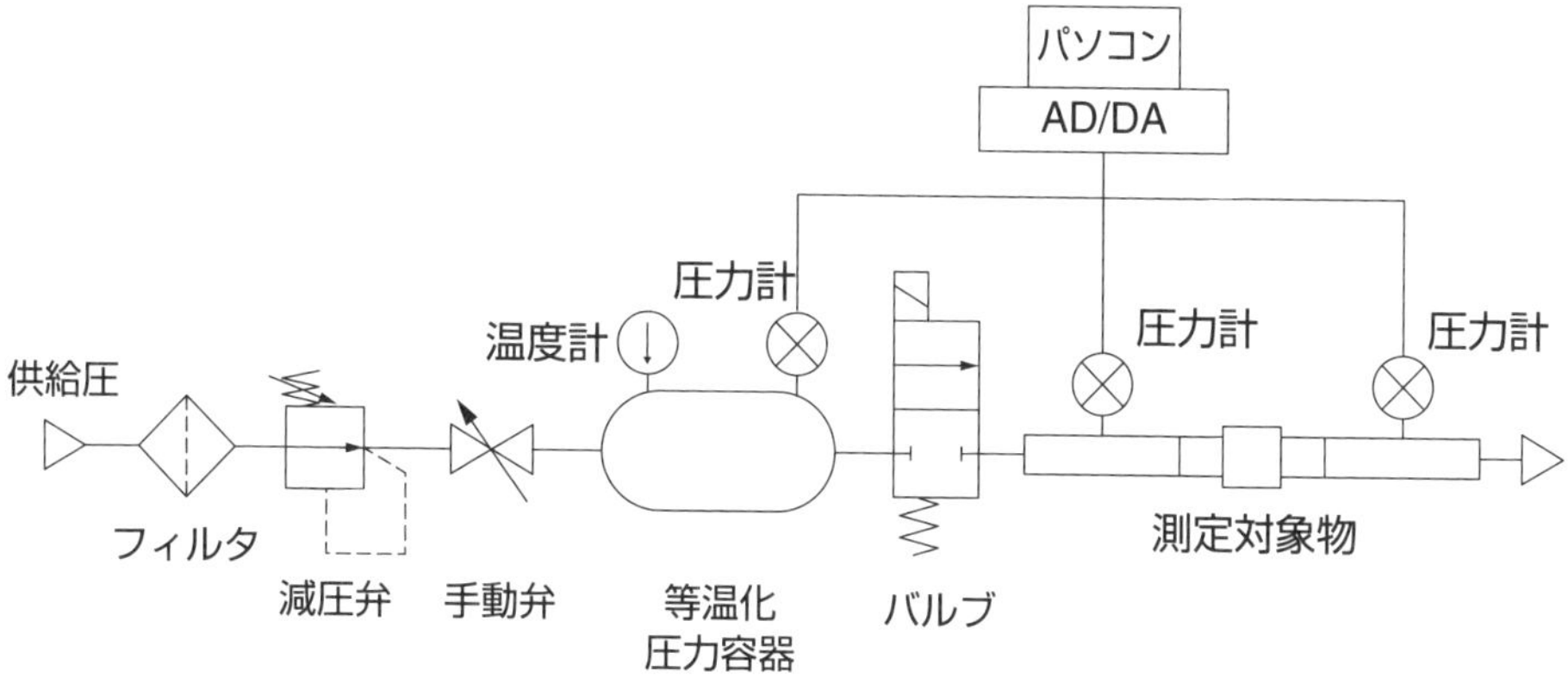

図2　臨界圧力比 *b* を変化させた場合の流量とタンク圧力の関係

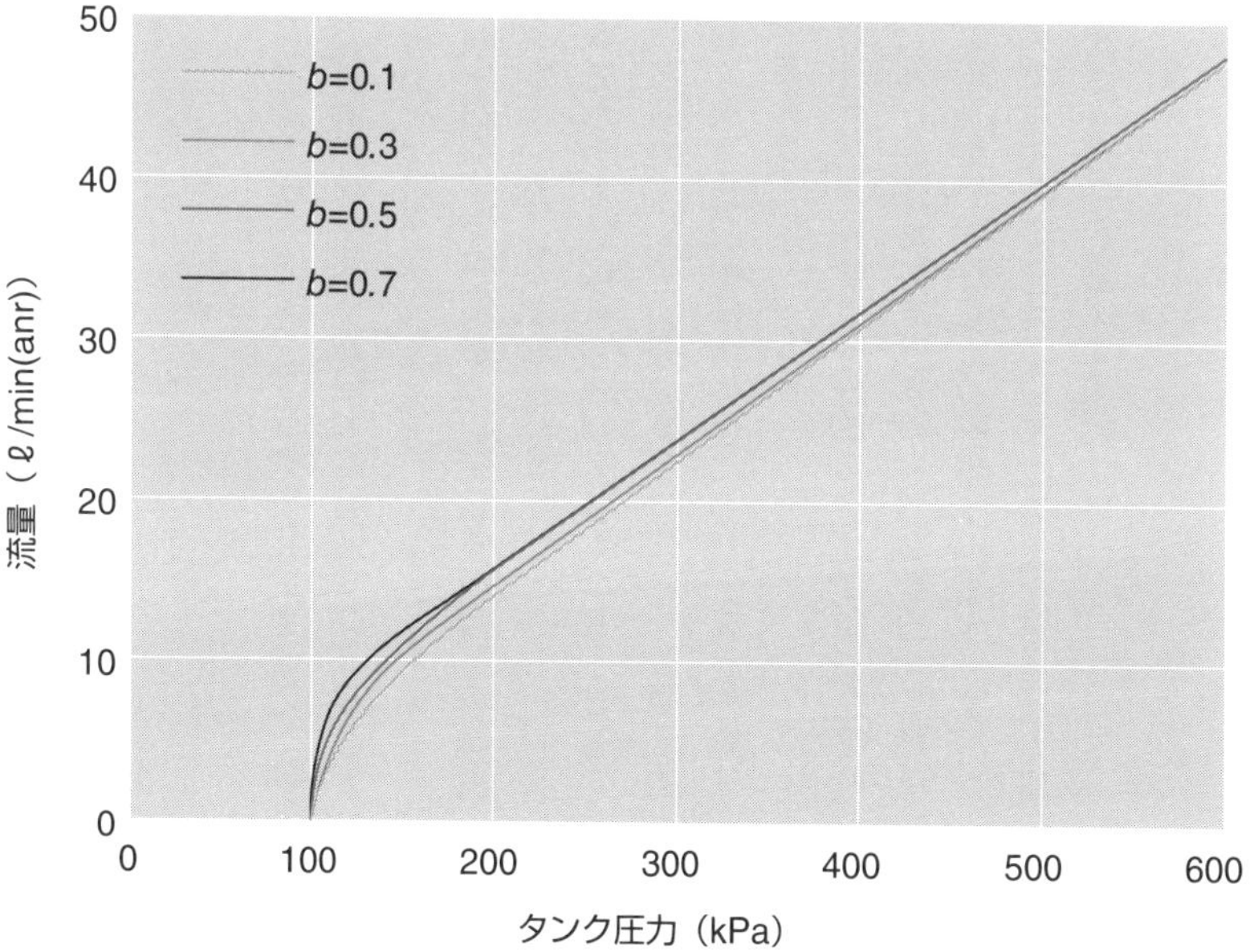

20 大気圧変動が電磁弁特性試験法に及ぼす影響

新JIS B 8390-2②

前項で説明した新JIS B 8390-2の等温化圧力容器の放出法において新たに設けられた臨界圧力比*b*について、大気圧が変動した場合の誤差について解説します。

音速コンダクタンス*C*はバルブが閉塞状態になったときの流量を規定するパラメータです。そのため、圧力比が十分に小さい場合、臨界圧力比*b*は閉塞が外れる領域から差圧がなくなるまでの音速条件が満たされない領域を示します。従って、放出される大気圧力が変化した場合は、そのパラメータである臨界圧力比*b*も影響を受ける心配があるのです。

図1に空気圧真空発生器を利用した大気圧模擬変化装置を示します。大気に放出される部分に圧力変動装置を付けています。

図2に負圧に対して放出した場合の実験結果を示します。横軸はタンクの圧力、縦軸は流量を示しています。下流圧力100、90、80kPaの3つの条件で負圧となる下流圧力をエジェクタで発生させて、等温化圧力容器の放出法で電磁弁の音速コンダクタンス*C*と臨界圧力比*b*を求めます。

音速コンダクタンス*C*については1%以下の精度で求められていることが分かります。しかし、臨界圧力比*b*についてはばらつきが大きく、5～6%の精度で求められていると言えます。また、臨界圧力比*b*のばらつきは吸引圧力の値にはほとんど影響されないと言えます。

この負圧の値ですが、一般的な大気では気圧変化ではほとんど問題ありませんが、3000mの標高以上では70kPaまで下がるため影響が出ます。エベレスト山頂では20kPaになってしまうので、臨界圧力比*b*の測定は不可能と言えます。

要点BOX
- ●臨界圧力比は大気圧変動の影響を受ける
- ●臨界圧力比*b*は標高の高いところで測定できない

図1　バルブ特性試験法における大気圧変化回路

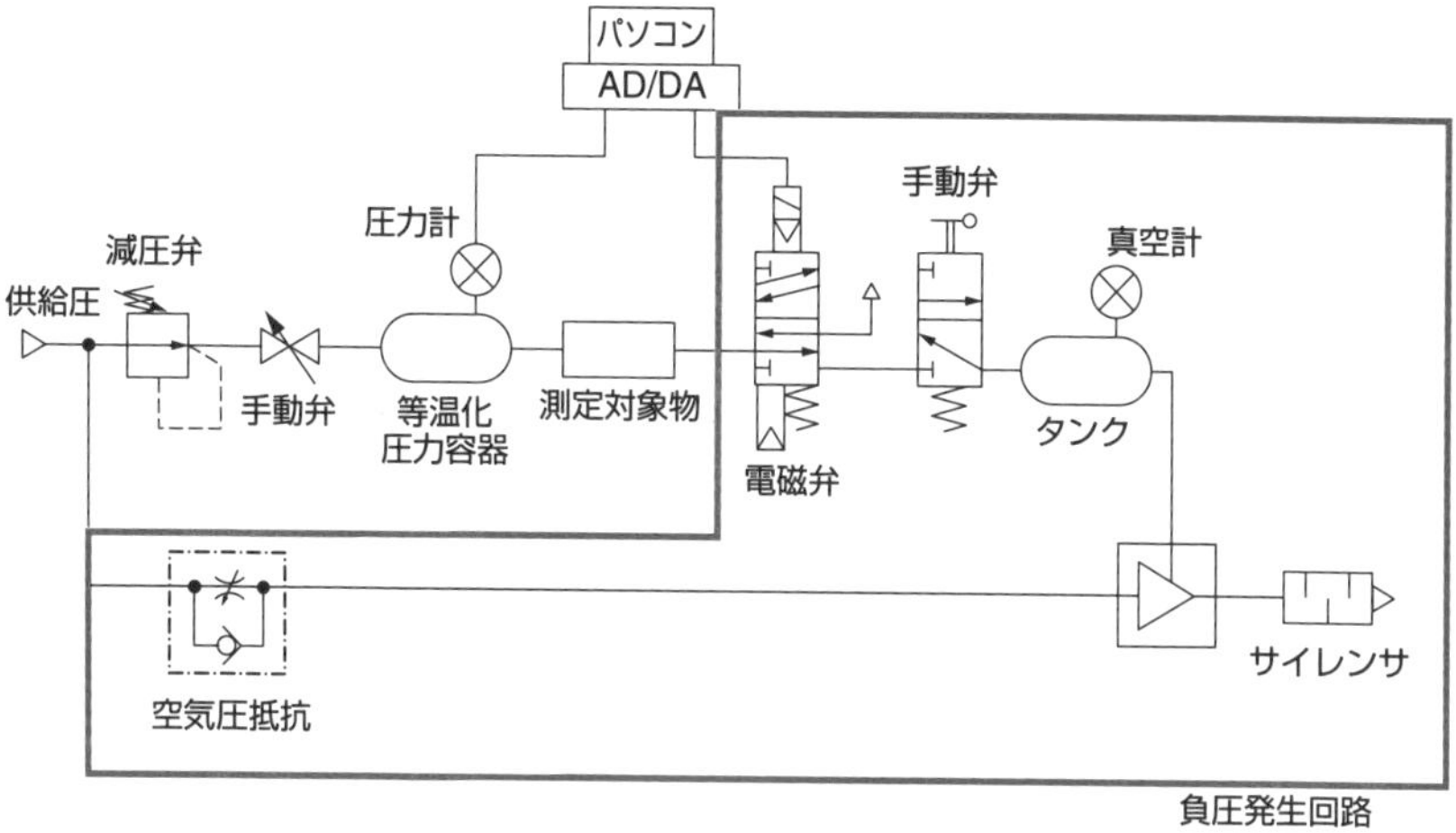

図2　バルブ特性における臨界圧力比*b*と流量特性

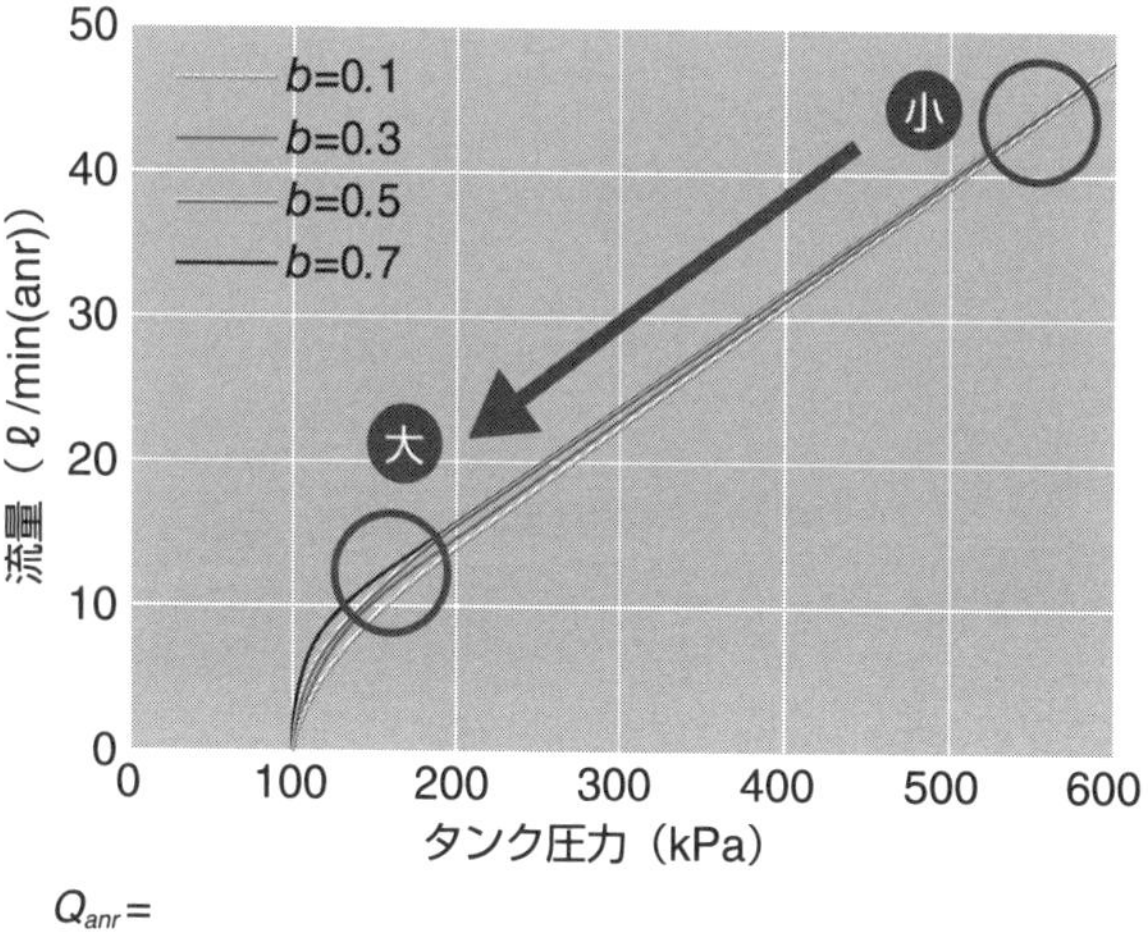

$$Q_{anr}=\begin{cases} C\times P_1\sqrt{\dfrac{293}{\theta_1}} & \dfrac{P_2}{P_1}\le b \\ C\times P_1\sqrt{\dfrac{293}{\theta_1}}\sqrt{1-\left(\dfrac{\dfrac{P_2}{P_1}-b}{1-b}\right)} & \dfrac{P_2}{P_1}>b \end{cases}$$

Q_{anr}：体積流量（l/min(anr)）
C：音速コンダクタンス
P_1：上流圧力
P_2：下流圧力
b：臨界圧力比

Column

研究者の観察力

先日、タイヤで有名なブリヂストン社のニュースが出ていました。空気圧を用いないタイヤの研究を行っているという内容でした。このニュースを見て、思ったことがあります。

空気圧を用いるタイヤは、路面からの衝撃を吸収して安定させて車を走行させる要素として重要です。その一方で、高圧の空気が封入されているため、事故が発生することもあります。大型トラックのタイヤが破裂し、その飛び散った破片が横を歩いていた幼児にあたり大けがしたとの報道がありました。

タイヤを要因とした事故には、飛行機もあります。イギリスとフランスの共同開発のコンコルドのタイヤには６００kPaゲージという高圧で特殊なタイヤが用いられていました。２０００年７月、フランスのシャルル・ド・ゴール空港でコンコルドのタイヤがパンクして、高圧タイヤの補強材の金属ワイヤーが破裂して、主翼の下部に激突しました。コンコルドは燃費が悪いため、主翼には航空燃料が満タンに入っていました。

破損した主翼から航空燃料は漏れて着火してしまいました。出火したコンコルドは滑走路横の施設に突っ込み、乗客と乗務員１１０人余りの方が犠牲になってしまい、それ以来コンコルドの使用は中止となりました。

コンコルドのタイヤの破裂原因は、５分前に滑走路を利用した他の航空機ＤＣ１０から部品が脱落して、その部品をコンコルドが踏んでしまったことにある、と明かされました。

空気圧を用いないタイヤでは破裂の心配はありませんが、従来のタイヤの性能が確保できるかは未だ分かりません。

大正生まれの母親が、昔の自転車にはノーパンクタイヤ（空気の入っていないタイヤ）があったと話していました。乗り心地がよくなかったそうです。

タイヤのお話しをしましたが、研究者は常に自分の専門技術を伸ばすだけでなく、それに代わる技術についても感度を有して観察するべきと思われます。

第4章
空気圧における流体力学と流量の表記

21 電気抵抗と空気圧抵抗の比較

ベルヌーイの定理

電気システムでは、2点間の電位の差に比例して電流が発生するというオームの法則が基本です。一方、空気圧システムでは、空気圧抵抗部における圧縮性を考慮したベルヌーイの定理が基本になり、電気システムでいう電流に対応する物理量は空気の流量となります(**図1**)。これをアナロジーと言います。

図2に非圧縮性流体におけるベルヌーイの定理、圧縮性流体におけるベルヌーイの定理を示します。uは流速、Pは圧力、ρは密度を表します。概説的に言えば、空気はベルヌーイの定理に従うために2乗特性に近いです、また、圧力の比率により絞り部が音速となるチョーク状態が発生するため、下流の圧力をその閉塞点以下に下げても流量は一定となる特殊な流れとなります。11項で説明した空気圧シリンダのメータアウト速度制御では、この特性を巧みに用いています。

図3に絞りを通る空気の流れを示します。

図1には上流圧力を一定にした場合、下流圧を変化させた場合の流量を示しましたが、横軸の下流圧力を徐々に下げると流量は大きくなり、それ以後は絶対圧力Pは質量流量Q_{anr}に比例することになります。Q_{anr}は標準状態における体積流量、つまり質量流量を示します。式ではS_e：有効断面積、P_1：上流圧を示します。質量流量Gは上流圧P_1のみの関数となることが極めて重要です。式では上流圧P_1、下流圧力P_2の関数として質量流量Gは表されます。次頁図2の式には比熱比のべき乗が入っていて、簡易計算には不向きです。また、流量係数がかかった有効断面積S_eでは近似が入るため、この式だけを厳密に計算する意味は薄れます。近似式について次項で紹介します。

要点BOX
- ●電気ではオームの法則、空気圧ではベルヌーイの定理が基本
- ●下流圧力を閉塞点以下に下げても流量は一定

図1　電気抵抗と空気圧絞り

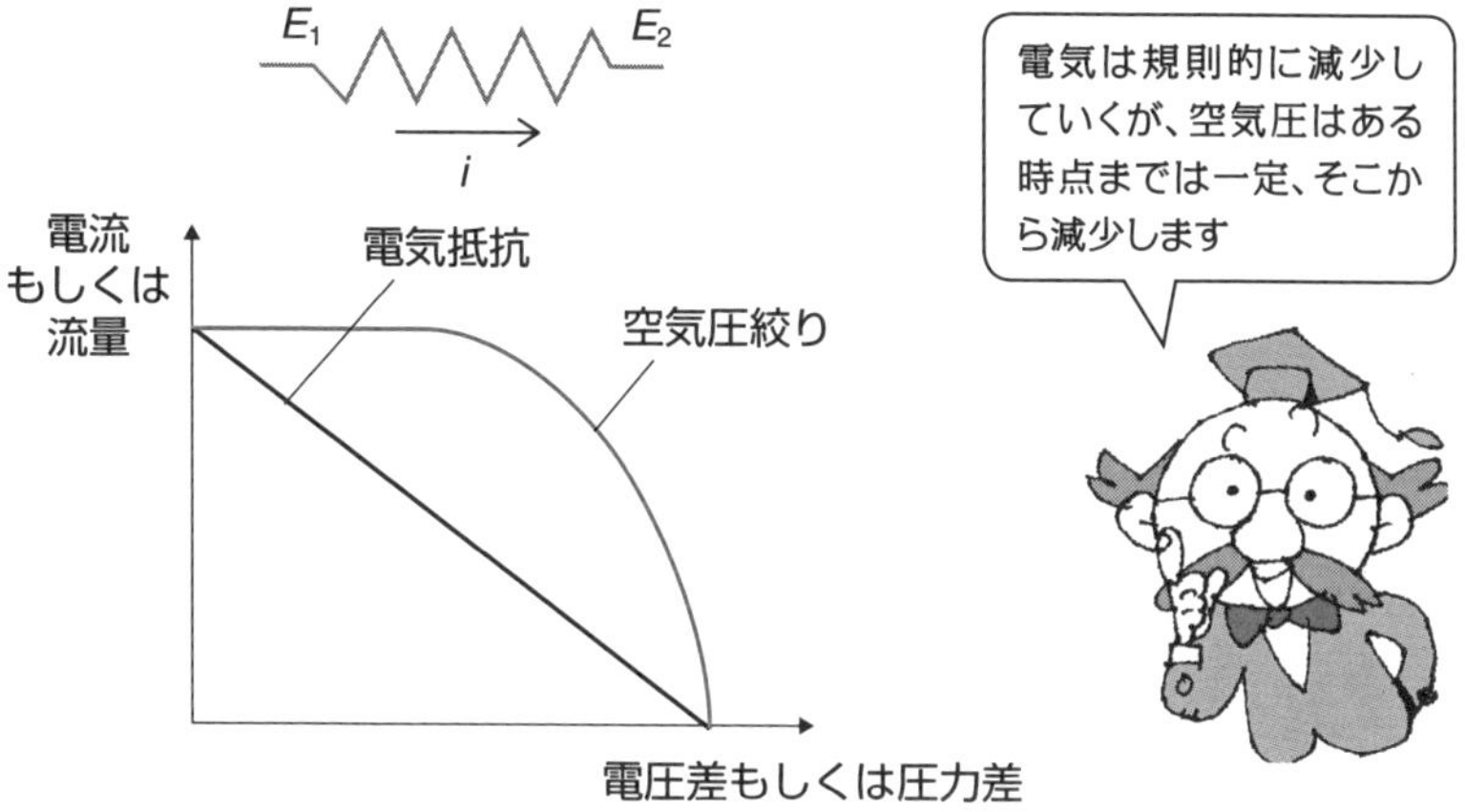

図2　ベルヌーイの定理と流量特性

$$\Delta P = \frac{1}{2}\rho u^2$$

ΔP：圧力　ρ：密度　u：流速

図3　絞りを通る空気の流れ

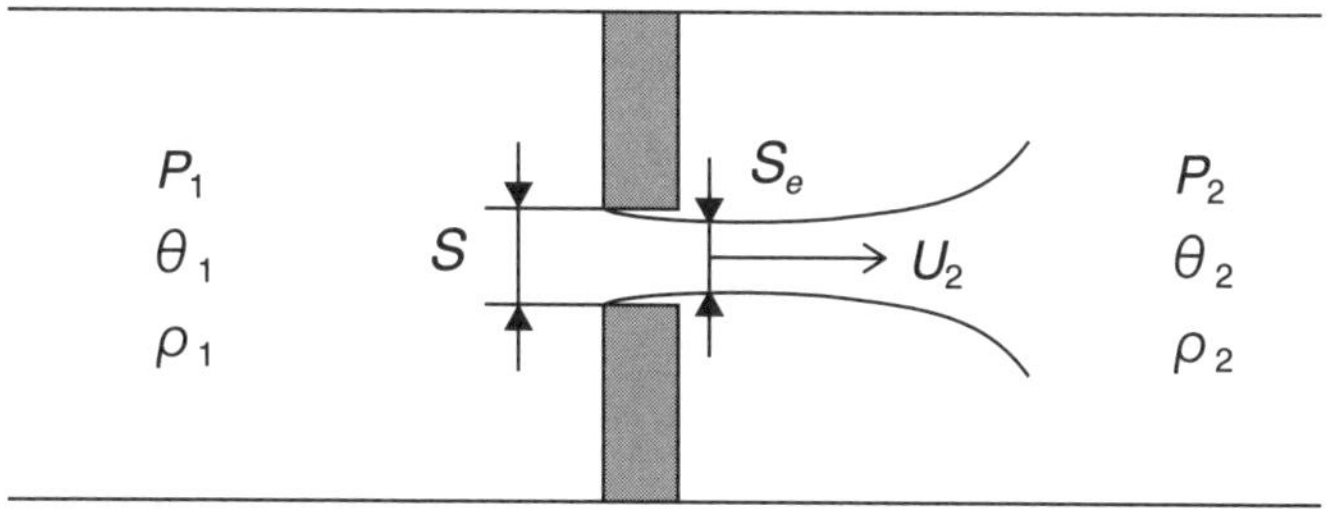

22 流量特性の近似と簡易流量式

空気圧電磁弁の流量計算

空気圧システムの設計や動作解析のためには、空気圧電磁弁にどれくらいの流れが発生するかという流量計算が重要です。

図1に空気圧の断熱噴流流れの厳密式と楕円近似式の比較を示します。楕円近似式とは、べき乗を含む複雑な式を楕円式で近似するもので、英国バース大学研究員サンビレ氏と日本の空気圧研究会によって開発されました。**図2**の式に楕円近似式と係数k_qを示します。近似式を用いても実用上問題はない範囲の近似精度と言えます。

円筒絞りの場合は、縮流部の断面積を有効断面積S_eと呼びます。電磁弁や速度制御弁など円筒絞り以外の場合は実際の縮流部が把握できないため、流路が複雑になるので、S_eに相当する値を有効断面積とします。JIS B 8390では、有効断面積を空気圧機器と同じチョーク流量を有する摩擦や縮流のない理想的な絞りの断面積と定義されます。

有効断面積S_eは面積の単位を持ち、流路の実断面積と対応しているため、直感的に分かりやすいと言えます。例えば、内径2㎜のノズルの断面積は3・14㎟ですが、縮流係数0・9を掛けるとその有効断面積S_eは2・8㎟前後になります。新JIS B 8390では音速コンダクタンスCと臨界圧力比bで示されますが、数値的にはCを5倍すればS_eに等しくなります。

実際の流量計算では、質量流量より体積流量がよく用いられています。なぜならば、空気の質量と言ってもイメージが湧きにくく、体積流量で理解しやすい量となるからです。

従って、質量流量Gを体積流量Qにk_q（2×10^{-5}）を乗じて換算すると式に示します。

要点BOX

- 複雑な式を近似する楕円近似式
- 空気の質量では分かりづらいので、理解しやすい体積流量を用いる

図1　空気圧の断熱噴流流れの厳密式と楕円近似式の比較

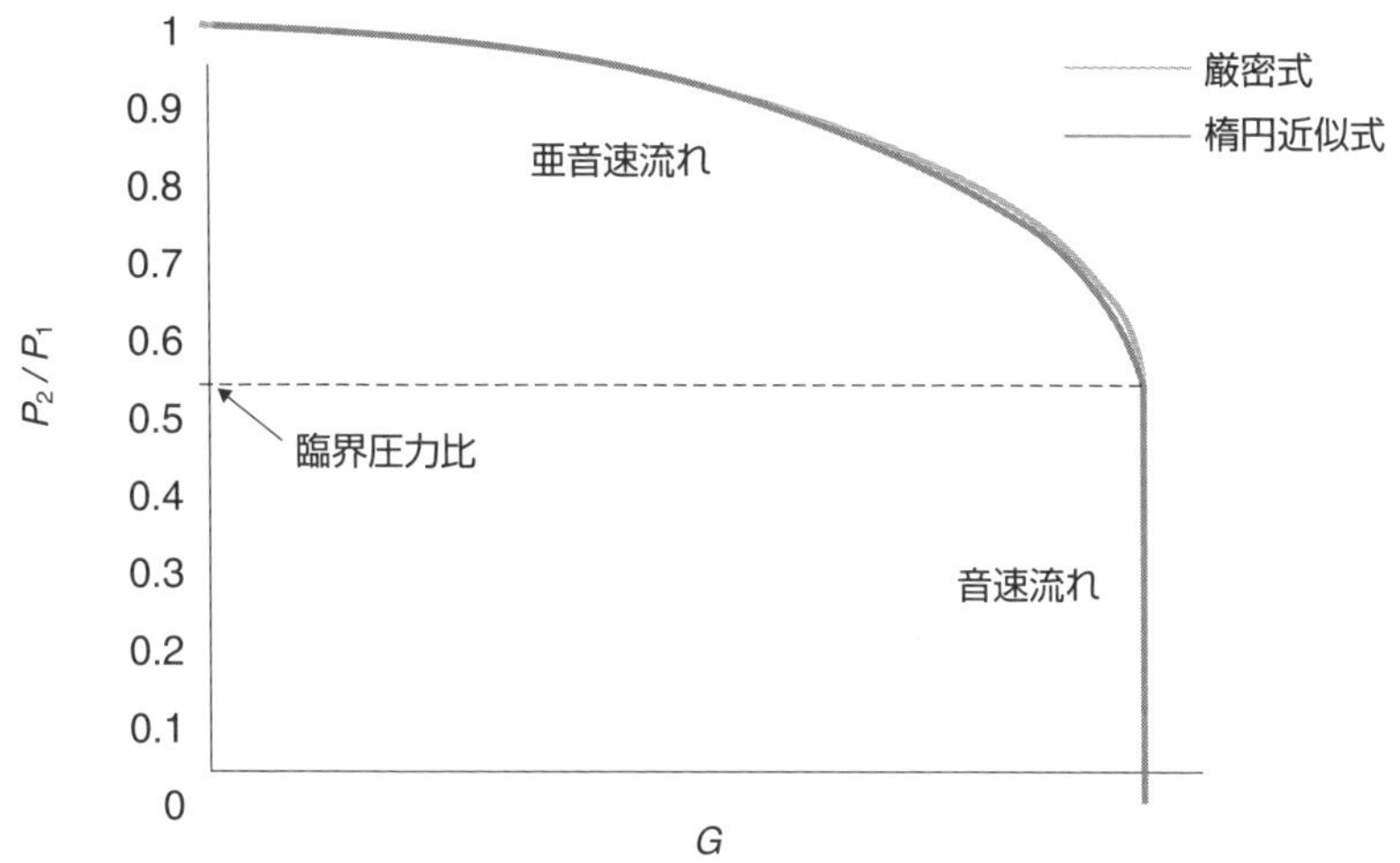

図2　絞りの流量特性の式

SI単位系を用いた流量

$$G=\begin{cases} S_eP_1\sqrt{\dfrac{\kappa}{R\theta_1}\left(\dfrac{2}{\kappa+1}\right)^{\frac{\kappa+1}{\kappa-1}}} & \dfrac{P_2}{P_1}\leq 0.5283 \\ S_eP_1\sqrt{\dfrac{2\kappa}{(\kappa-1)}\cdot\dfrac{1}{R\theta_1}\left[\left(\dfrac{P_2}{P_1}\right)^{\frac{2}{\kappa}}-\left(\dfrac{P_2}{P_1}\right)^{\frac{\kappa+1}{\kappa}}\right]} & \dfrac{P_2}{P_1}>0.5283 \end{cases}$$

G:質量流量(kg/s)
S_e:有効断面積(㎡)
P_1:上流圧(Pa)
κ:比熱比
R:ガス定数(J/kg·K)
θ_1:上流温度(κ)

楕円近似法と工業近似法を用いた体積流量

$$Q_{anr}=\begin{cases} 120\times S_eP_1\sqrt{\dfrac{293}{\theta_1}} & \dfrac{P_2}{P_1}\leq 0.5 \\ 240\times S_eP_1\sqrt{\dfrac{293}{\theta_1}}\cdot\sqrt{\dfrac{P_2}{P_1}\left(1-\dfrac{P_2}{P_1}\right)} & \dfrac{P_2}{P_1}>0.5 \end{cases}$$

$$G=Q_{anr}\times k_q \quad k_q = 2.0\times10^{-5}\left(\frac{\text{kg/s}}{\text{l/min nor}}\right)$$

S_e:(㎟)
P_1、P_2:圧力(MPa)
θ_1:絶対温度

23 空気圧管路の流れ

圧力損失

それぞれの空気圧機器は空気圧管路で接続されています。コントローラによって電磁弁を駆動して流路が開閉し、空気が管路を経由して空気圧アクチュエータに導かれます。一般的には供給圧力は0・5MPaであるため、初期において空気は極めて高速流れとなります。接続される空気圧管路の長さにもよりますが、空気の音速伝播速度が問題となる場合もあります。空気の流れは次項で述べるレイノルズ数によって層流流れと乱流流れに分けられ、それぞれ抵抗係数が異なります。

基本として、圧縮性のない管路内流体の流れの圧力損失を図1に示します。横軸にレイノルズ数、縦軸に圧力損失係数を示しています。レイノルズ数が低い領域では圧力損失係数λは64／R_eに漸近して、臨界レイノルズ数2300以上では相対的粗さ係数ε／dに従って損失係数が異なります。層流の場合では粗さ係数の影響は受けず、乱流になると粗さ係数の影響が顕著になります。

管路の一般的な圧力損失の式を図2に示します。また管路長さl、質量流量Gガス定数をRとすれば直径dの管路の圧力損失は式に示されます。空気圧管路の圧力損失を絞りに見立てる簡易計算法が提案されています。表にS_{ec}を示します。

空気圧回路では、空気圧機器が直列に接続されることが多くあります。直列に音速コンダクタンスを有する機器が接続された場合には、図3の式のようになります。また、並列に接続された場合も式に示します。

これらの近似計算式は閉塞条件が入っておらず、また臨界圧力比の影響がある場合もあり、圧力によって空気の密度が大きく変化する影響も無視することはできません。より正確な空気圧システムのシミュレーションには、より詳しいモデルで計算することが必要です。

要点BOX
- ●空気圧機器は管路でつながる
- ●管路内流体の圧力損失は計算式で計る
- ●層流は粗さ係数の影響は受けず、乱流は受ける

図1　ムーディ線図

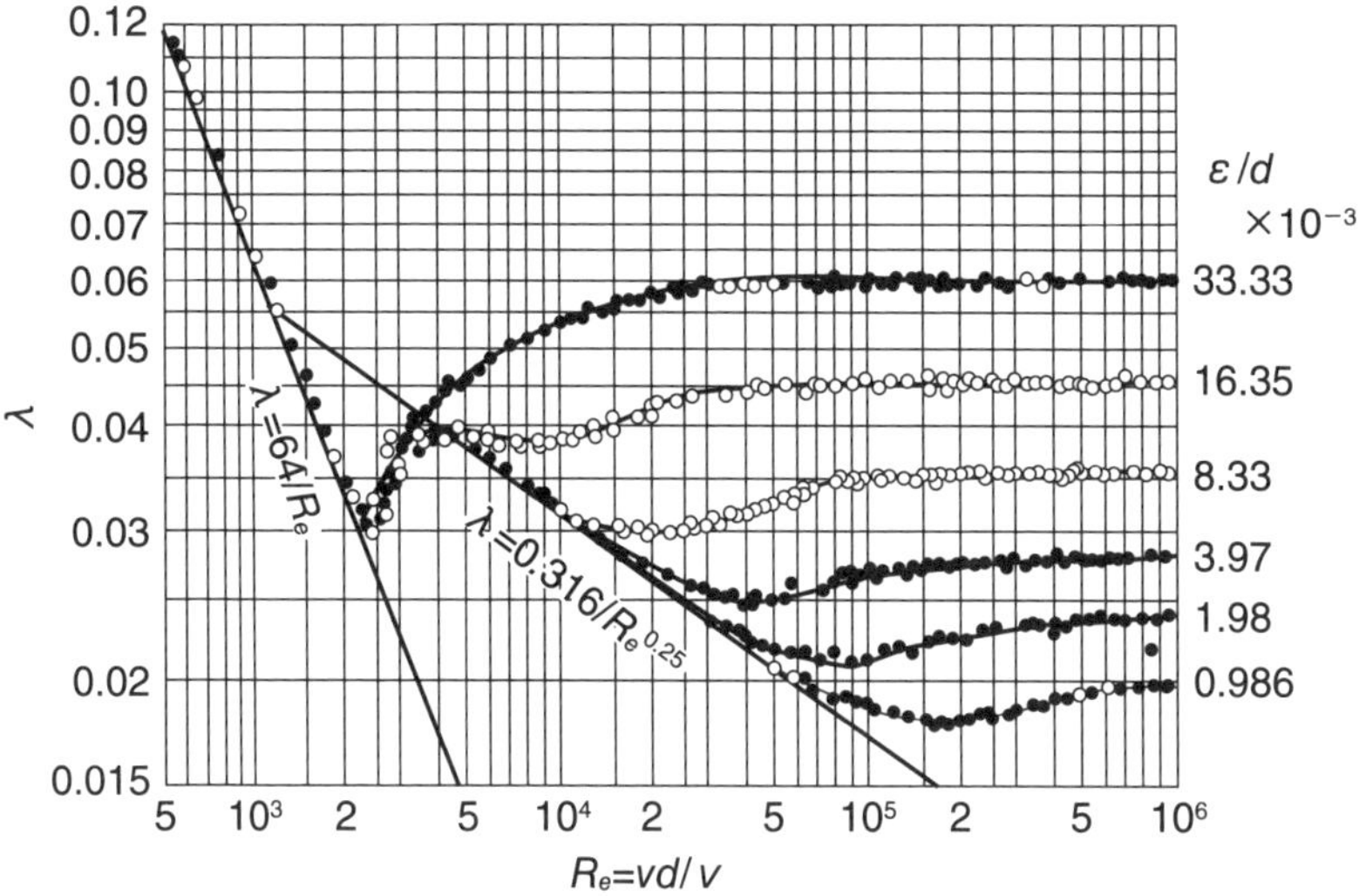

図2　圧力損失の式

$$\Delta P = \lambda \frac{1}{2} \rho u^2 \cdot \frac{l}{d}$$

ΔP：圧力損失（Pa）
λ：管摩擦係数
ρ：密度（kg/㎥）
u：流速（m/s）
l：管路長（m）
d：管路径（m）

表　ナイロンチューブ1mあたりのdとS_{ec}

内径d［㎜］	2.5	4	6	7.5	9
S_{ec}［mm²］	1.8	6.5	18	28	43

図3　空気圧機器の接続時の式

$$S_e = S_{ec} \frac{1}{\sqrt{L}}$$

$$C = C_0 \frac{1}{\sqrt{L}}$$

$$b = 4.8 \frac{C}{\alpha^2}$$

直列結合

$$\frac{1}{S^2} = \sum_{i=1}^{n} \left(\frac{1}{S_i^2} \right)$$

並列結合

$$\frac{1}{S^2} = \sum_{i=1}^{n} S_i$$

24 層流と乱流流れ

レイノルズの法則

空気圧システム内の空気の流れは、レイノルズの法則、圧縮性の原理などで表せます。しかし、空気の中には水分が含まれることもあり、簡単な話ではありません。ここでは流れの層流と乱流について解説します。

図1に中山泰喜先生が描かれたイラストをもとにした、レイノルズの再現予想図を示します。オズボーン・レイノルズ（1842―1912）は第1次世界大戦前のイギリスの物理学者です。この図は実際にどのような装置で実験可能だったかを示します。興味深いのはかなり高い台の上で実験している点です。これは最高流速を確保するためで、トリチェリーの原理より約6m／sの流速を確保することができます。台の上から長い棒を使ってバルブの開度を操作・変化できたようです。

ガラス管に導入するところには大きなベルマウスが設置されていて、流れをよく考えていると思います。インクを挿入するフラスコも置かれています。レイノルズの実験をよく表していると感心しますが、疑問に思うことは水の流入口が描かれていない点です。流速6m／sで流した場合には、短時間で上部の水槽から水がなくなってしまいます。

図2は管内の層流と乱流をインクで可視化した説明図です。これはとても有名です。空気圧システムでも層流と乱流が発生します。しかしながら、油圧システムと比較して空気圧システムの場合は圧縮性が強く表れます。空気圧システムは圧縮性の特徴で動作していると言えます。

実験の結果、層流では圧力損失が少ないため流れは加速され、流速が増えるとレイノルズ数が増えて乱流に遷移して、ここで圧力損失が増加して減速されるという現象が繰り返されます。流れは安定ではないのです。19世紀後半にレイノルズが明らかにした業績は大きいと言えます。

要点BOX
- ●空気の流れは水分などが干渉する
- ●空気圧システムでは、層流は圧力損失が少なく、流速が増えると乱流になる

図1　レイノルズの実験風景

図2　管内の層流と乱流

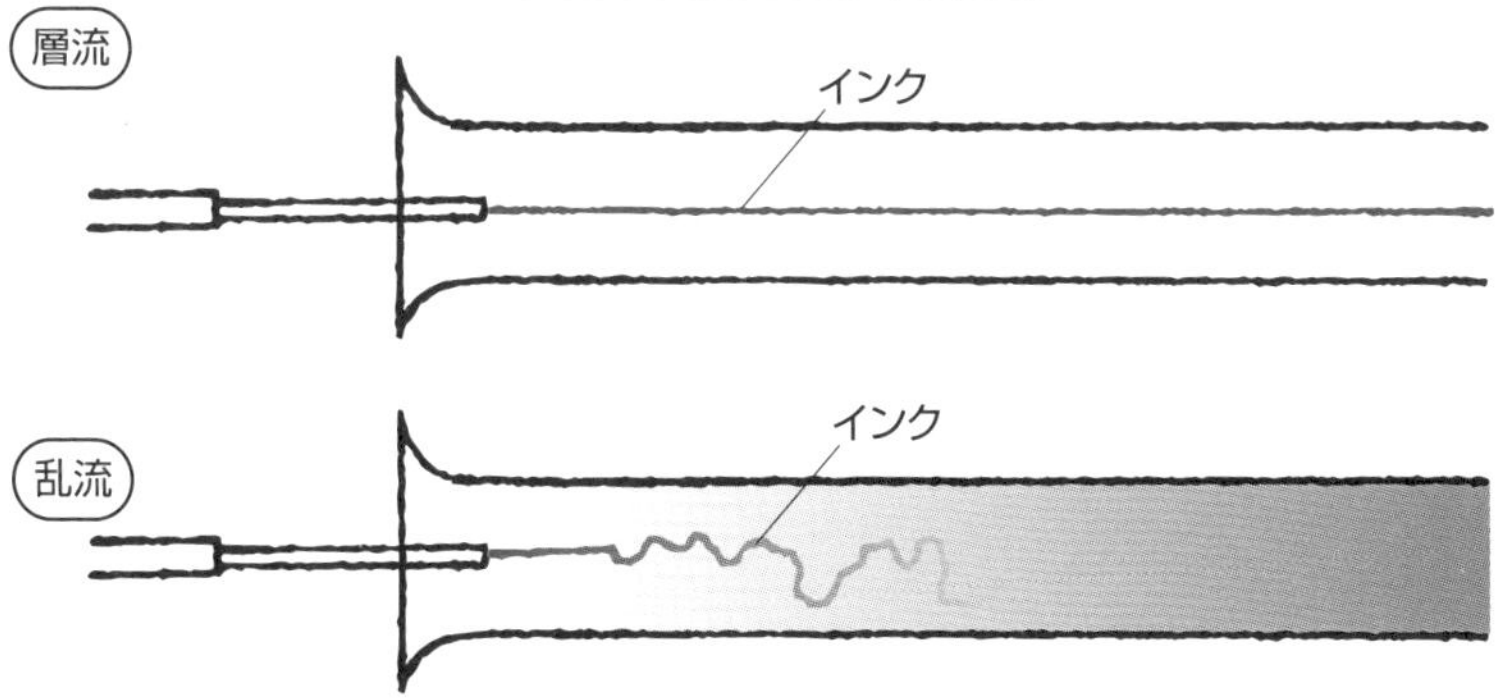

25 空気圧における分岐と合流

空気圧システムでは管路の分岐合流を伴う場合が多々存在します。ここでは分岐合流の基本形についての応答の実験結果を紹介し、理解を深めたいと思います。

空気圧システムの分岐合流の回路では、電磁弁の下流に分岐合流要素を接続して、等温化圧力容器を接続します。等温化圧力容器では空気の状態変化は等温となるため、容器に出入りする流量を正確に計測できます（⑬項で詳述）。

図1に分岐における方向と、合流における方向の定義を示します。分岐における方向の図の左側を見てください。1から2への流れの場合は方向変化がないため、損失は少ないと想像できます。一方、1から3では流れの向きが90度変わるため、損失は大きいと考えられます。合流についても同様に定義式を示せます。

大変興味深い実験結果を紹介しましょう。1つの電磁弁から直角分岐要素を経由して2つの等温化圧力容器に空気を充填する実験を行いました（**図2**）。予想通り、直進方向の圧力は速く上昇して、直角に曲がる方の等温化圧力容器（F_2）はかなり遅い圧力上昇となりました。

また**図3**の右図に2つのタンクから合流させて放出する、圧力応答の実験結果を示します。

この場合、なんと2つの等温化圧力容器の圧力応答はほぼ同じとなります。これは合流部分で2つの流れが激しくぶつかってしまい、直進方向の空気の流れも抵抗を受けてしまうからです。例えるならば、通勤ラッシュ時の電車から降りようとしても、混みすぎていてなかなか降りられないような現象が再現されています。

要点BOX

- ●分岐・合流による圧力損失
- ●直進方向の圧力は早く上昇する。ただし、直進方向でも合流すると空気の抵抗を受ける

図1　分岐と合流における方向の定義

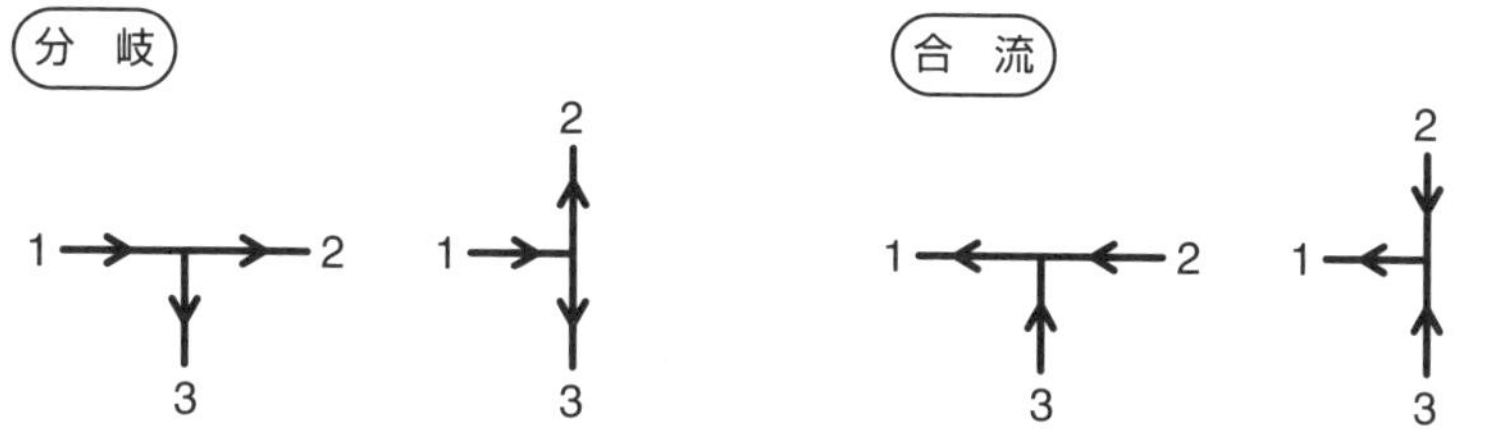

図2　実験に用いた分岐合流空気圧要素

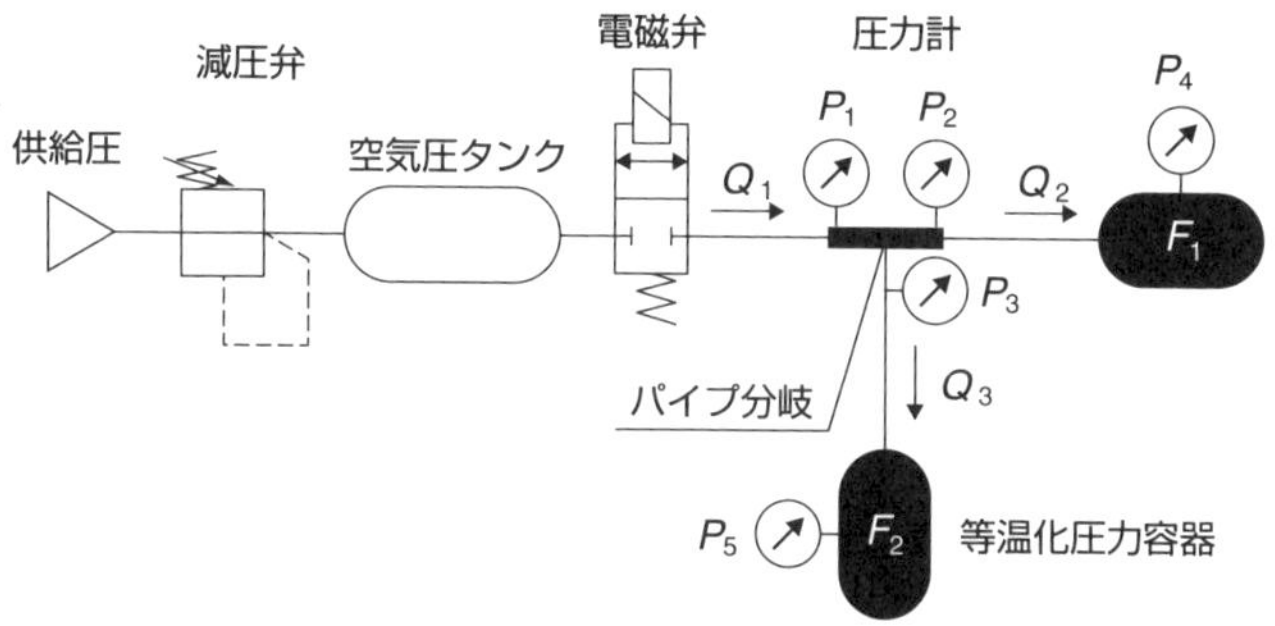

図3　2つの等温化圧力容器への分岐・合流回路

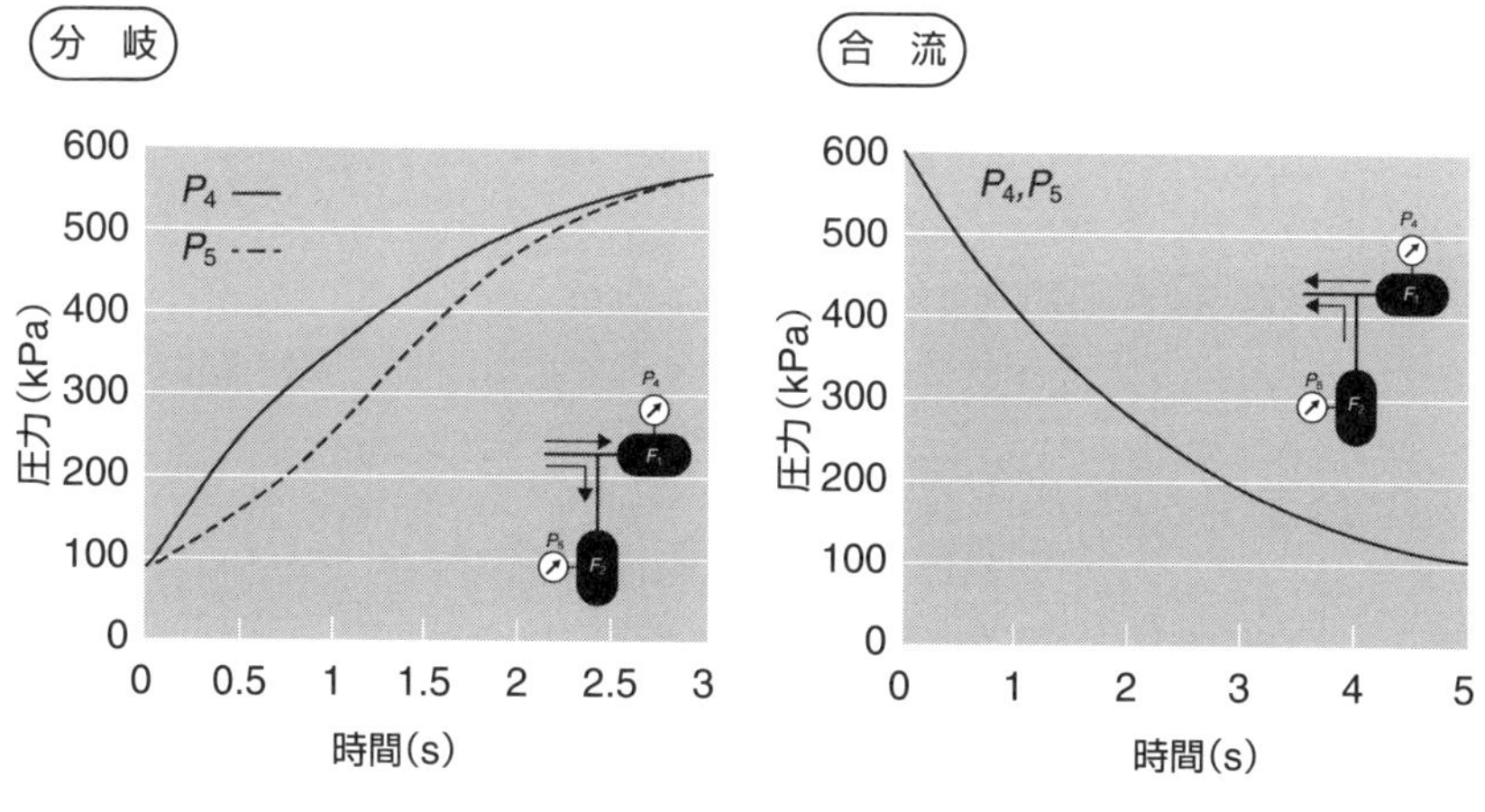

26 空気圧における流量計測

代表的な7つ

従来、空気圧システムに流量計はほとんど利用されていませんでした。しかし、省エネへの関心が高まり、空気圧システムの消費量を計ったり、性能評価のために流量計を用いることが増えてきました。そこで、空気圧システムに用いられる代表的な7つの流量計について解説します。

まずオリフィス流量計です（**図1**）。流れのパイプに、同心円状のプレートであるオリフィスプレートを設置して、その前後の圧力差を計測して流量を求める計測器です。流量を求める基本式も図1に示します。*C*はオリフィスの流量係数で、*ρ*は密度、ΔP（圧力差P_1-P_2）は差圧を示します。

次に、渦式流量計を解説します（**図2**）。管路内部に流れの邪魔になるようなものを設置すると、その下流に渦が定期的に発生します。カルマル渦と呼ばれ、流れの流速に振動数が比例します。この振動数を計測して空気流量を求めます。無次元数をストローハル数と言います。3つ目は超音波流量計です。超音波を流れの中に通して、その伝播の位相差から流速を求め、流量を算出します。素子が小型化、安価なので家庭用のガスの流量計にも利用されています。

4つ目は面積式流量計です。浮き子の高さを目視して流量を求めます。電気信号に変換するには変位センサを用います。5つ目は音速ノズルです。日本の圧縮性流体の流量計測基準は産業技術総合研究所にある音速ノズルが標準になっています。最も精度が高いと言われています。

6つ目のサーマルセンサは、空気の流量によって金属細線の放熱具合が変化する現象を利用して流量を求めます。特徴としては、ほとんど補正計算が不要でセンサ自身も安価である点です。放熱量と流量は圧力によらず比例関係にある特性を利用しています。最後はコリオリ流量計です。高圧領域では液体に利用されるコリオリ流量計も利用可能です。

要点BOX
- ●流量計はほとんど使われてこなかった
- ●精度の高さや価格、使われる場所・数などを考慮して、適用する流量計を選択する

図1　オリフィス流量計

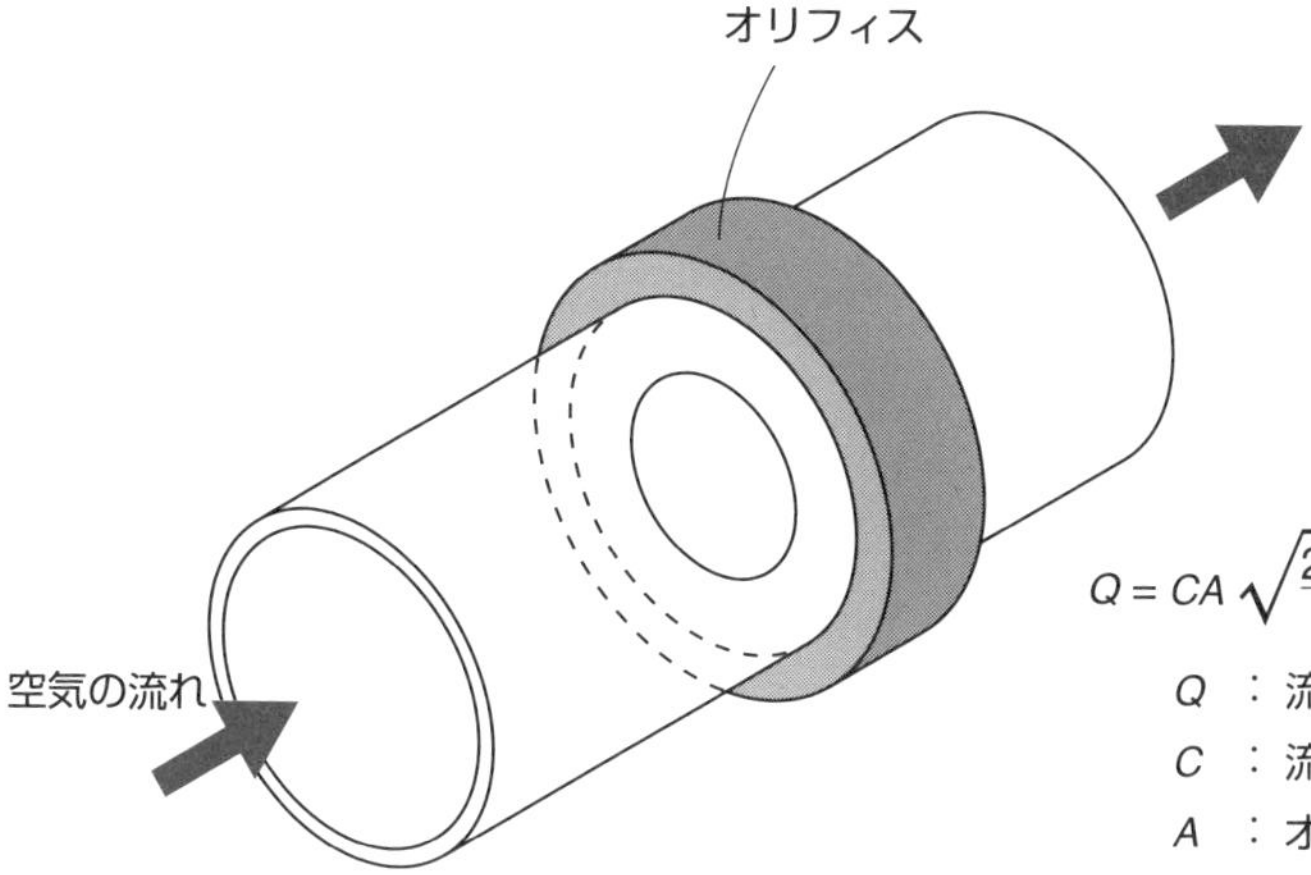

$$Q = CA\sqrt{\frac{2(P_1-P_2)}{\rho}}$$

Q ： 流量(㎥/s)
C ： 流量係数
A ： オリフィス面積(㎡)
ρ ： 流体密度(kg/㎥)
P_1 ： 上流圧力(Pa)
P_2 ： 下流圧力(Pa)

図2　渦式流量計

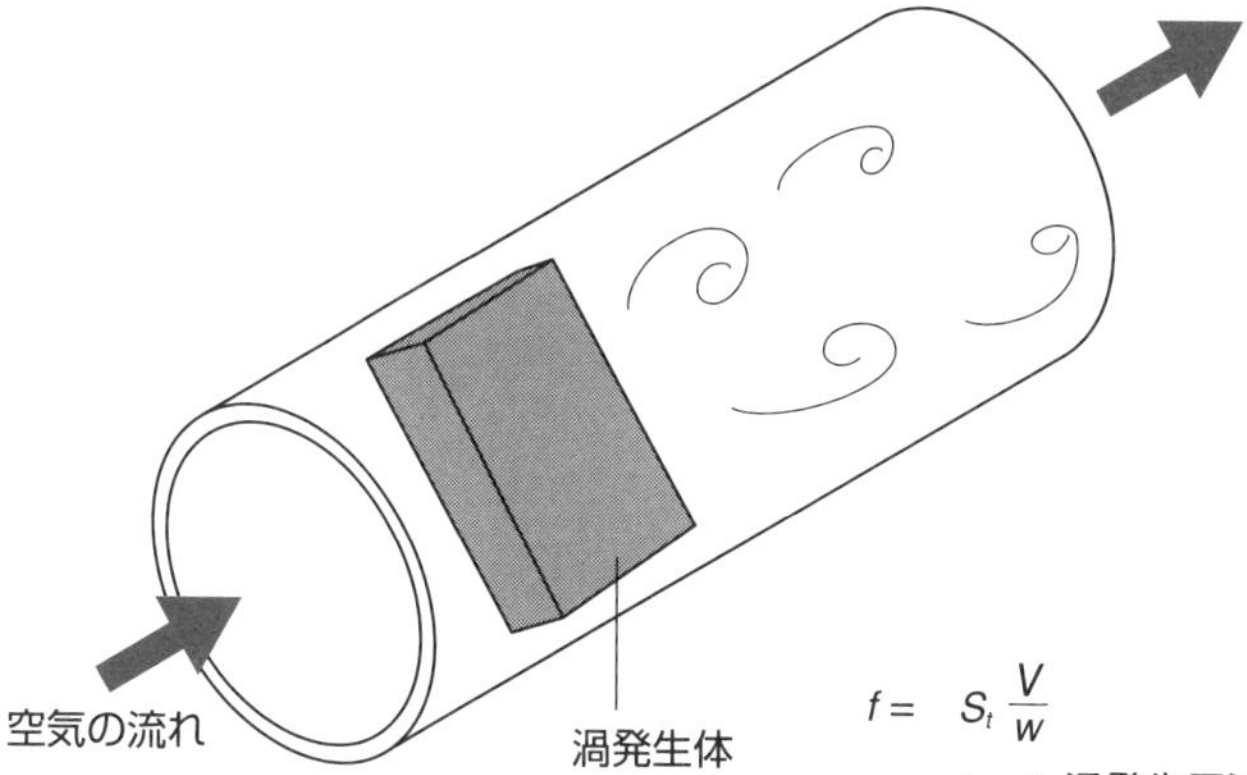

$$f = S_t\frac{V}{w}$$

f ： 渦発生周波数
V ： 管路内平均流速
w ： 渦発生体の幅
S_t ： ストローハル数(0.16〜0.17)

27 層流形高速応答流量計

層流の圧力損失から求める

前項で流量計を説明しましたが、空気圧システムに用いるためには、流量センサの性能やコスト、大きさなどの条件をクリアしなければなりません。円形のプレートで圧力損失を発生させて流量を計測するオリフィス流量計では、最小メモリと最大メモリの比率、すなわちレンジアビリティ（決められた精度における最大流量と最小流量の比）は10程度しかありません。しかし、オリフィス流量計にはドライキャリブレーションという優れた特徴があるために、今日でも用いられているのです。

ここから説明する流量センサは、流れを層流化エレメントで変化させ、層流の圧力損失から流量を求めるものです。

図1に流量計測エレメント（細管：内径0・4注射針）を示します。試作品では直径25㎜の円筒の中に750本の注射針を入れました。細管の流れは層流となり、定常の場合ではハーゲン・ポアズイユ流れとなります。非定常特性が影響するかはウオマスリー数を考慮して検討されました（**図2**）。双方向層流形高速応答流量計として製品化されています（**図3**）。

エレメント内での流速は約2ｍ／ｓで63％の応答を有します。流速を**図4**に示します。長さ20㎜の細管の中を分布定数系として特性曲線法を用いて計算したところ、ほぼ分布を考慮する必要のないことが分かりました。

層流形流量計の静特性としては、直線性がよく、設計によってはレンジアビリティは100を超えます。オリフィス流量計と比較すると、オリフィス流量計は常に乱流渦を経由して流量を計っているため、乱流の不確定要素はすべて乱流ノイズになってしまいます。近年では半導体ＭＥＭＳセンサが実用化されて、差圧センサ自体のコストは非常に低くなったためにシステムとして利用しやすくなっています。

要点BOX
- ●ドライキャリブレーションの特徴は、図面通りにオリフィスが制作できれば精度が保証される点
- ●層流流量計ではレンジアビリティが100以上も

図1　流量計測エレメント

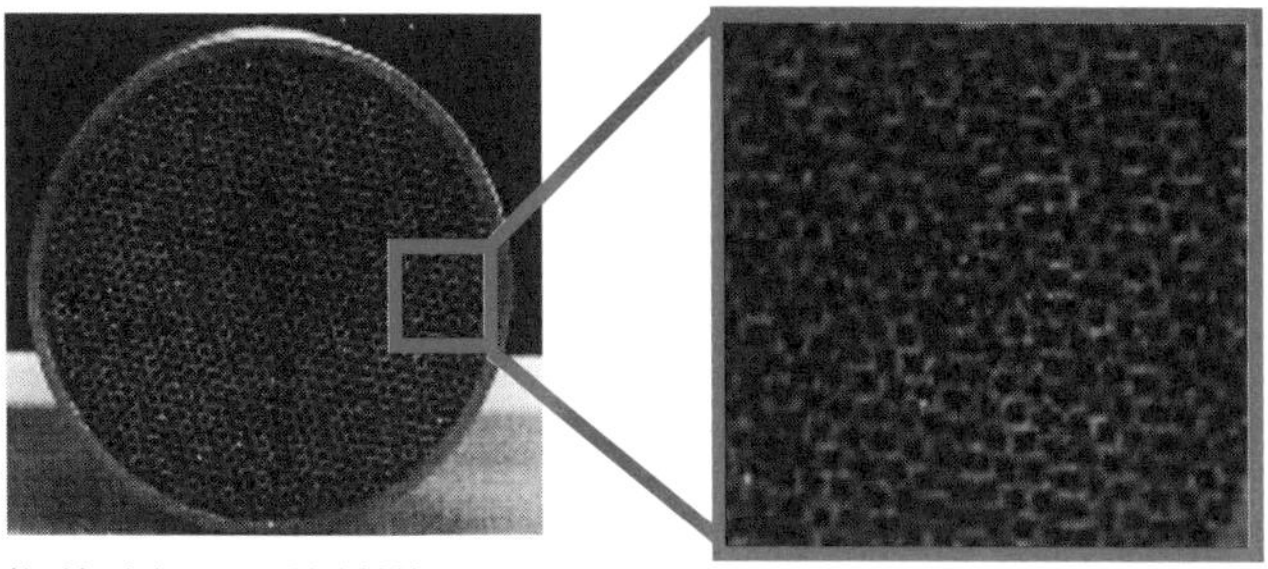

（細管:内径0.4Φ注射針）

図2　ウオマスリー数

$$W_0 = \frac{R}{\sqrt{\frac{\nu}{\omega}}}$$

R　：管路内径(m)

ω　：振動角周波数(1/s)

ν　：動粘性係数(m^2/s)

図3　双方向層流形高速応答流量計

提供:東京メータ株式会社

図4　エレメント内流速の応答

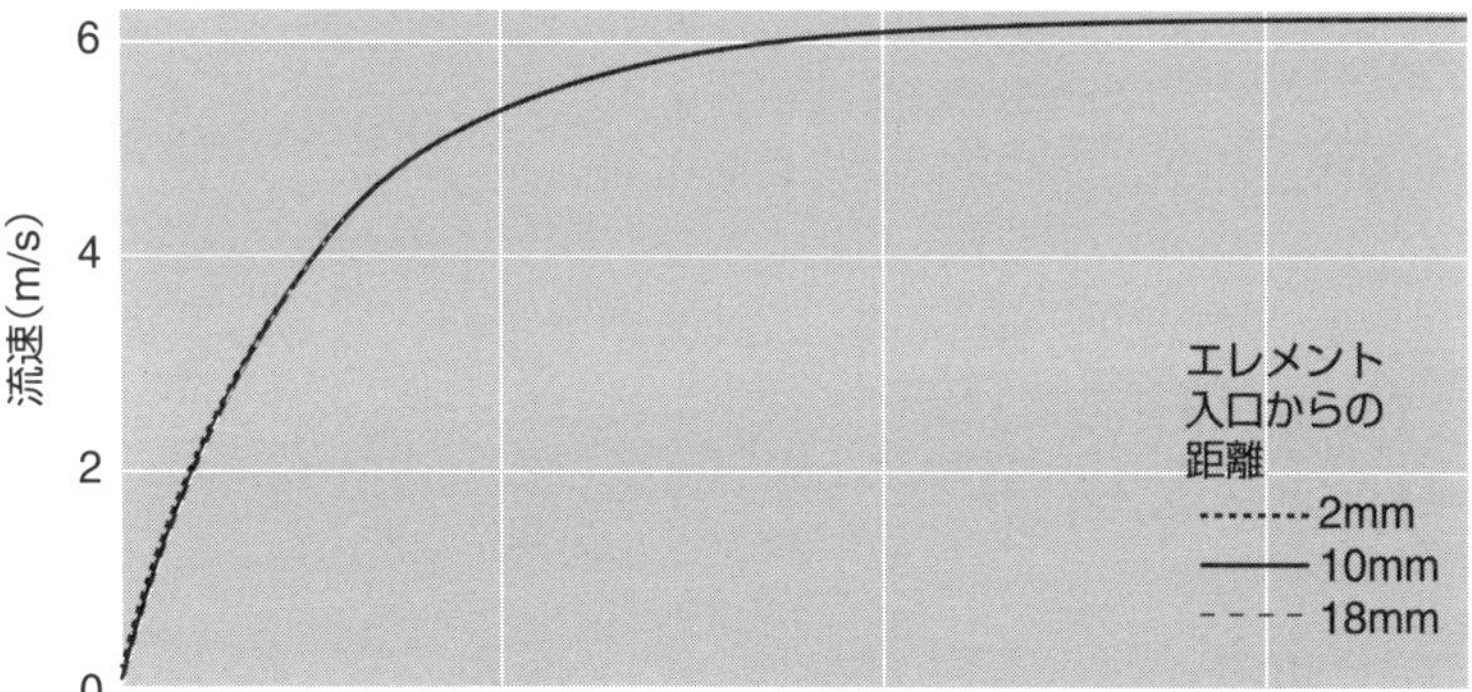

用語解説

ハーゲン・ポアズイユ流れ：面積が一定の円管をゆっくりと流れる流れ方。
ウオマスリー数：管内流れにおいて用いられる無次元数。

Column

空気圧と電気、どっちがいい？

工場における自動化ラインや装置において、空気圧駆動と電気駆動のどちらを選択するか、という問題がよく取り上げられています。特に2020年に入ってからは、ライバル製品を取り上げて、いかに電動システムの効率性が優れているか、というPRが宣伝活動に見られるようになっています。

フルードパワー技術の1つである油圧については、航空機や建設機械の制御に用いられており、空気圧と電気に比べると、活用の範囲ははっきりしています。

1960年代に空気圧が自動化ラインに使われ出した当時は、空気圧システムの効率を議論する風潮は一切ありませんでした。空気圧は、生産現場でゴミを取り除くブロー装置や簡単な駆動系のみに利用されていたからです。従って空気圧駆動系を大学で研究することはありませんでした。

しかしながら、1980年代に入って半導体産業や自動車産業においてロボットの利用が盛んになるに従って、空気圧の使いやすさや環境性が評価されました。

2020年代になると、さらに多くの応用分野に利用され始めました。特に医療分野との相性がよく、空気圧は生命を預かる駆動方式という認識から重要視され、大学においても研究が行われるようになっています。

空気圧と電気―。装置の利便性のよさから、どの駆動系を採用するかがポイントになります。

第5章

空気圧システムの制御と回路

28 空気圧直動形減圧弁

利用しやすい圧力に調整

空気圧システムにおいて、圧縮機によって作り出された高圧の空気を利用しやすい圧力に調整する機器を空気圧減圧弁と呼んでいます。供給圧力を決める重要な機器です。構造、機能上から直動形、パイロット形、リリーフ機能付き、リリーフ機能なしなどがあります。

図1に一般的な空気圧減圧弁を示します。

調節ねじによって下向きの力が加わると、調節ばねを介してダイヤフラムを下向きに押します。ダイヤフラムはバルブステムに接続しているので、弁体は下方に変位して高圧の空気が1次側から2次側に流れ込みます。

2次側に流れ込んだ空気は2次側の空気圧力上昇をもたらし、またダイヤフラムの下側は2次側の圧力を受けてばねを上方に押し戻します。このように、ダイヤフラムを経由してフィードバック系となっています。ここまでは基本的な説明で、実際は複雑な圧力変化をします。

通常は調圧ばねで出力圧を設定していますが、ばねの性質として、変形すると設定圧が変位します。これを避けるために、ばねの代わりにおもりを用いた減圧弁もありました。

図2は空気圧減圧弁の供給圧力の変位に対する出力圧をおおまかに提示します。

減圧弁はダイヤフラムの圧力バランスで過渡的な動きをしますので、なかなか分かりにくい部分があります。

供給弁の圧力バランスを説明します。供給圧力P_sが増えると、当然、出力圧力P_oも増加すると思われがちです。しかし、そうではありません。図1をよく見ると弁体の下から供給圧力P_sがかかっています。従って、供給圧力P_sを上げることは出力圧力P_oを下げる方向に働くことが分かります。

要点BOX
- ●構造・機能によってタイプがある
- ●減圧弁はダイヤフラムの圧力バランスで過渡的な動きをする

図1　空気圧減圧弁

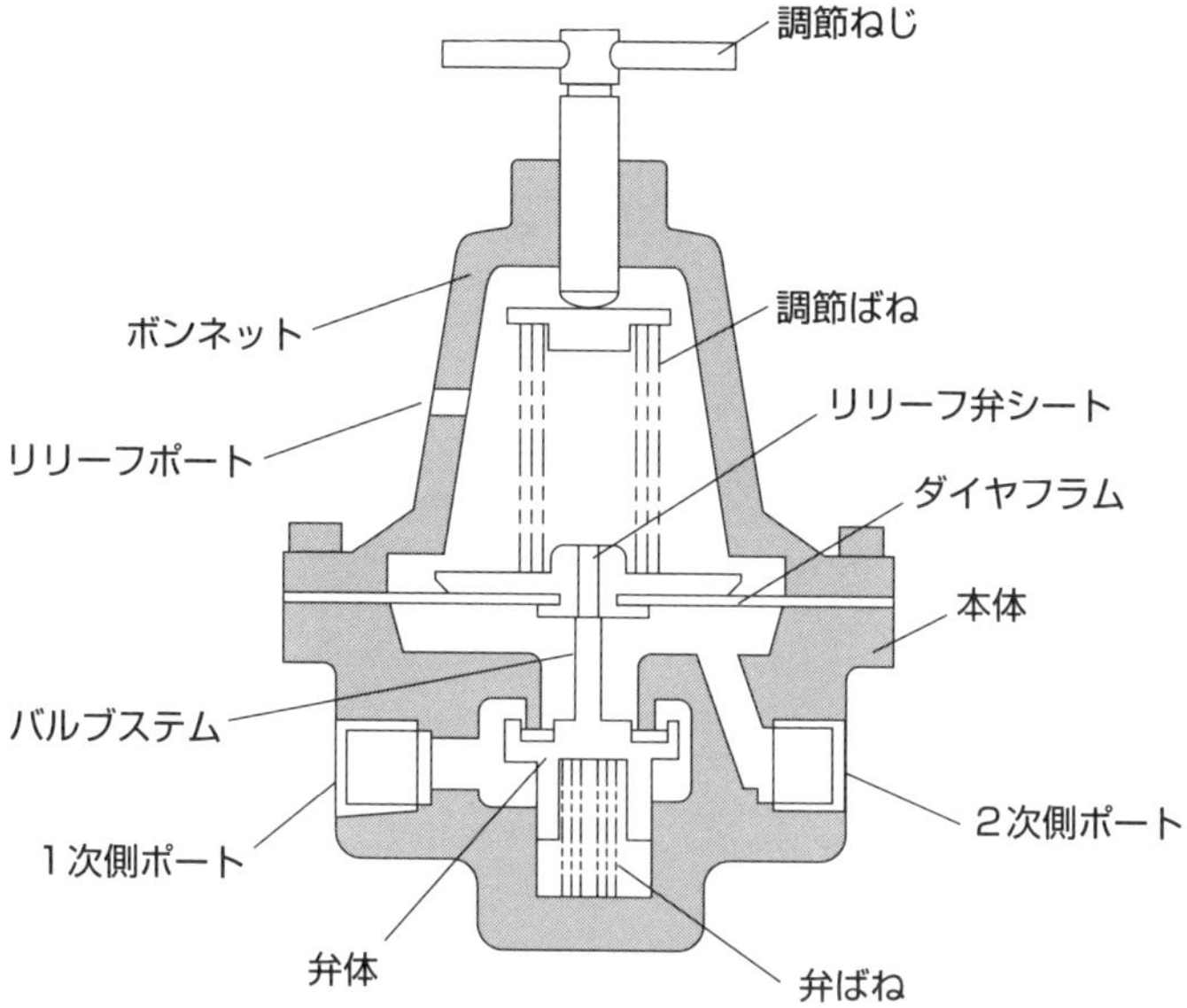

図2　供給圧力P_Sの変化が出力圧力P_0に及ぼす影響

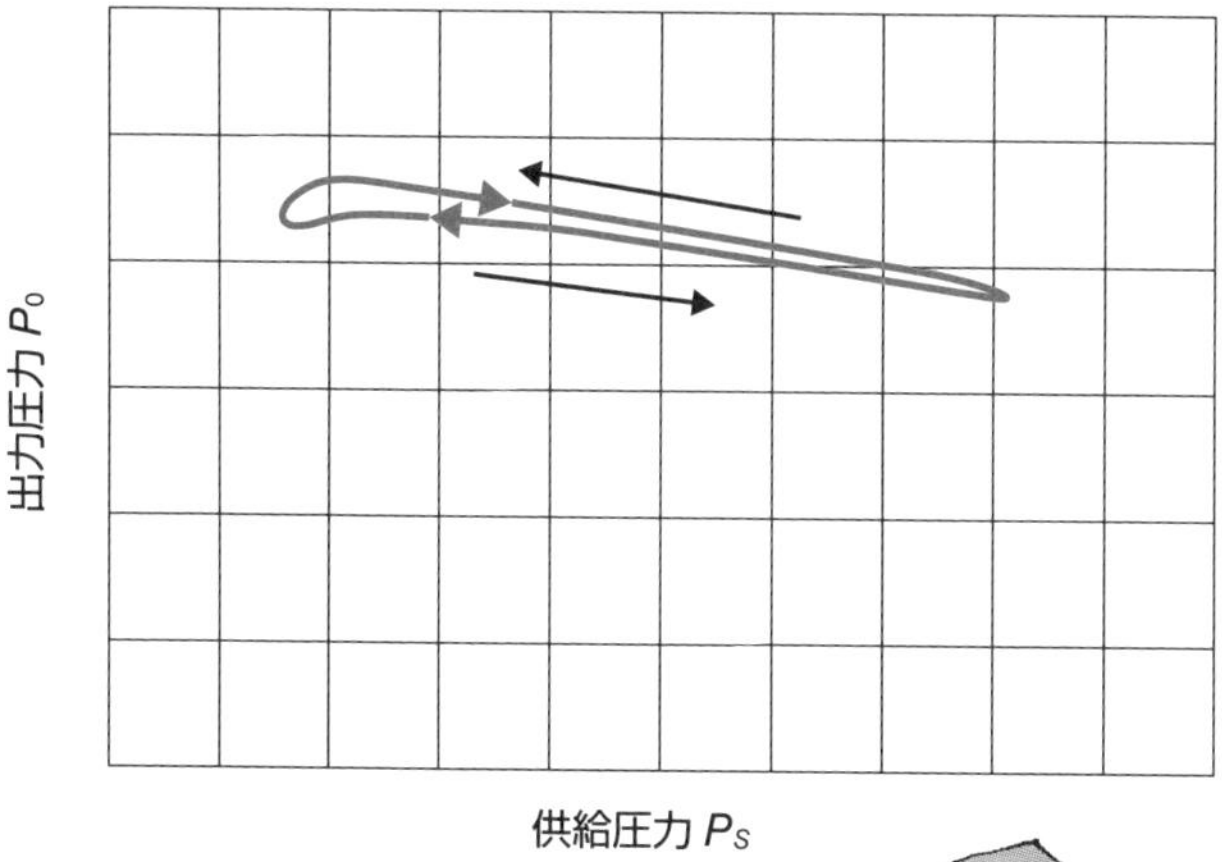

29 直動形減圧弁の数学モデル

PQ特性

前項で解説した直動形減圧弁の動きについて、より細かく見ていきましょう。

空気圧の概論をまず知りたい読者の方は、この項目は読み飛ばしていただいて結構です。「なぜ、供給圧力が変化するとバランスしていた出力圧力が変化するのか」といった疑問が出たときには、この項目に戻ってお読みください。

図1に示す減圧弁の特性というと、一般的に静圧と流量の関係を示すPQ特性が挙げられます。流量と供給圧力が同時に変化した場合には出力圧力はどうなるか、また調圧ばねはどのくらいの強さが必要かなどについては、説明が複雑になるため、空気圧の入門書には書かれてはいません。そこで、本書ではどのような形状のポペット弁と、どのようなばね定数を使った場合に、どの程度のPQ特性が出るのかなどを求められるように解説します。

図2において供給圧力P_1、出力圧力P_2の状態とします。ダイヤフラムの有効面積はS_d、ポペット弁の開口部分直径はD_pとします。直動形減圧弁には出力圧力を供給側に導くバランス機能を付けた減圧弁もありますが、ここではバランスなし、リリーフ機能なしと仮定します。ポペット弁が開くか開かないかのぎりぎりのばね強さにしていると考えます。

この状態では、下向きのばね力と出力圧力P_2がフィードバックダイヤフラムを介して、上向きの力とポペット弁における不平衡力がつり合っています。そして、上部調圧ばねを少し回して力ΔFを加えたと仮定します。フィードバック系となっています。

図3にPQ特性を示します。

減圧弁のPQ特性は大変に重要です。この特性が劣化すると、空気圧システムの動作速度が遅くなったりして、システムの効率が低下します。

要点BOX
- ●供給圧力が変化すると、出力圧力も変化する
- ●減圧弁の特性であるPQ特性
- ●減圧弁はシステム全体の効率性を左右する

図１　直動形減圧弁

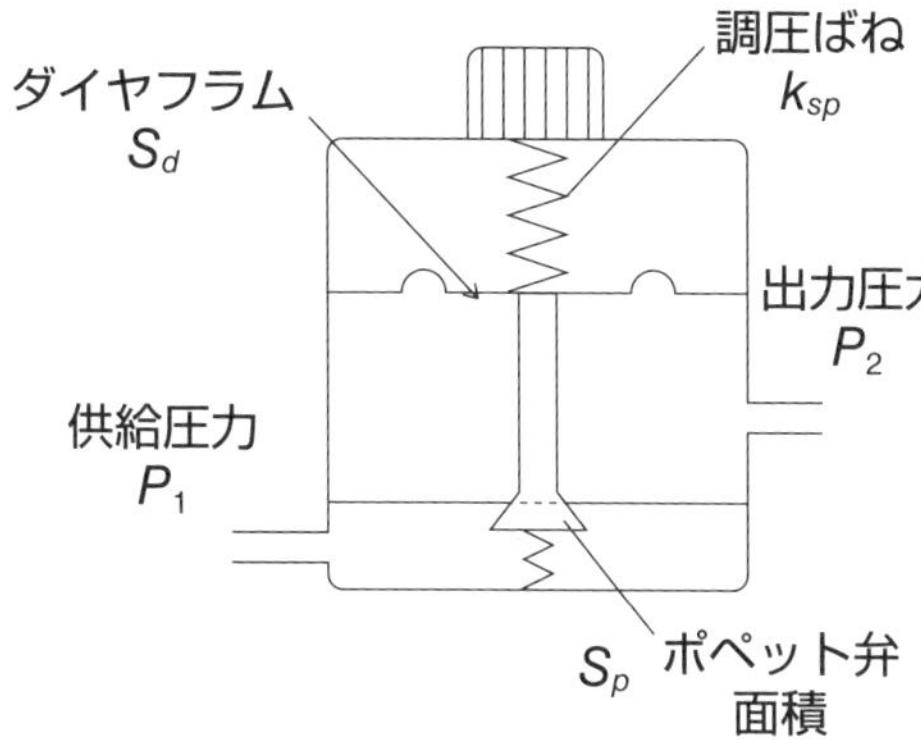

図２　直動形減圧弁ブロック線図（信号伝達）

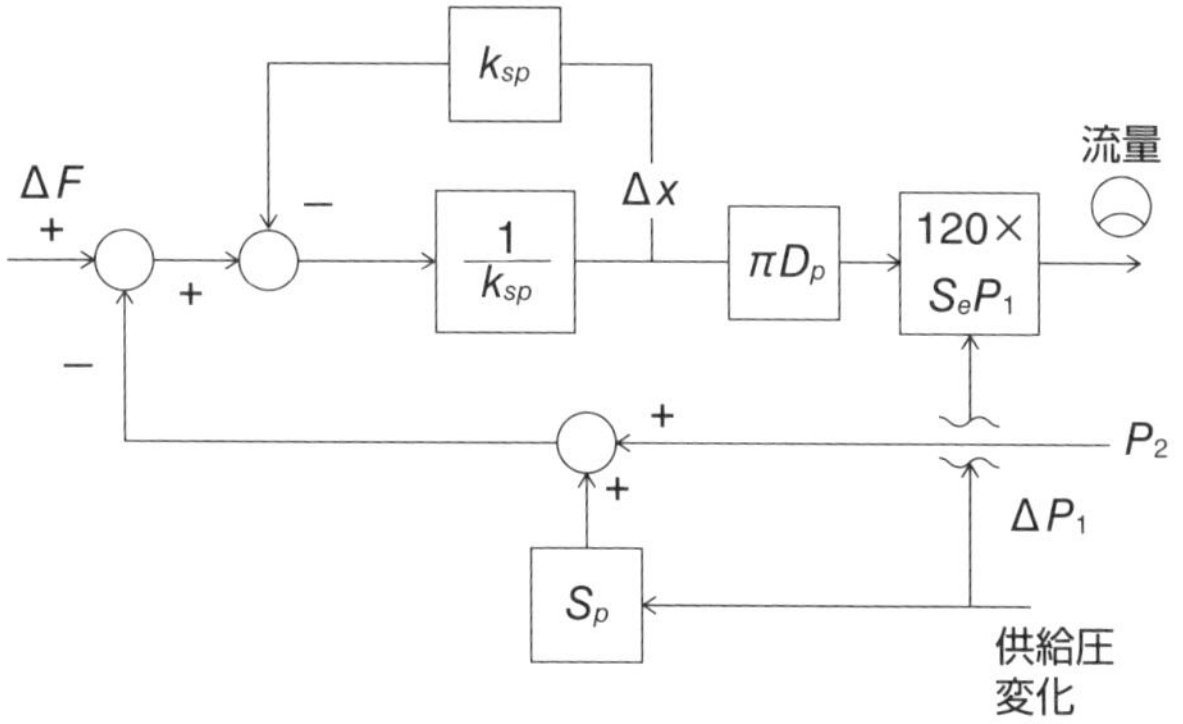

図３　直動形減圧弁における流量特性

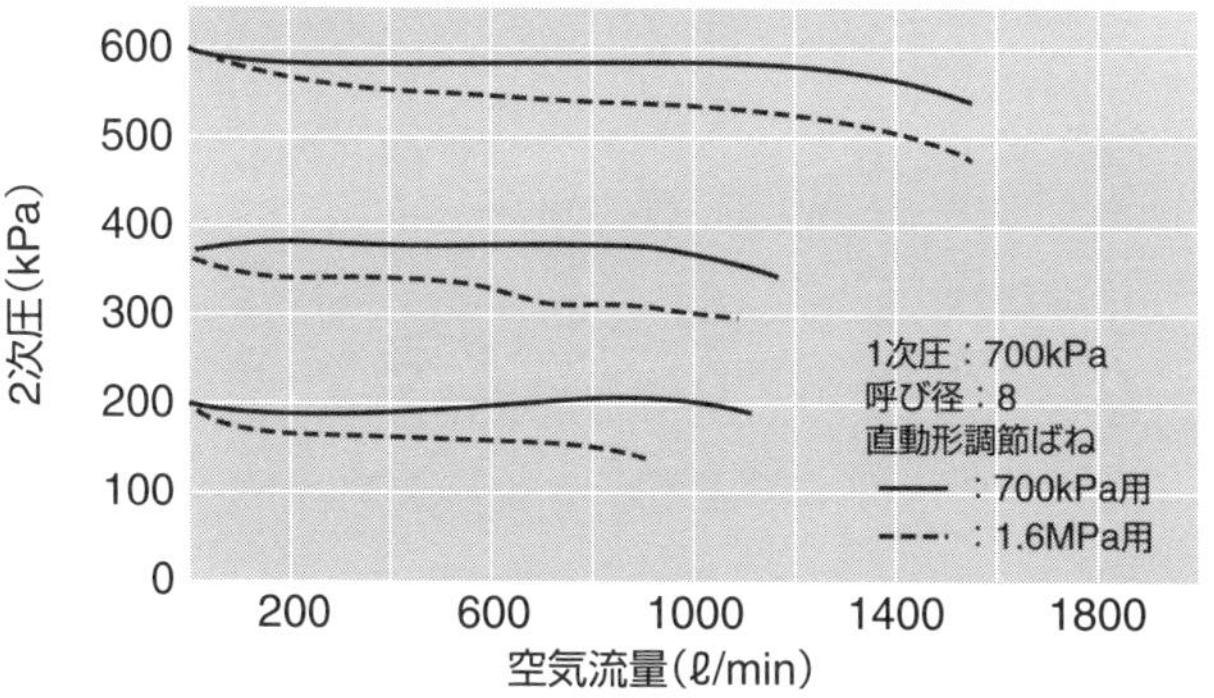

出典:『新版 油空圧便覧』（日本油空圧学会編、オーム社）

30 減圧弁流量特性の代替試験方法

JIS B 8372-3

空気圧減圧弁の流量特性を短時間にかつ省エネで求める方法が、JIS B 8372-3で規格となりました。⑲項で解説したJIS B 8390-2と同様に、等温化圧力容器の圧力変化を利用して計測する方法です。ばねで設定された圧力より2次側の圧力が低くなると減圧弁内のポペット弁は開きます。そして、流量を2次側に流します。

減圧弁はサイズによって流せる流量が異なりますが、同じサイズであっても流量の多く出る減圧弁があれば、そちらが望ましいとされています。

図に流量特性を等温化圧力容器代替測定法で求める空気圧回路図を示します。

Q_{anr}が負の場合はリリーフ特性を表します。減圧弁によってはリリーフ機能を設けていないものや、またリリーフ流量を非常に大きく設定しているものもあります。一般的には、ポペット弁の頭部に小さな穴を開けてリリーフ機能を持たせています。

出力圧力P_cが下がれば、ダイヤフラムは調圧ばねによって下方に押されてポペット弁は下方に変位して、通常の充填動作を行います。また何らかの要因で出力圧力P_cが上昇する、もしくは出力圧力P_cを下げたく、調圧スクリューを半時計方向に回転させた場合には下方に向いているばね力は減少し、ポペット弁の頭部はダイヤフラムから離れて、その隙間から空気はリリーフされます。

このタイプの減圧弁のダイヤフラムの上面は大気圧である必要から、呼吸穴と呼ばれる小さな穴が設置されています。

図の回路には試験対象の減圧弁、主等温化圧力容器、リリーフ特性を計測するための副等温化圧力容器を示します。

要点BOX

- ●減圧弁はサイズによって流量が異なる
- ●ポペット弁の頭部には穴が開いており、リリーフ機能がある

JIS B 8372-3 減圧弁流量特性計測の回路図

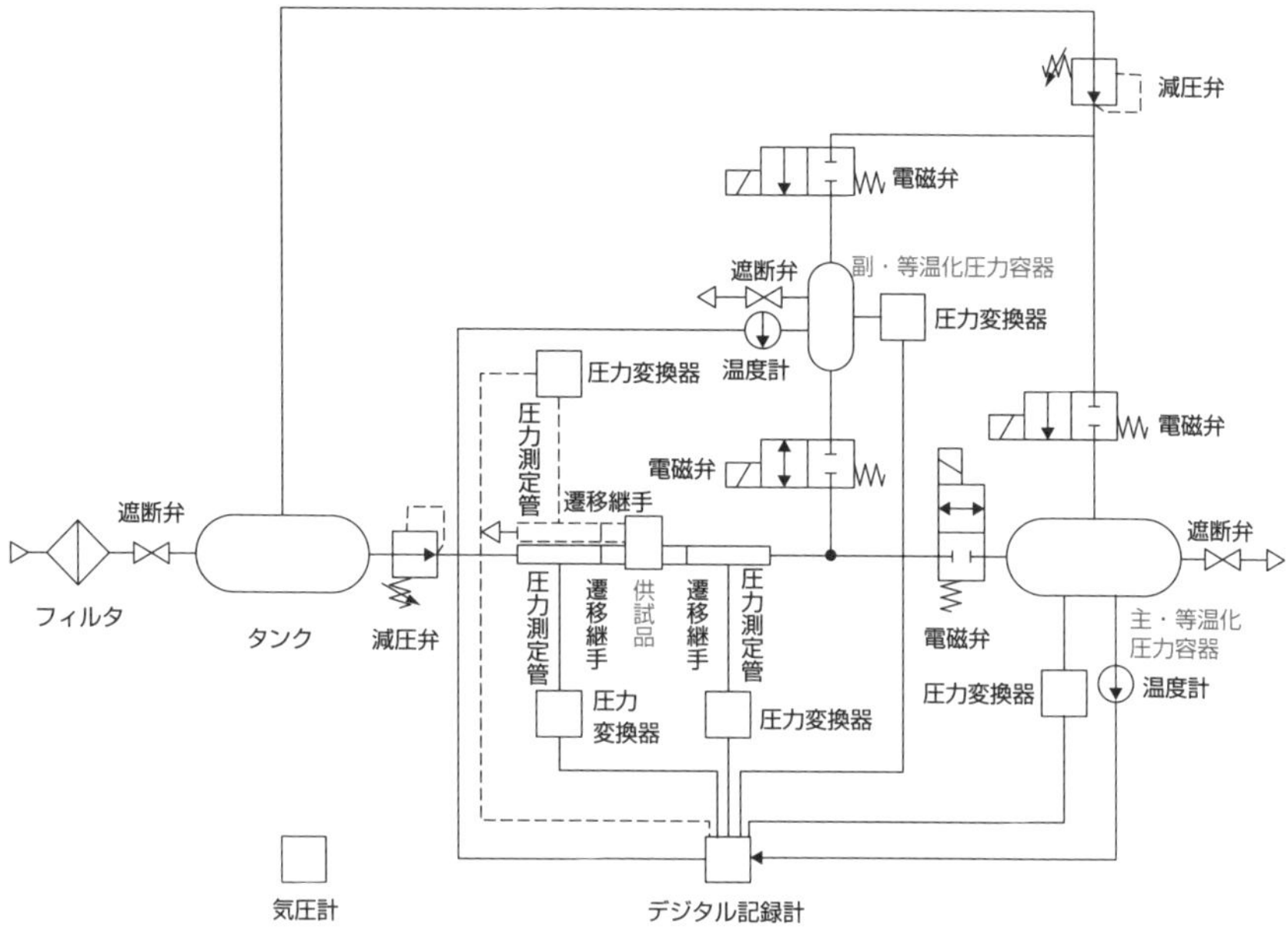

出典:一般社団法人日本フルードパワー工業会

用語解説

リリーフ特性：2次側の圧力を大気に放出するときの特性。

31 空気中の水分

飽和水蒸気量と飽和水蒸気圧

完全に水分を含まない空気を乾き空気、水分を含む空気を湿り空気と呼びます。湿り空気は乾き空気と水蒸気との混合気体です。空気圧システムの作動気体は湿り空気であり、ドライヤで水分の除去を行っています。湿度の計測も重要です(図)。空気中に含有できる水蒸気は温度によって限界があり、その限界に達すると飽和状態となり、余分な水分は液化してドレインとして出てきます。このとき、飽和した湿り空気を飽和空気と言います。飽和空気に含まれる水蒸気の量、すなわち空気中に水蒸気として存在する水分の最大の量を飽和水蒸気量と言います。通常、飽和水蒸気量は単位体積あたりの水蒸気の質量g／㎥で表示されます。

前述したように、湿り空気は乾き空気と水蒸気との混合気体であり、通常の空気圧システムでは凝縮現象以外、完全気体とみなせます。混合気体の圧力(全圧)が各気体の分圧の和に等しいというダルトンの法則によると、湿り空気の圧力は乾き空気の分圧と水蒸気の分圧の和になります。水蒸気のガス定数R_sは461.5J／(kg・K)です。

飽和水蒸気圧P_sは空気の圧力と関係なく温度のみに依存しているため、温度だけの関数で示されます。そのため、一定体積中に含有できる水蒸気の量は空気圧力の高低とは関係なく、温度のみにより定められます。例えば、同じ室温、同じ体積の場合、大気圧でも600kPaの圧縮空気にも含有できる水蒸気の量は一定です。そのため、一定の大気圧の空気を圧縮するとその体積は小さくなり、余分な水分が凝縮することが理解できます。5項の図には単位体積の水蒸気量を示しています。マイナス50℃では60㎎しか含有することはできませんが、20℃では17・3gの水蒸気を持つことができます。空気圧システムの動作は圧力変化、すなわち体積変化によって仕事をさせるためにこの水蒸気量が変化します。

要点BOX
- ●飽和した湿り空気は飽和空気
- ●飽和水蒸気圧は温度のみに左右される
- ●空気圧システムにとって水蒸気は重要な要素

湿度の計測法

乾湿球湿度計

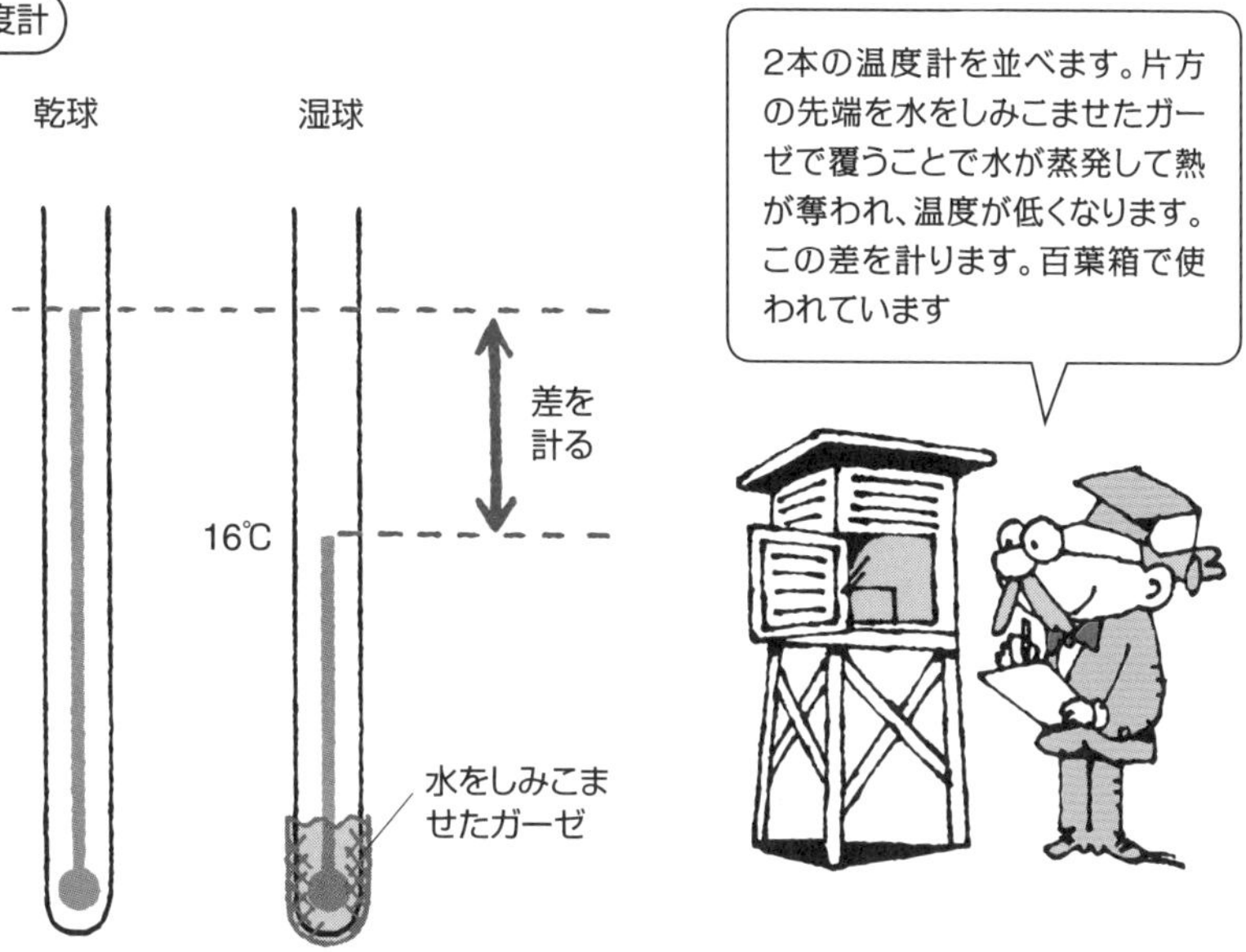

乾球
湿球
差を
計る
16℃
水をしみこま
せたガーゼ
2本の温度計を並べます。片方の先端を水をしみこませたガーゼで覆うことで水が蒸発して熱が奪われ、温度が低くなります。この差を計ります。百葉箱で使われています

毛髪湿度計

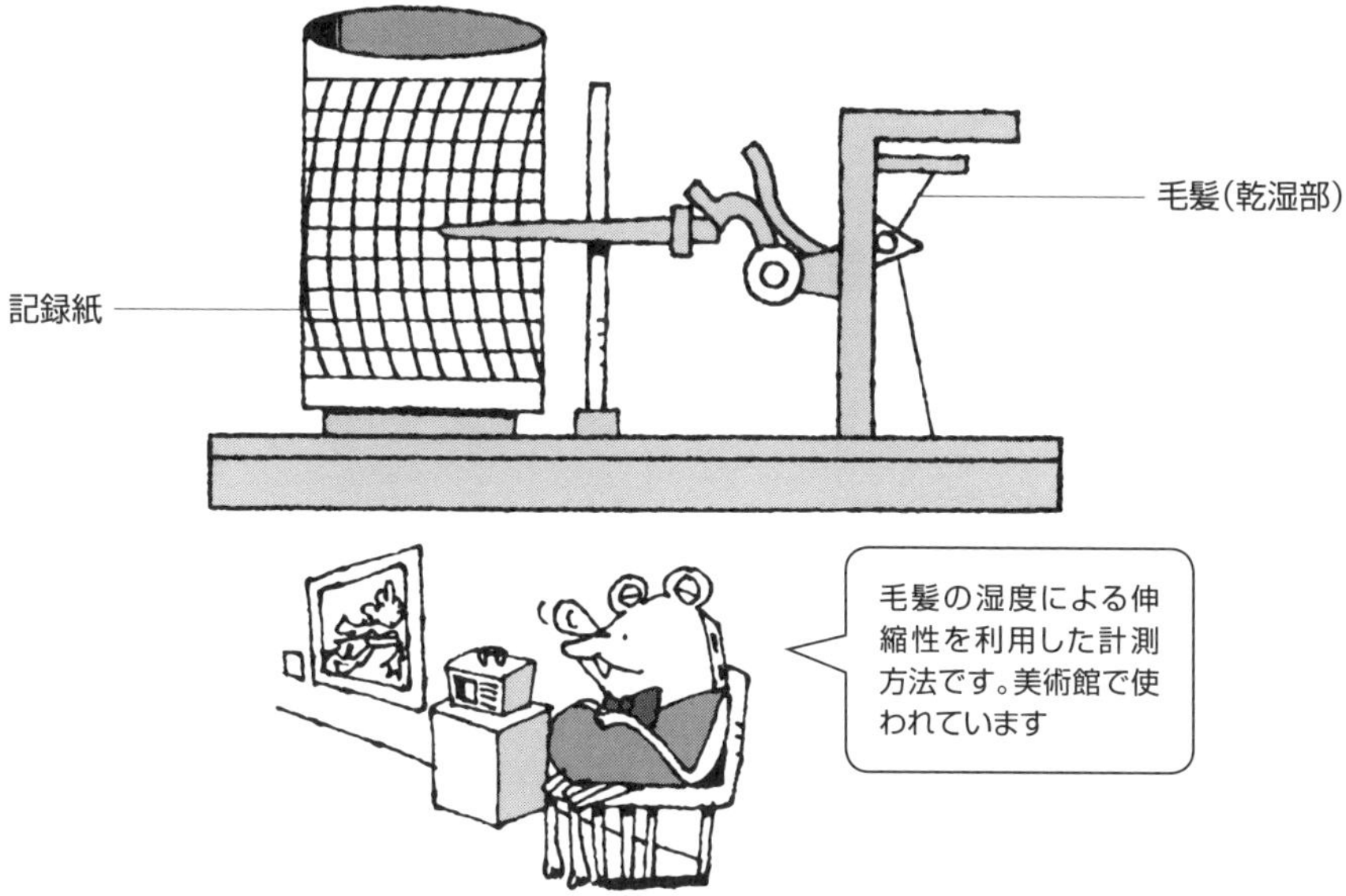

毛髪(乾湿部)
記録紙
毛髪の湿度による伸縮性を利用した計測方法です。美術館で使われています

用語解説

分圧：大気中のそれぞれの気体が発生する圧力。

32 絶対湿度と相対湿度

湿り空気中の水蒸気量の表現

湿り空気の中に含まれる水蒸気量については、絶対湿度もしくは相対湿度で表現されます。絶対湿度は体積あたりの水蒸気量で示されます。温度を変化させても凝縮しない限り、絶対湿度は変化しません。

相対湿度は、湿り空気の中にある水蒸気量が、飽和状態の飽和水蒸気量に対してどのくらいあるかの度合いを示すものです。相対湿度φの値は0～100%です。φが0%のときは完全な乾き空気で、100%のときは飽和空気を意味します。温度が上昇すると飽和水蒸気量が増えますので、空気中の絶対水蒸気量が同じでも、相対湿度は下がります。

実用上では相対湿度の方が便利なので、多くの場面で用いられています。天気予報で湿度が何%と示す際には相対湿度を指します。

湿り空気は以下のことが発生すると、相対湿度が上昇して飽和状態に近付きます。

①圧縮：一定の湿り空気を圧縮すると、その中に含まれた水蒸気量が一定でも体積あたりの水蒸気量が増えるため、相対湿度は高くなる

②冷却：温度を下げていくと飽和水蒸気量が減るため、相対湿度が高くなる

相対湿度が100%に達すると飽和状態になります。これ以上に温度低下が発生すると空気中の水蒸気は結露となって、物体に水分が付着します。朝露や温かく湿った電車に乗り込んだときに眼鏡が曇るのは結露の現象です。結露する温度を露点と言い、露点を測る計測器を露点計と言います。

図1に大気圧露点と加圧露点の換算表を示します。例えば、露点が20℃で大気圧の空気を圧縮して10 0kPaゲージとした場合は、32℃に上昇することになります。

図2にドレンの発生メカニズムを示します。空気は圧縮して絞ると水が取れ、冷やすとさらに水が取れます。

要点BOX
- ●水蒸気量は絶対湿度・相対湿度で表す
- ●相対湿度の利用場面の方が多い
- ●結露する温度が露点、その計測機器は露点計

図1　大気圧露点と加圧露点の換算

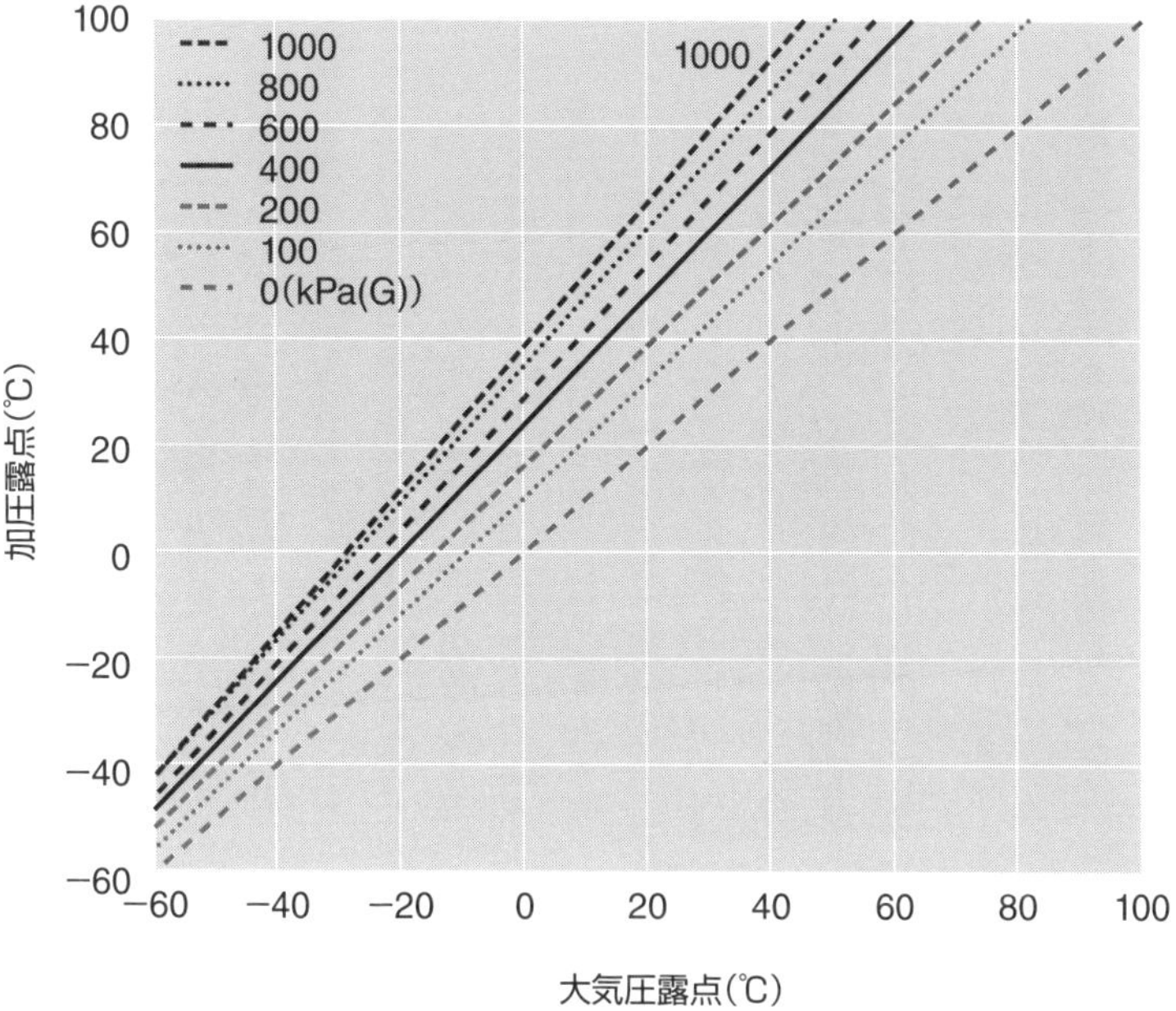

図2　ドレンの発生

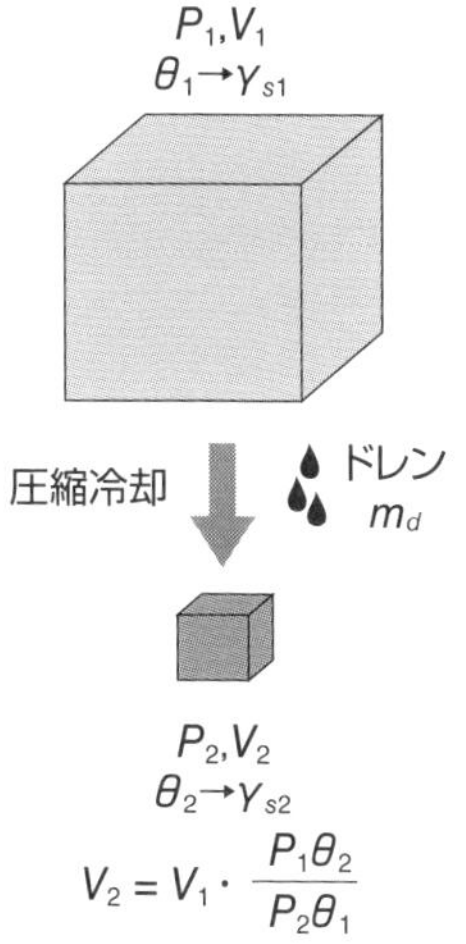

$$m_d = V_1\left(\gamma_{s1}\phi - \gamma_{s2}\frac{P_1\theta_2}{P_2\theta_1}\right)$$

m_d：ドレン発生量(g)
γ_{s1}：初期飽和水蒸気量(g/m³)
γ_{s2}：圧縮冷却後の飽和水蒸気量(g/m³)
V_1：初期体積(m³)
ϕ：初期体積の相対温度(%)
P_1：初期圧力(Pa)
P_2：圧縮後の圧力(Pa)
θ：絶対温度(K)

用語解説

大気圧露点：圧縮空気を大気圧まで膨張させた後、大気圧下で凝縮し始める温度。
加圧露点：加圧状態下で凝縮し始める温度。

33 コンプレッサ

空気の圧力を高める機器

空気圧システムは、コンプレッサによって高められた圧力の空気を用いて動作します。コンプレッサには多くの種類があります（図1）。図2に小型のピストン形コンプレッサを示します。多くの場合、モータによる回転運動はピストンの上下運動に変換され、空気を圧縮します。シリンダ内には吸入弁と吐出弁が取り付けられており、圧縮された空気は高温高圧となって吐出弁から放出されます。シリンダ内に入った空気は数分の1に圧縮されますので、水分の点から見ると温度が上昇しない場合には結露する領域になります。圧縮後、温度が低下したのちに水分が出てきます。

スクリュー形コンプレッサは、ピストン形に比べて空気を連続的に圧縮するため、騒音振動が少ない特徴があります（図3）。潜水艦など静音性が必要とされる乗り物にはスクリュー形コンプレッサが用いられていると考えられますが、実際はメンテナンスが容易であるピストン形コンプレッサが使われているとのです。

次にルーツ形ブロアです。ピストン形ではシールしやすいため圧縮比は大きく取れますが、ルーツ形ブロアの場合は線接触であるため、漏れ流量が多い特徴があります。ちょうど往復ピストンエンジンとロータリーエンジンとの関係に近いと言えます。ルーツ形ブロアは正圧だけでなく負圧にも利用され、圧力帯としては10 kPa～５００kPaで多く利用されています。

ターボ形は圧力範囲が広くとれ、また回転数が高く、正負の圧力が利用可能という特徴があります。家庭用掃除機や乗用車の過給機にも利用されています。回転数が数万に達するため、キーンと鳴る金属音が発生します。歯科治療用のエアタービンでは40万回転／min するものもあります。

要点BOX
- ●スクリュー形は騒音振動が少なく、ピストン形はメンテナンスが容易
- ●ルーツ形は正圧負圧の両方で利用

図1　圧縮方式とその特徴

○容積形

小型で軽量。血圧計やマッサージ器にも採用
●往復動式(ピストン式):シールが容易で効率はいいが、騒音、振動が大きい
●回転式
スクリュー形：サージングがなく、大容量化が可能
スクロール形：小型容量に利点があり、騒音値が低い

○ターボ形

翼に駆動力を加えて回転させ、空気慣性力で空気を圧縮するため、小型から大型まで作製可能

図2　ピストン形コンプレッサ

提供:マックス株式会社

図3　スクリュー形コンプレッサ

提供:株式会社日立産機システム

用語解説

シール：空気が外部に漏れるのを防ぐ。

34 エアドライヤ

結露の対策

　空気圧システムでは圧縮した空気を膨張させて利用するため、空気から水分が出る現象、結露が発生します。結露が発生すると空気圧機器の内部に塗布されているオイルが流れてしまうなど、さまざまなトラブルが発生します。そこで、空気の露点を下げるためにエアドライヤが用いられます。

　図1に冷凍式エアドライヤの構造を示します。冷媒を圧縮機によって液化し、膨張機構によって温度が下がった状態で流入した高温で湿度の高い空気と凝縮器で処理されます。エアコンと同じ原理であり、空気を冷やして除湿する機構です。

　ヒートレス式エアドライヤは、2つの筒に再生式の吸着剤が入っています。ヒートレス式エアドライヤの特徴は吸着剤の材質によってはかなり低露点の空気が得られます。特に低露点、マイナス30℃以下の空気が得られることがあり、ヒータや電気制御盤の必要がなく小型で軽量です。通常、再生式ですので保守管理が容易です。ただし吸着剤の入った2つの筒を電磁弁によって切り替えるとかなりの騒音が発生します。

　メンブレインエアドライヤは分子の大きさの関係上、水蒸気は通しやすいけれど、空気は通しにくいという性質の高分子膜でできている中空糸膜を用いています(**図2**)。中空糸膜の内側に湿った圧縮空気を供給すると、中空糸膜の内側と外側の水蒸気の分圧差により、水蒸気のみが外側に透過します。そして、供給した圧縮空気は乾燥空気となって出て行きます。

　一方、出口側の乾燥空気の一部を極細のオリフィス穴を通過させて減圧して中空糸膜の外側へパージさせています。中空糸膜の外側に移動した水蒸気はこのパージ空気によって大気中に放出されます。そして、中空糸膜の外側は常に水蒸気分圧が低い状態に保たれ、連続して空気を除湿することができます。

要点BOX

- ●結露はさまざまなトラブルを引き起こす
- ●空気の露点を下げるためのエアドライヤ
- ●タイプによって特徴が異なる

図1　冷凍式エアドライヤ

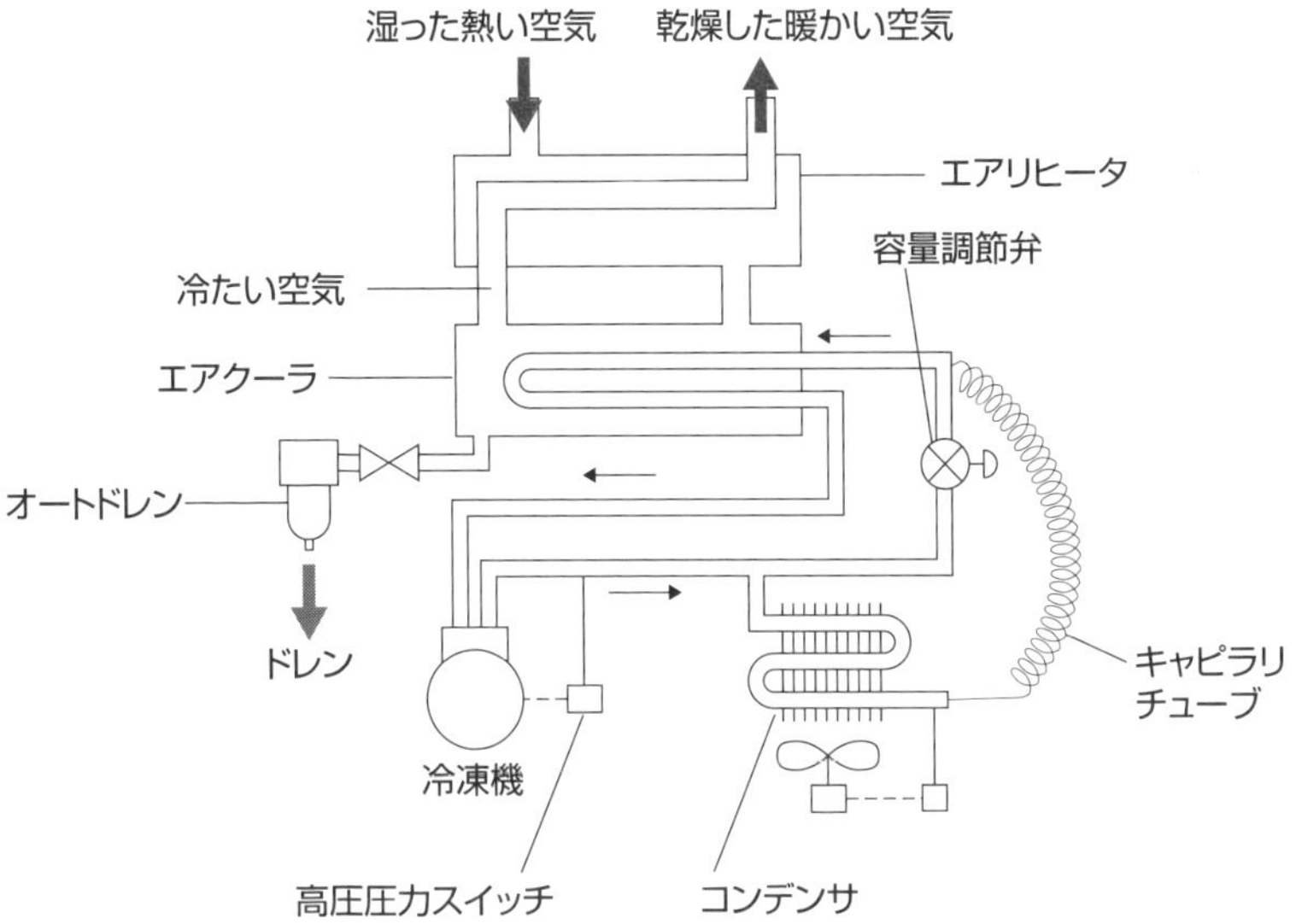

図2　メンブレインエアドライヤの中空糸膜

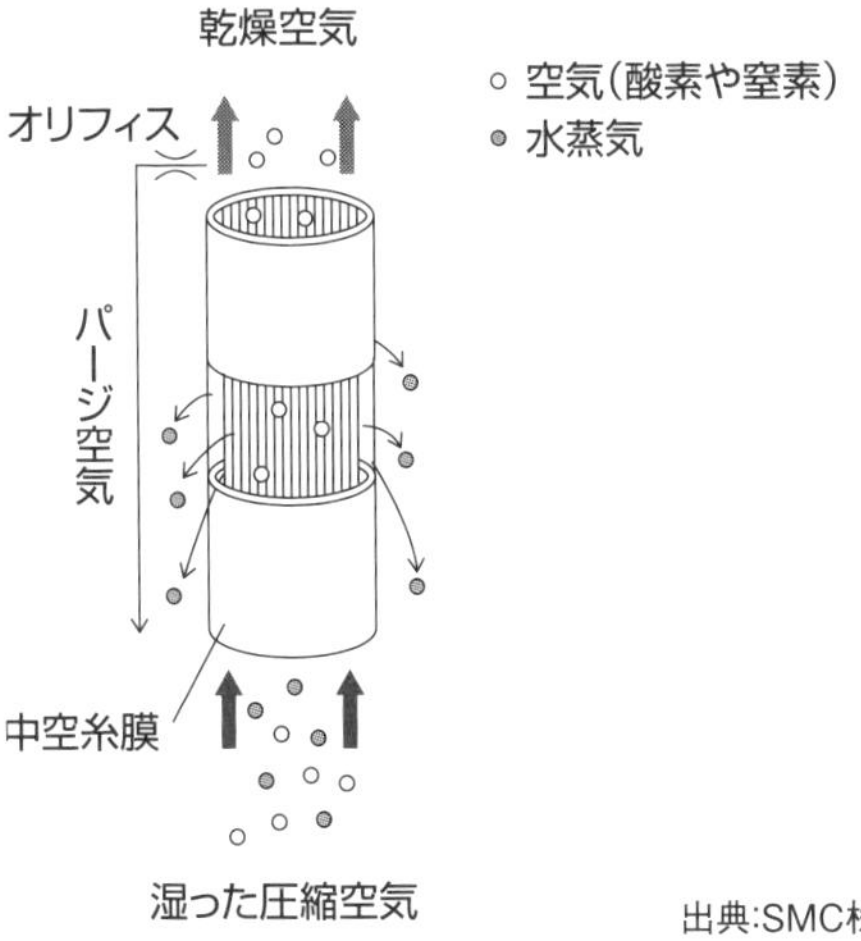

出典:SMC株式会社

35 空気圧フィルター、ルブリケータ、サイレンサー

空気圧システムではろ材を用いて空気中の固形異物や遊離水分を除去する機器であるミストセパレータ、すなわち空気圧フィルターを必要とします。**図1**の空気圧フィルターでは、1次側から入った空気の微粒子水分は流れから落とされ、バッフルの効果で2次側には行きにくく、フィルタエレメントで異物が選別されて清浄な空気が2次側に導かれます。フィルタエレメントには焼結金属、合成樹脂、金網などが用いられています。

焼結金属エレメントは空気の通路が直線的ではなく、曲がりくねっているため、ろ過効果が向上します。容量は大きく、洗浄によって効果の回復できる特徴があります。空気圧フィルターのケースの底の部分には凝縮水が溜まるので、ある程度溜まったらドレン弁を操作して内圧を利用しドレンを排出します。

図2に自動可変絞り機構付きルブリケータを示します。一般の駆動機械は微粒の油分を有する空気を必要とします。ルブリケータは微粒化した油分を加える機器です。気を付けるべきことは、全域の流量に対しても適切な油分を供給する必要があるということです。空気圧システムの動作が遅い場合には流量も小さく、巻き込み圧によるベルヌーイ効果で油分を滴下しますが、ベルヌーイ効果が流速の2乗に比例するために小流量では少なすぎ、大流量では多すぎるとの現象が発生します。これを避けるために可変絞り機構が用いられています。

空気圧システムの駆動では空気を排出するときに大きな騒音が発生するために採用が見送りになることもあります。そこで、適切な消音機器を設置する必要があります。耐久性の観点からは金属のバッフルを設置しますが、小型化のため、近年は樹脂製のサイレンサーが多く利用されています。極限的には51項のラディアルスリット機構を用いれば効果は十分ですが、大きさ、コストの問題があります。

要点BOX
- ●空気中の異物を除去する空気圧フィルター
- ●駆動機械に油分を加えるルブリケータ
- ●騒音を抑えるサイレンサー

図1　空気圧フィルター

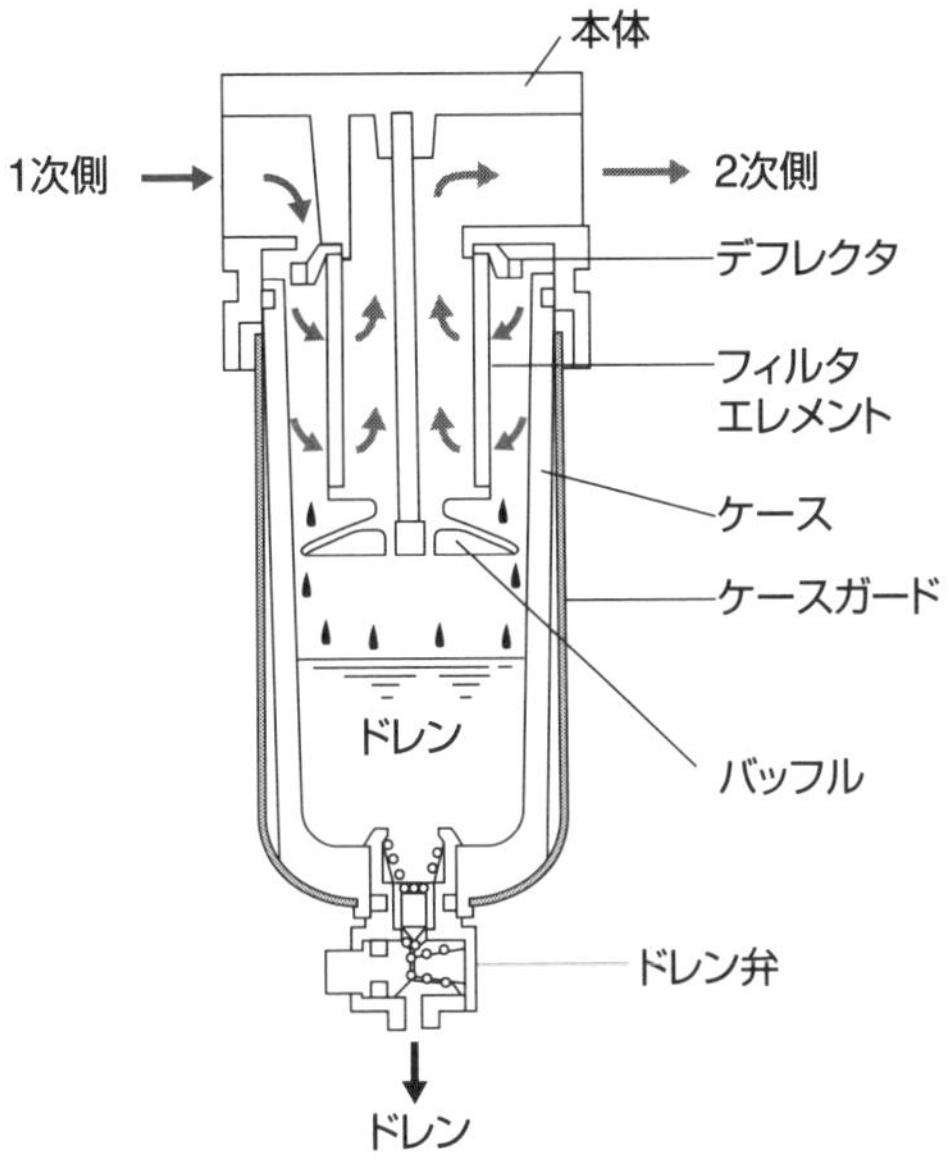

図2　自動可変絞り機構付きルブリケータ

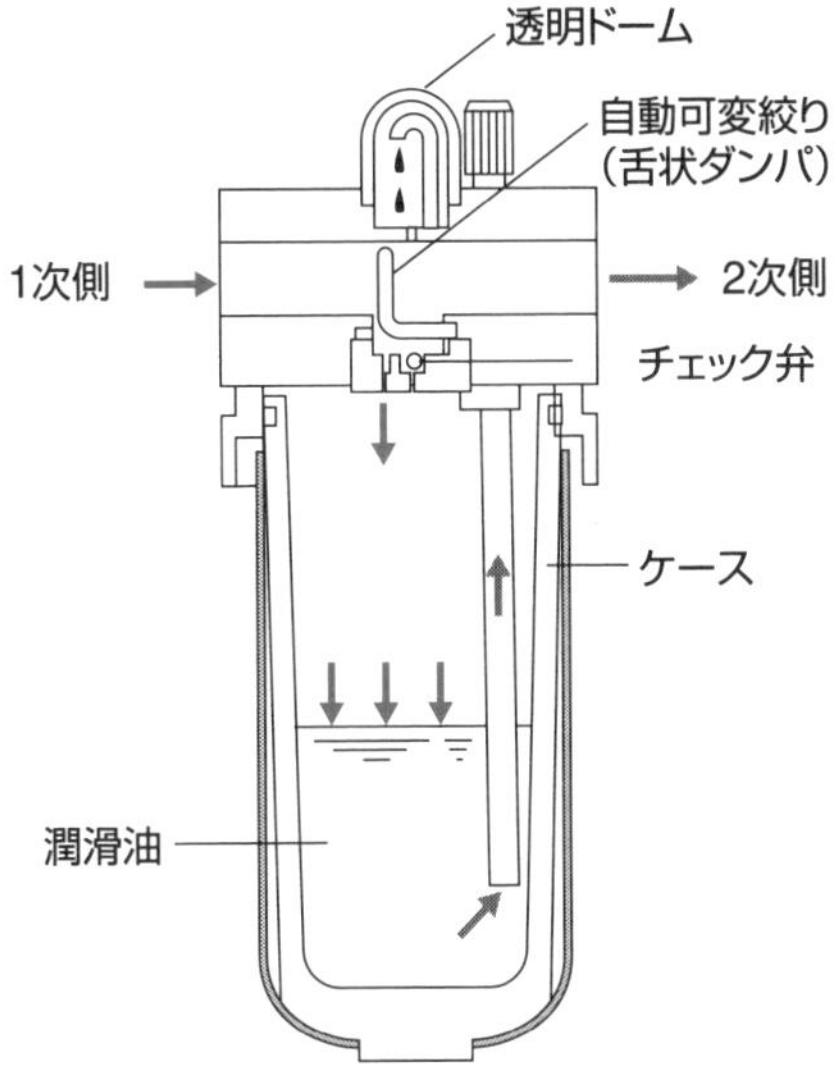

Column

真空トイレで起こった！悲惨なトラブル

　鉄道のトイレについては、物心がついて以来興味がありました。私の記憶では、初めて上野駅から東北本線に乗車してトイレに入ったときには、便器から線路が見える状態でした。この時代から進歩して、空気圧を用いた真空トイレが鉄道に設置されるようになりました。この真空トイレの技術については57項で解説しますが、ここでは逆流するトラブルについて紹介します。

　突然電話が入ってきました。電車の真空トイレでのトラブルについてでした。

　当時、真空トイレを扱っていた会社は2社のみでした。そのうち1社は関係先だったため、その会社であったら一大事と慌てました。数日後情報が入り、私の関係会社ではなかったことが分かりました。またトラブルの詳細について聞くことができました。

　このトラブルは、予備汚物タンクと便器との間の電磁弁が不具合を起こしたことが原因でした。流路は閉鎖できずに予備汚物タンクを0・9MPaで加圧してしまったので、5ℓの予備汚物タンクの残留物が逆流してトイレ内に撒き散らされて、トイレ内にいらした学生さんも糞まみれになってしまったそうです。当時の担当者は洗濯代を持ってお詫びしたと聞きました。

　ここから学んだことは、可動部を有するシステムは特に故障しやすい、また人間の食道と肺を切り替える嚥下弁も然りと再確認しました。著者も嚥下機能が低下して咳き込むことが多くなりました。

　空気圧における流路の切り替え機能の電磁弁はシリンダなどのアクチュエータとともに重要な構成要素である一方で、可動部を有する要素は故障確率が高いと言えます。

第6章

活躍する空気圧システム

36 空気圧におけるエネルギー概念

進む省エネ活動

産業機器の省エネについては、1990年頃から検討が始まり、社会全体でエネルギーを節約する意識改革が行われました。1997年には気候変動枠組条約締結国会議（COP）において、京都議定書が採択されました。温室効果ガスの二酸化炭素（CO_2）放出量の削減、オゾン層破壊の主因とされるフロンガス使用並びに排出制限が行われ、家電リサイクル法の改正につながりました。

世界はオイルショックを2度経験しましたが、アラブ産油国の方針が不統一、アメリカにおけるシェールガスの発見と採掘法の発展と相まって、エネルギー価格は微妙なところでバランスしています。

一方、空気圧機器においても省エネバルブや省エネアクチュエータが開発・提案されていますが、省エネの定義が行われていないため矛盾を起こす場合もあります。空気圧システムにおけるエネルギーの定義が成されていないからです。

現在の産業界における電力消費の10～20％は圧縮機のエネルギー消費と言われています。そのため、空気圧システムの省エネ活動が行われ、供給圧の設定変更が試みられています。

空気圧システムの消費エネルギー量を圧力Pと体積流量Qで表す方法が現場で用いられています。図1に示すように空気の状態変化が等温と仮定すれば、簡単なPQとのエネルギー表示となります。ただし、Pは空気の絶対圧力、Qはその圧力状態での体積流量を示します。従って、単位はJ／sすなわちワット（W）です。

ここで、空気の持つ有効エネルギーについて考えてみましょう。**図2**に空気の理想圧縮と理想仕事を示します。吸気圧縮過程：位置Aから位置Bまでピストンを引き、差圧0で大気から空気を準静的に吸い込みます。次にBからCまで空気を圧縮する過程のエネルギーを示します。

> **要点BOX**
> ●省エネは世界的な流れ
> ●産業界における圧縮機のエネルギー消費率は高いので、省エネ効果は大きい

図1　圧力と体積を用いたエネルギー

$$W_{B->C} = \int_{V_0}^{V_s} (P-P_a)\cdot(-dV)$$
$$= P_sV_s \ln \frac{P_s}{P_a} - P_a(V_0 - V_s)$$

P：圧力
P_a：大気圧
P_s：供給圧
V：体積
V_0：大気圧下の体積
V_s：加圧下の体積

図2　空気の理想圧縮と理想仕事

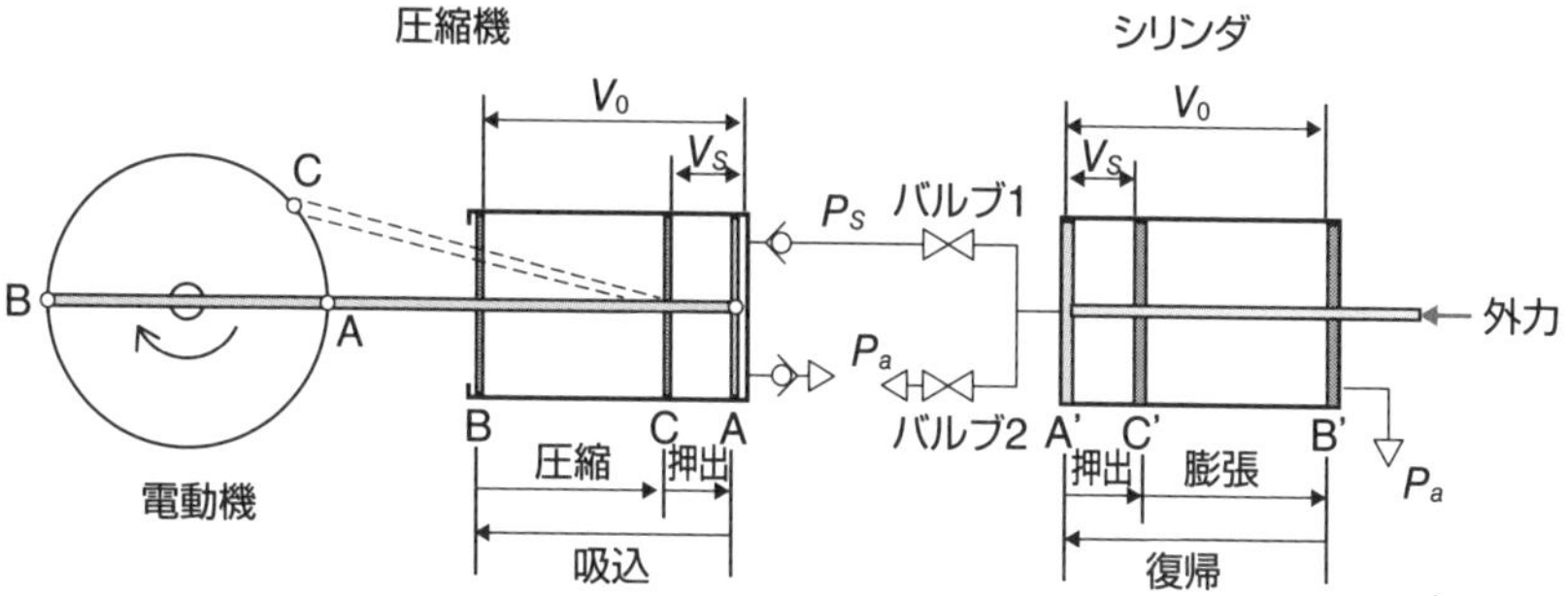

37 PV線図によるエアパワー

タンク内高圧空気のエネルギー

ここではタンクに溜められた高圧空気がどれほどエネルギーを持つかについて考えてみましょう。

高圧P_sの空気が入った片ロッドシリンダがあり、摩擦がないと仮定します。このシリンダは内部の空気が右側に力を発生します。シリンダをゆっくり動作させると、内部の空気の状態変化は等温となります。このシリンダの空気の圧力変化を、**図1**にPV線図として示します。圧力を体積で積分すると仕事、すなわちエネルギーを求めることができます。仕事量を示します。空気の状態変化を等温変化として体積V_sからV_oまで積分したE_1を示します。グレーとピンクの交わる部分は仕事E_1を示し、ピンク部の仕事E_2は大気圧力下P_aで動作するときの補正を示します。E_2は小さいように見えますが、その大きさを無視することはできません。大気圧力の下で動作する場所代と考えれば分かりやすいと思います。

有効エネルギーは、タンク内の空気圧に対しては、Jの単位のエネルギーで、流れる空気に対するエネルギーはW（J／s）を示します。絶対圧力P_sと圧力下、すなわち圧力がかかって空気の体積が少なくなっている状態での体積流量Q_sとP_s／P_aの自然対数を掛けた値が流れるエネルギーを示します。

大気温度と異なる温度の空気が流れる場合のエネルギー値は**図2**の式で示されます。空気圧システムでは圧力変化に伴って簡単に空気温度は変化しますが、空気自体の熱容量が小さいため、環境温度に戻る時間もかなり短く、ほとんどの場合は温度変化を考慮せずに計算してもそれほどの差は表れません。また、流れる空気は運動エネルギーを持ちますが空気の密度はそれほど大きくなく、管路においての空気の流速はおおよそ30ｍ／s以下です。**図3**に流速に対して運動エネルギー値E_kがどの程度占めるかを示します。

要点BOX
- ●圧力×体積＝仕事量
- ●空気圧システムでは温度変化を考慮しないで計算して、まずは第一次近似とする

図1　PV線図

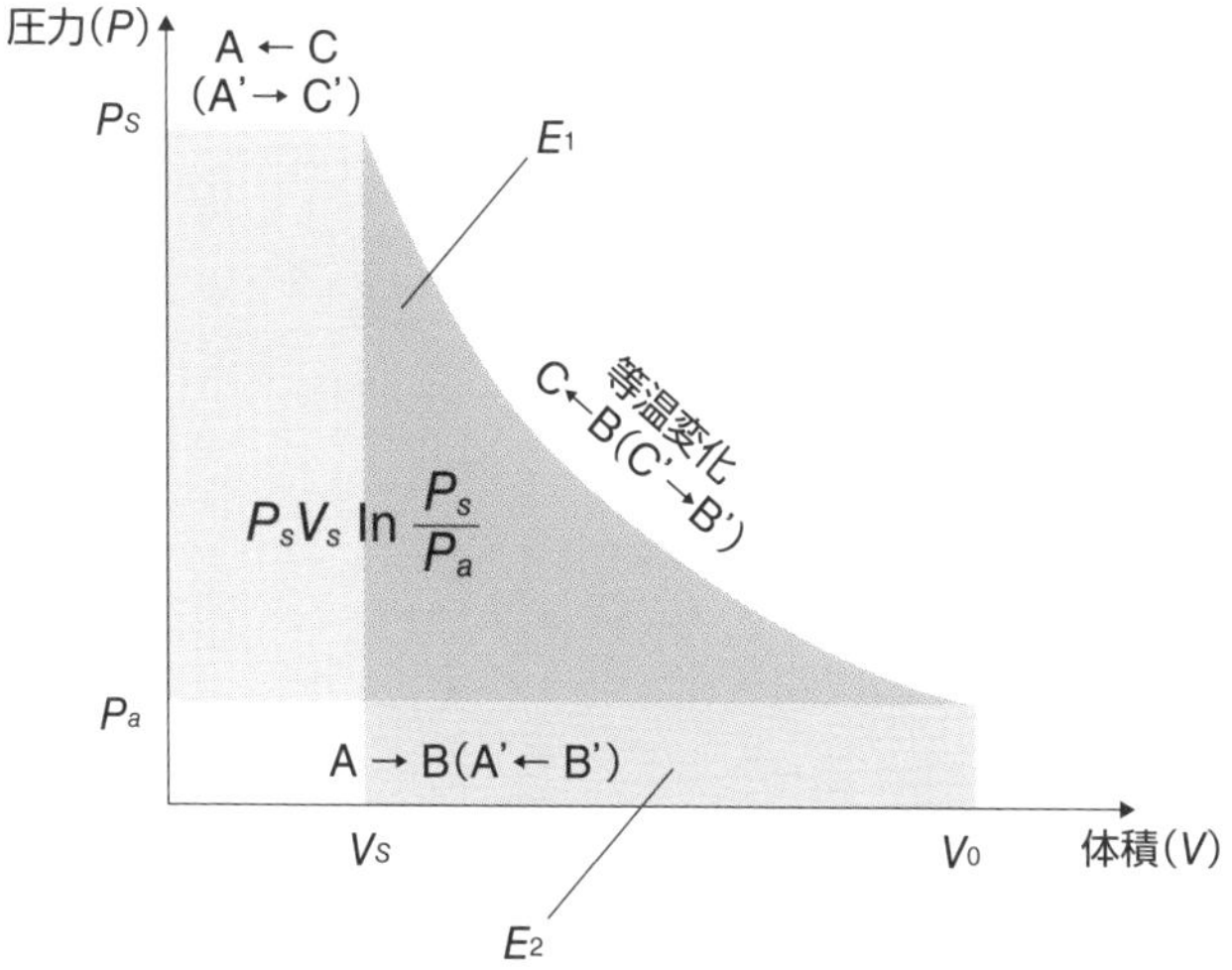

図2　シリンダ内のエネルギーと流れるエネルギー

$$E = P_sV_s \ln \frac{P_s}{P_a} - (P_s - P_a)V_s$$

$$\dot{E} = \frac{dE}{dt} = PQ \ln \frac{P}{P_a} + (P - P_a)\,Q$$

P：圧力
P_a：大気圧
V：体積
E：シリンダ内のエネルギー
$\dot{E}$：流れるエネルギー
Q：流量

図3　流速に対する運動エネルギー値

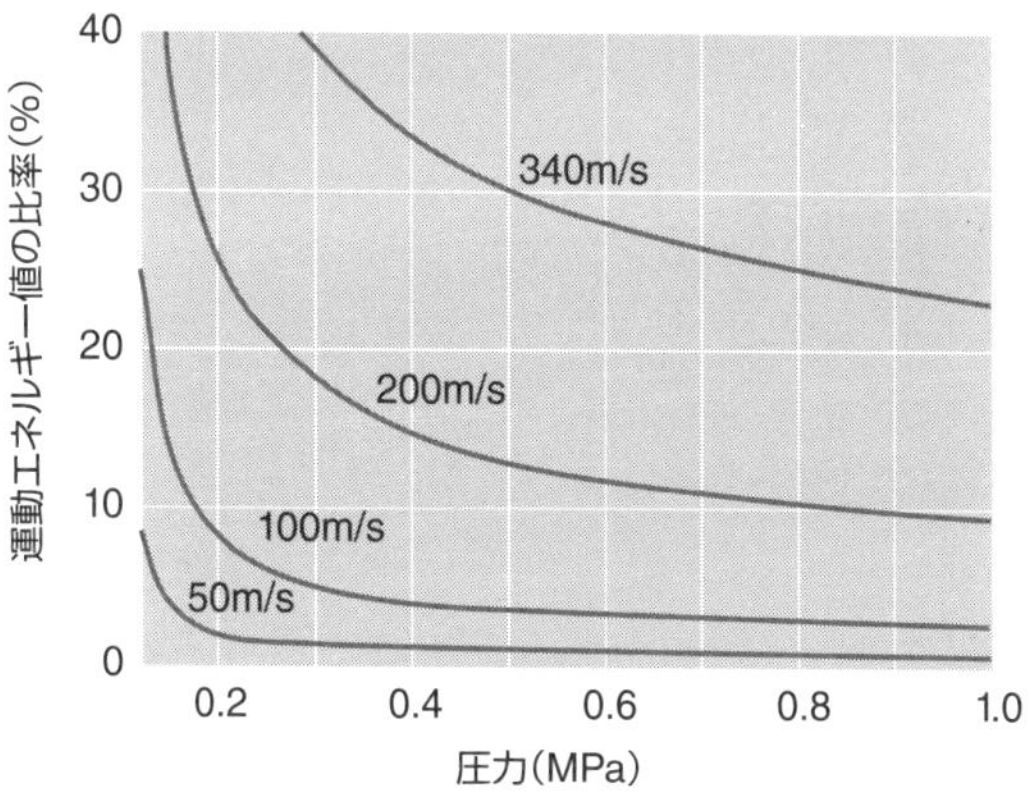

38 空気圧エネルギーの計測

圧力と体積に依存する有効エネルギー

圧縮機を含めた各種の空気圧機器が大気圧環境下で運転されています。これに基づいて圧縮空気の有効エネルギーを定義します。

圧縮空気の有効エネルギーとは、大気の温度や圧力の状態に対して相対的なエネルギーの値を定義したものです。圧縮空気から取り出して有効仕事に変換できるエネルギーの値を示します。

この定義および36項で前述した理想仕事によると、空気圧タンクに溜まっている圧力P_s、体積V_sの圧縮空気の有効エネルギーは式で示すことができます。36項図1のエネルギー式の$P_a(V_0-V_s)$は大気圧下で空間を占めている場所代で、場合によっては大きな比重を占めます。大気の圧力が変われば、タンクの中の空気の圧力が変わらなくても有効エネルギーの値は変化します。

有効エネルギーは、圧縮機が作り出した空気を用いて駆動機器がなす最大仕事に相当します。有効エネルギーは圧力と体積に依存するため、大気圧になれば有効エネルギーはゼロになります。同じ体積でも圧力が高ければ高いほど大きいという特性があります。

$P_a(V_0-V_s)$の式を時間に対して微分すると、流れる空気の有効エネルギーとなります。図に有効エネルギーを示します。このように、流量計と圧力計を組み合わせ、空気の瞬時流量Qと圧力Pを計測すれば有効エネルギーを測定することが可能です。

圧縮性流体である流れている空気のエネルギー値は、押しのけていくエネルギーの値(これは水や油のような非圧縮性流体と同じです)を加えることで、空気自体の膨張ができることによるエネルギーが加わっています。0・6MPaのときには約3kWのエネルギーが流れていますが、その内、約半分が膨張のエネルギーです。

要点BOX
- ●圧縮空気の有効エネルギーは圧縮空気から取り出して有効仕事に変換できるエネルギーの値
- ●有効エネルギーは駆動機器がなす最大仕事

流れる空気の有効エネルギーの成分

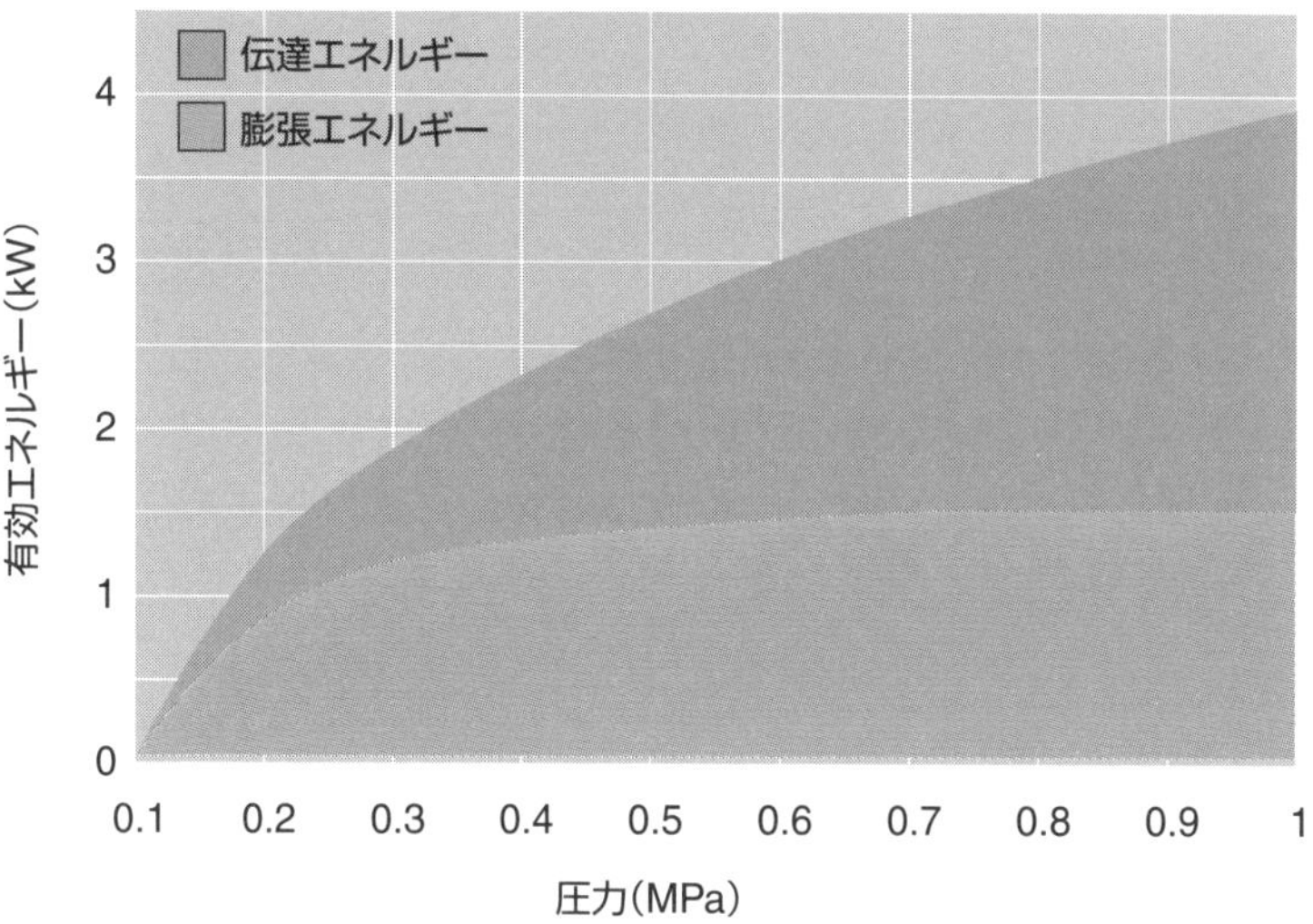

ここで流量計の動特性が求められます。27項で紹介した高速応答流量計(QFS:Quick Flow Sensor)に絶対圧力計を装着すれば、50Hzまでの瞬時有効エネルギーを計測することができます
この式で示される有効エネルギーは大気温度のときの値です。異なった大気温度ではもう少し複雑な式で表されます

$$E = PQ\,ln\frac{P}{P_a} + (P - P_a)Q$$

E ：通過するエネルギー
P ：管路内空気圧力(Pa)
P_a ：大気圧力(Pa)
Q ：体積流量

39 空気圧タンク充填時のエアパワー

圧力の上昇速度

ここでは、空気圧タンク充填回路においてエアパワー（有効エネルギー）がいかに変化するかを、図1の実験装置による結果を示しながら説明します。

電磁弁を開けると、空気はエアパワーメータを通過してタンクに充填されます。空気圧絞りの直径は1㎜、タンクは1ℓと5ℓで通常のタンクと等温化圧力容器を用意しました。この温度応答、圧力応答実験結果を図2、3に示します。

ケース1とケース2の等温化圧力容器では数℃の温度上昇しかありませんが、ケース3とケース4の通常タンクでは20℃から50～55℃までの温度上昇が見られます。図3は圧力変化を示します。タンクの大きさによって圧力上昇速度は変わりますが、通常のタンクの方が約1割程度応答が速いことが分かります。これはタンク内の空気が圧縮によって温度上昇するためです。

電気回路では、抵抗R（オーム）とキャパシタC（ファラッド）の積で示される時定数T_{CR}で電圧は整定します。これと同じで、抵抗Rは有効断面積S_eキャパシタCはタンク容量Vによる時定数T_Pで表すことができます。

図4(a)に等温化圧力容器、(b)に通常タンクの場合のエアパワーを積分した値を示します。どの場合も最終整定値は900Jです。これは一定の体積で、圧力が同じであれば、同じエアパワーが空気圧タンクに入っているということになります。

空気圧抵抗容量系は空気圧システムの動特性の基本です。特に、充填回路では大変興味深い応答になります。すなわち、空気圧絞り内の空気は音速になるので、圧力上昇速度は一定となり、応答が容易に求まります。

要点BOX
- ●タンクの大きさで圧力上昇の速度は変わる
- ●タンク内の空気が圧縮によって温度上昇するため、空タンクの方が圧力上昇の応答は速い

図1　空気圧充填回路におけるエアパワー実験

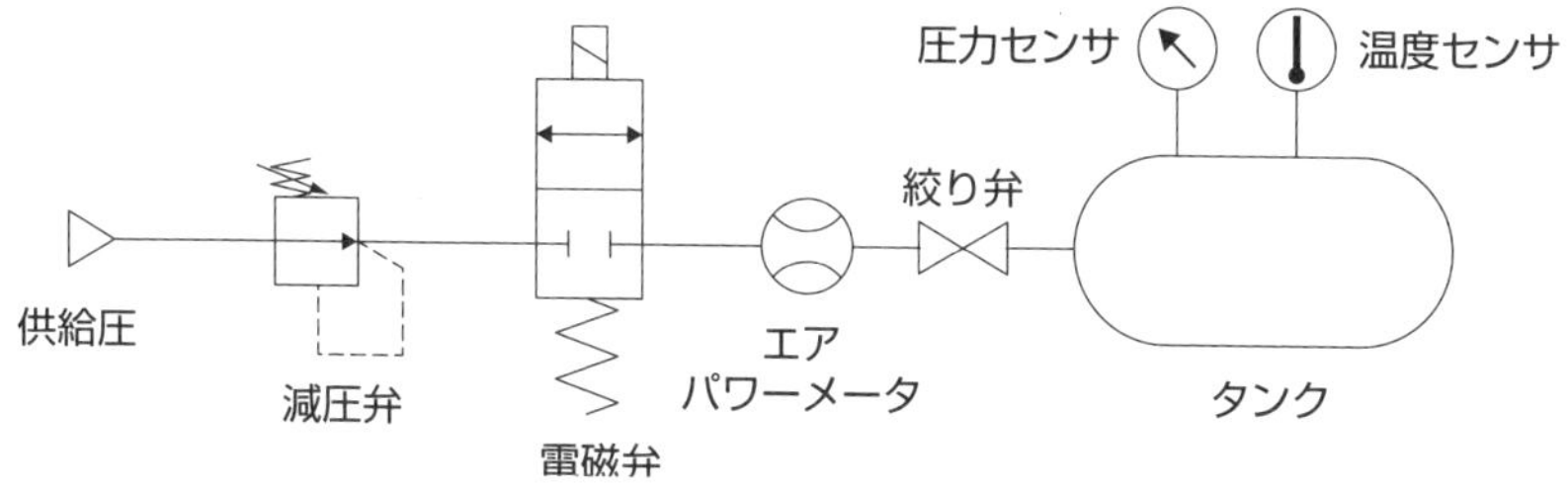

図2　タンク内空気の温度変化実験値

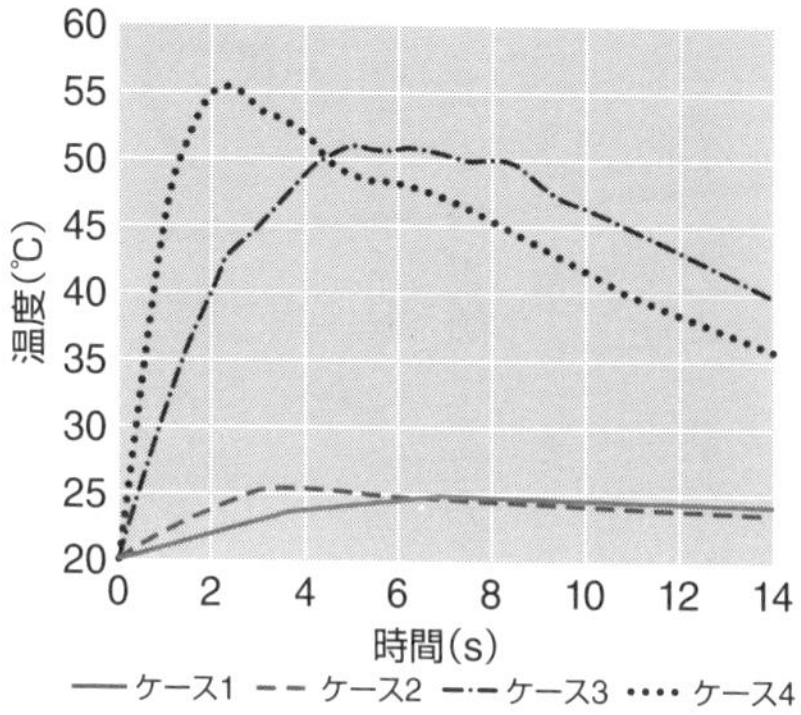

図3　タンク内空気の圧力変化実験値

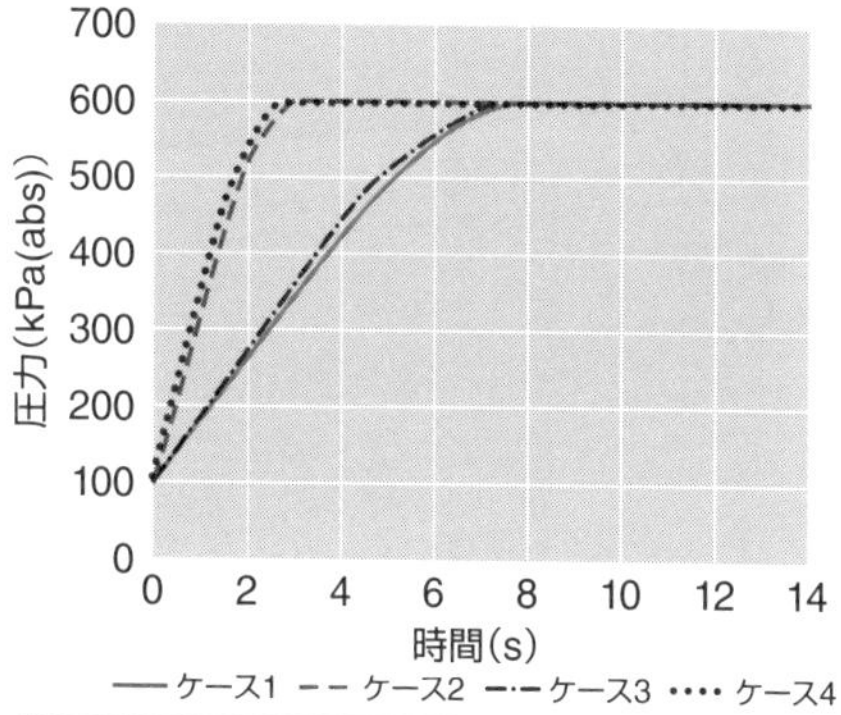

$$T_P = \frac{V}{192 S_e}$$

T_P ：時定数(s)
S_e ：空気絞り有効断面積(㎟)
V ：タンク容積(㎤)

図4　タンク内エアパワーの実験値

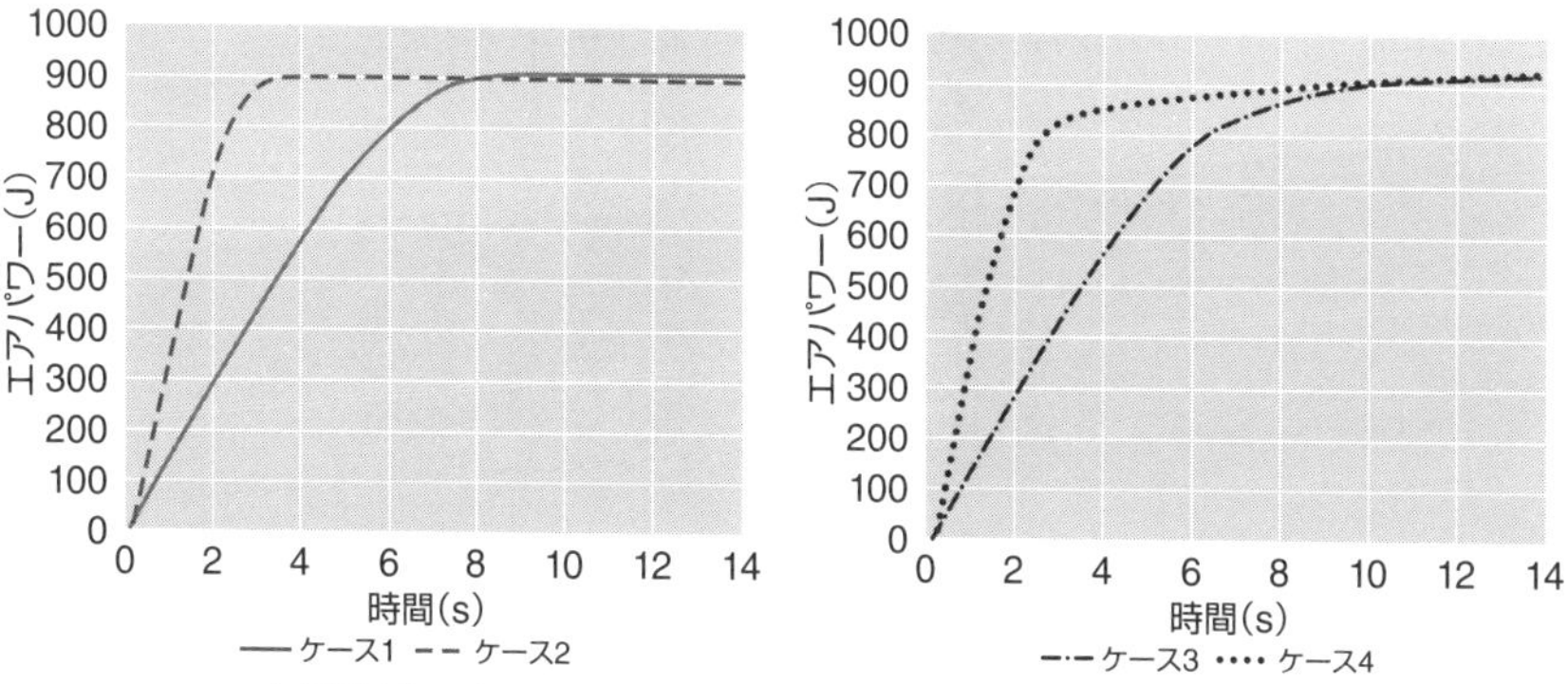

(a)等温化圧力容器　(b)通常タンク

40 タンク放出回路のエアパワー

圧力の下降速度

ここではISO6358、JIS B 8390-2の空気圧電磁弁の放出法による音速コンダクタンスCと臨界圧力比bの計測に非常に関係して重要な項目を、詳しく説明します。

前項で取り上げた充填時における計測法が圧力上昇速度の直線部分でCが求まり、データ整理上、極めて容易になります。しかし、大きなサイズの空気圧電磁弁の計測では供給圧力が降下してしまうので採用できませんでした。そこで、JIS B 8390-2では、放出回路を採用しました。

図1にタンク放出の回路を示します。

図2には、等温化圧力容器にφ1とφ2の放出絞りが付けられたケースと、空タンクにφ1とφ2の放出絞りが付けられたケースを示します。図2(a)にタンクの圧力放出特性を示します。同じ絞り、同じ容量では、空タンクの場合に空気の減圧速度は等温化圧力容器より速いものの、応答の途中で圧力が追い越されます。図2(b)の圧力応答の現象は、温度変化の実験より理解することができます。図を見ると分かるように、空タンクのために温度が急激に減少し圧力の減少速度も大きくなります。温度が降下した後にタンク内の空気に熱移動が発生し、後半に現象速度が遅くなります。

図3に放出のエアパワーを示します。絞りφ1では長い時間を要しています。

タンクからの放出において、等温化圧力容器にはメリットとデメリットがあります。メリットは等温現象が得られることですが、デメリットもあります。充填している等温材が流体抵抗となる可能性があることと、放出流速による充填材の破損です。十分に注意しなくてはなりません。

要点BOX
- ●流量計を用いて電磁弁の特性を計測するかわりになる
- ●等温化圧力容器にもデメリットはある

図1　タンク放出の回路

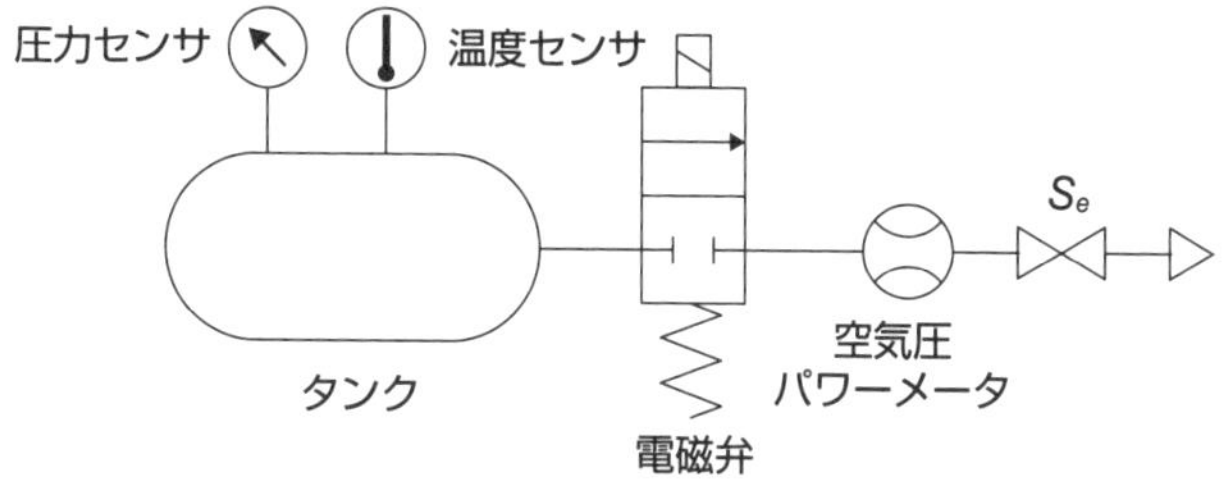

図2　圧力、温度の変化

(a)タンクの圧力放出特性

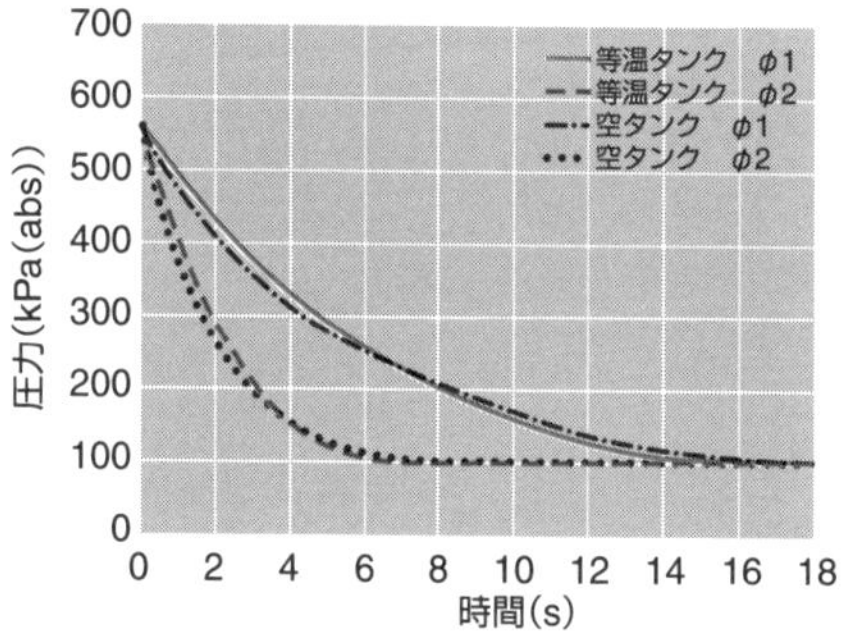

(b)圧力応答

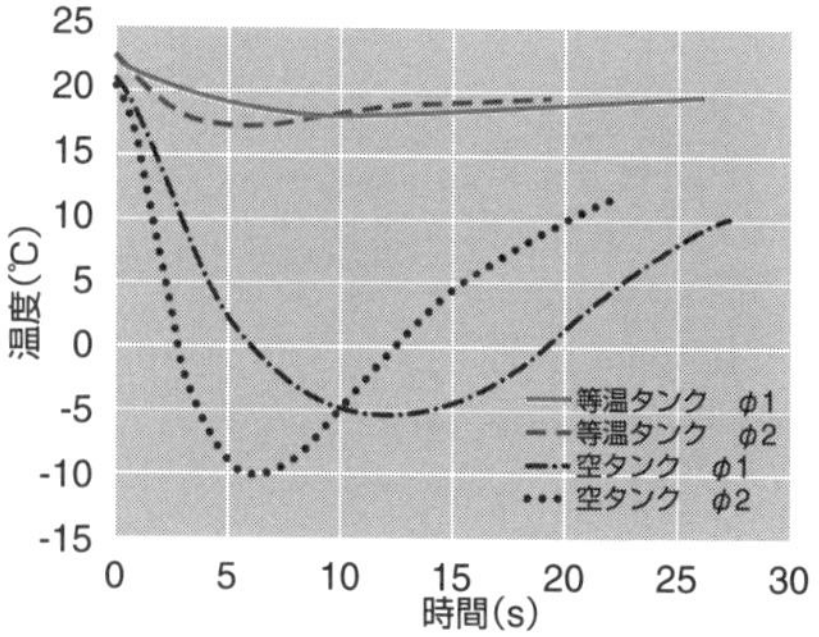

図3　タンク放出時のエアパワー

(a)絞り　φ1

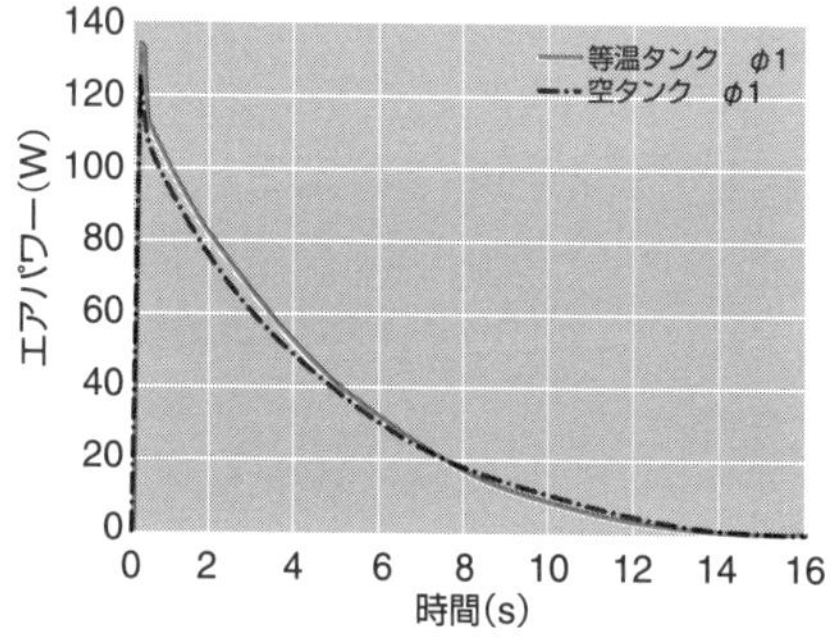

(b)絞り　φ2

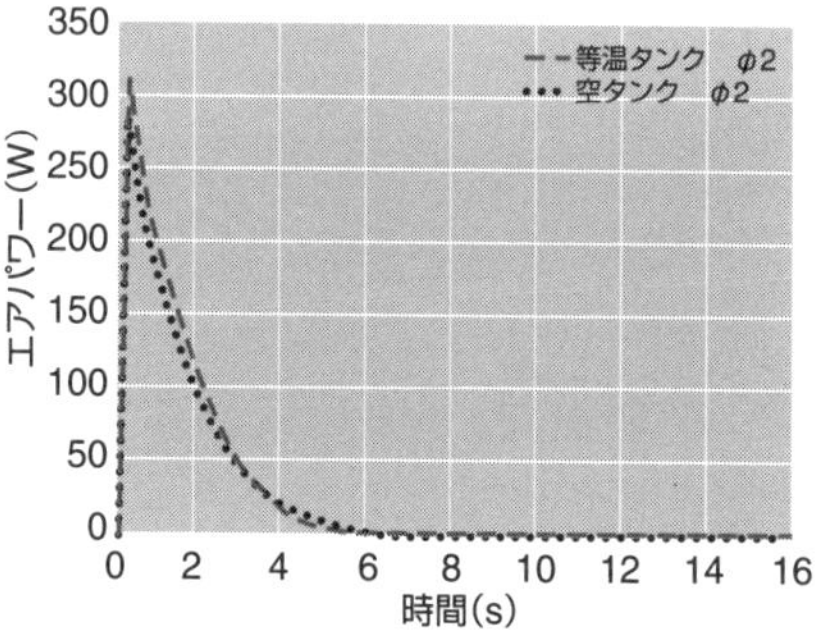

Column

空気圧を活用！感覚を再現する医療用手術ロボット

遠隔内視鏡手術はベトナム戦争時に考案、試作されました。この機構は開腹手術ではなく、内視鏡や鉗子をお腹に開けた孔から入れる腹腔鏡下手術で、術後の回復が早いとの利点を有しています。

医療用の手術ロボットでは、63項で紹介する通り、アメリカ・インテュイティブサージカルのダビンチが最も有名で、日本では700台以上使われています。精度の高い画像を見ながら手術を行います。

日本企業としては、2023年5月にリバーフィールドが医療用手術支援ロボット「Saroaサージカルシステム」の製造販売承認を取得しました。同社は、東京工業大学発のベンチャー企業です。ダビンチの電動駆動ではセンサー部の煮沸消毒ができませんが、リバーフィールドの空気圧駆動の医療用手術支援ロボットではその問題を解決できます。

大きな特徴としては、画像の情報だけでなく、鉗子の力感情報を医師である術者に空気圧によって戻す技術です。鉗子にかかる力を術者に戻すことで、鉗子が接触している臓器の硬さが術者に伝わるメリットがあります。この技術は、空気圧システムが実現しています。

ダビンチは電動のために機械自体が大変に重く、床の増強が必要な場合もあると言います。その点、空気圧利用のSaroaは軽量で省スペースと、既存設備で活用しやすい特徴があります。

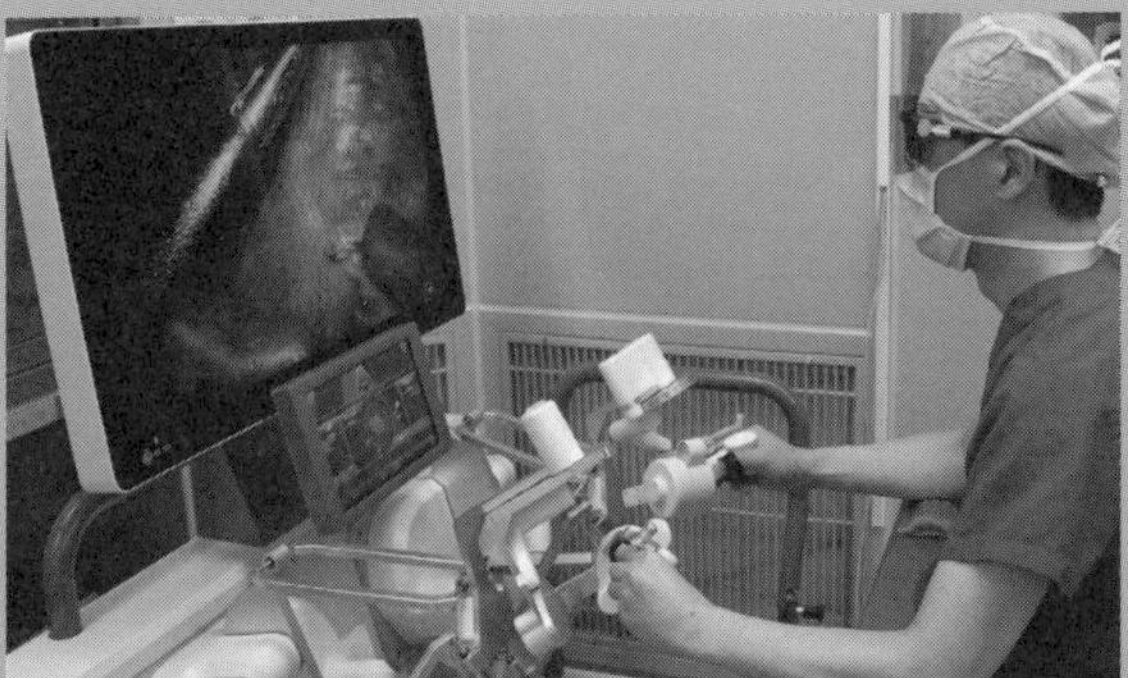

提供:リバーフィールド株式会社

第7章

空気圧真空機器

41 真空の応用とエジェクター

真空技術は産業界の多くの分野で使われています。真空環境では、製品を極めて清浄な汚れのない状態で製作することができます。例えば、半導体製造装置では空気が介在するために大きなデメリットが生じることがあります。コンピュータの心臓部であるCPUやメモリを製造する描画装置のステッパーは、i線（アイセン）の150㎚の波長では空気の存在はそれほど問題にはなりませんが、紫外線（UV）の波長に近付くと空気の存在は大きな問題になります。そのためUVの場合には、真空下での描画が必要になります。電子やイオンのコントロールできる領域は空気圧工学の領域ではなく、真空工学に入ってしまいますので、本書では低真空領域の技術の話をしましょう。

図1に真空を発生させるエジェクターの構造を示します。ノズルから勢いよく空気噴流を流すと、空気の巻き込みによって負圧が発生し吸気ポート部は設計によっては真空状態に近くなります。ノズルとディフューザーの設計によって、真空の達成圧力が低いタイプと吸引流量が多いタイプに分けられます。

図2に、エジェクターの2つのタイプを示します。エジェクターの特性はいろいろアレンジすることができる点にあります。**図3**に2つの異なるエジェクターのPQ特性の実験値を示します。多くの自動化ラインではタクトタイムが問題となります。エジェクターの場合はその到達真空度と真空度に達成するまでの時間が問題になります。図から分かるように、PQ特性はほとんど直線で近似できます。例えば、ゴムパッドでガラス状物体を把持する場合には、ゴムパッドと管路の容積Vの概算値が求められます。真空到達時定数はaを流量ゲインとすれば概略計算ができます。線形化された時定数の約2倍の時間が待機時間となり、工程の短縮化を阻む要因です。エジェクターの容量はタクトタイムには重要です。

低真空領域と高真空領域

要点BOX
●UVの場合、真空環境が必要
●勢いよく空気噴流を流して真空圧力に近付ける
●エジェクターはアレンジしやすい

図1 エジェクターの構造

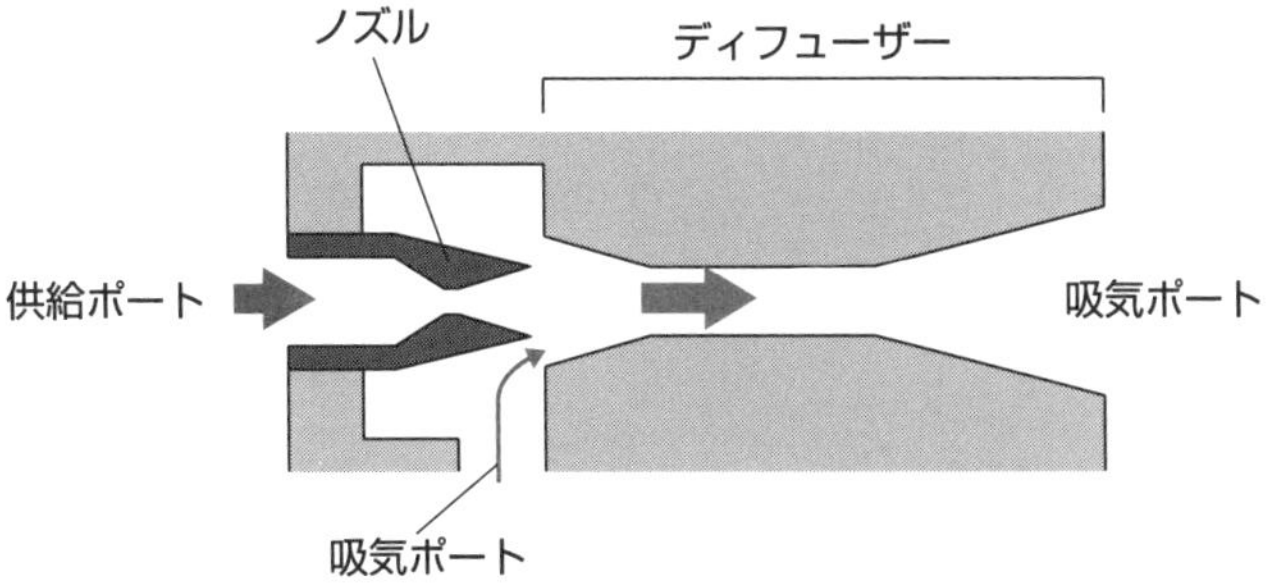

図2 流量形エジェクターと真空形エジェクター

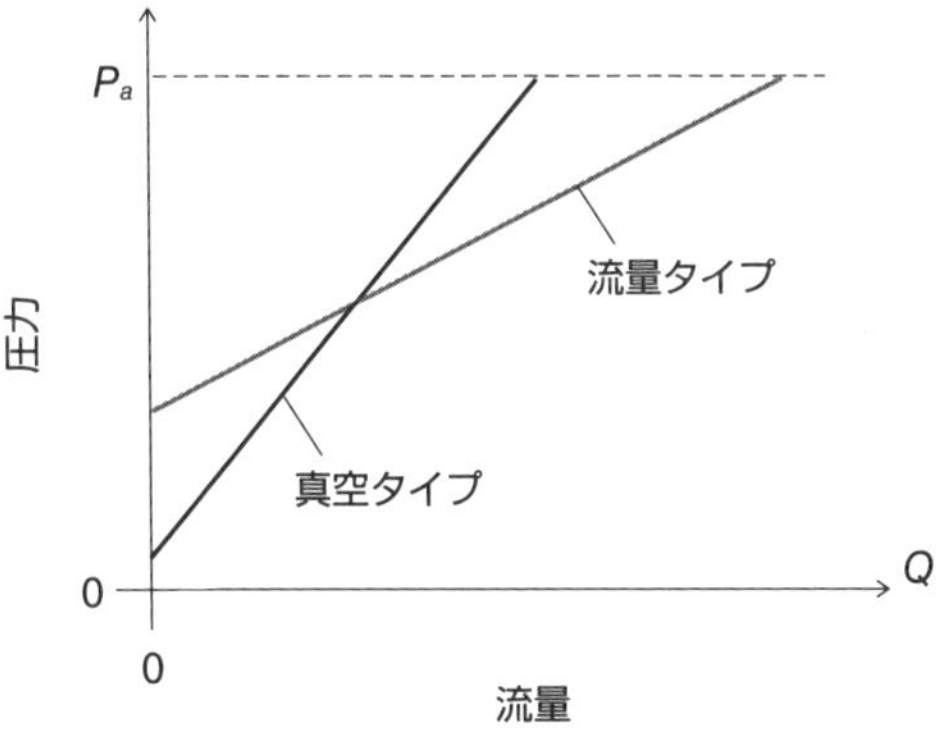

図3 異なるタイプのエジェクターのPQ特性

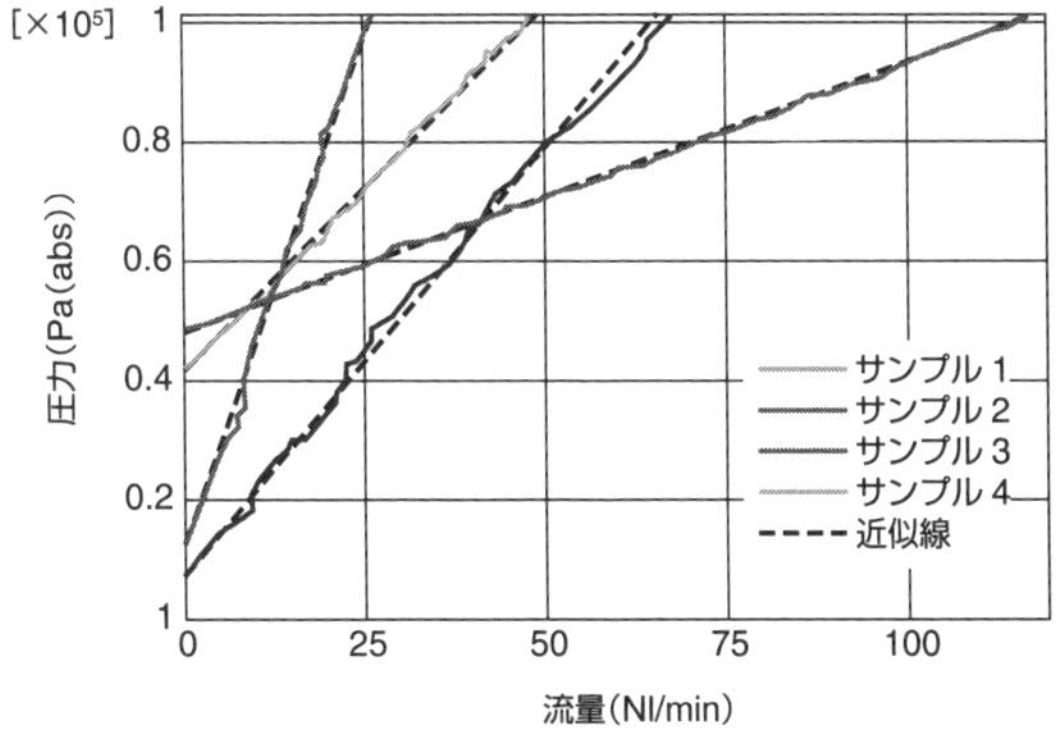

真空到達時定数

$$T_p = \frac{V_c}{aR\theta_a}$$

a：流量ゲイン

$$a = \frac{\Delta G}{\Delta P}$$

R：空気定数287(J/kg/K)

θ_a：大気温度

42 空気圧による非接触搬送技術

製品トラブルを軽減

従来、半導体ウエハーや液晶ガラス基板などのワークを搬送移動するときには、真空パッドを取り付けたエンドエフェクターを用いてワークを直接吸着し、ローラーの上に乗せる方法が一般的でした。ただし、搬送装置が直接接触するためワークに傷がつきやすく、静電気や金属汚染などの問題が多発していました。また、パッドやローラーなどによる接触でその部分で大きなストレスが発生し、ワークに不具合を生じさせるケースも多く、製品の歩留まりが上げられないといった課題がありました。

これに対して、非接触でワークを吸引把持するべルヌーイチャックとボルテックスチャックなどの搬送技術について紹介します。**図1**にベルヌーイチャックとその圧力分布の代表例を示します。ベルヌーイの定理を応用するこのチャック(吸着面)では、ワークが近付くとワークとの間の圧力が高くなり、平衡点が存在して安定に把持できます。ベルヌーイチャックは消費流量が多いため、最近では空気を円筒室内で回転させるボルテックスチャックが提案されています。

図2のボルテックスカップとは、カップ状の物体を下に向けてカップの中の空気を高速に回転させるものです。流体を回転させると遠心力によって周囲の圧力が中心部分より上がります。図2(a)ではコップの中の水に回転運動を与えると、外側の水位が高くなり、中心部では圧力の下がることが分かります。図2(b)は円筒空間において空気を接線方向に高速流入させた場合の説明図です。中心部の圧力が下がることが分かります。ボルテックスカップの動作時の圧力分布では中心部の負圧となった圧力はフラットになりますが、周辺部は350Paの圧力上昇があり、その圧力によってスカート部に空気は流れます。**図3**のボルテックスカップの安定平衡点を見ると、安定性の優れたシステムであることが分かります。

要点BOX
- ●接触する搬送方法だとワークが傷つくことも
- ●ベルヌーイの定理を応用した非接触の搬送法
- ●消費流量を抑えたボルテックスチャック

図1　ベルヌーイチャックの圧力分布

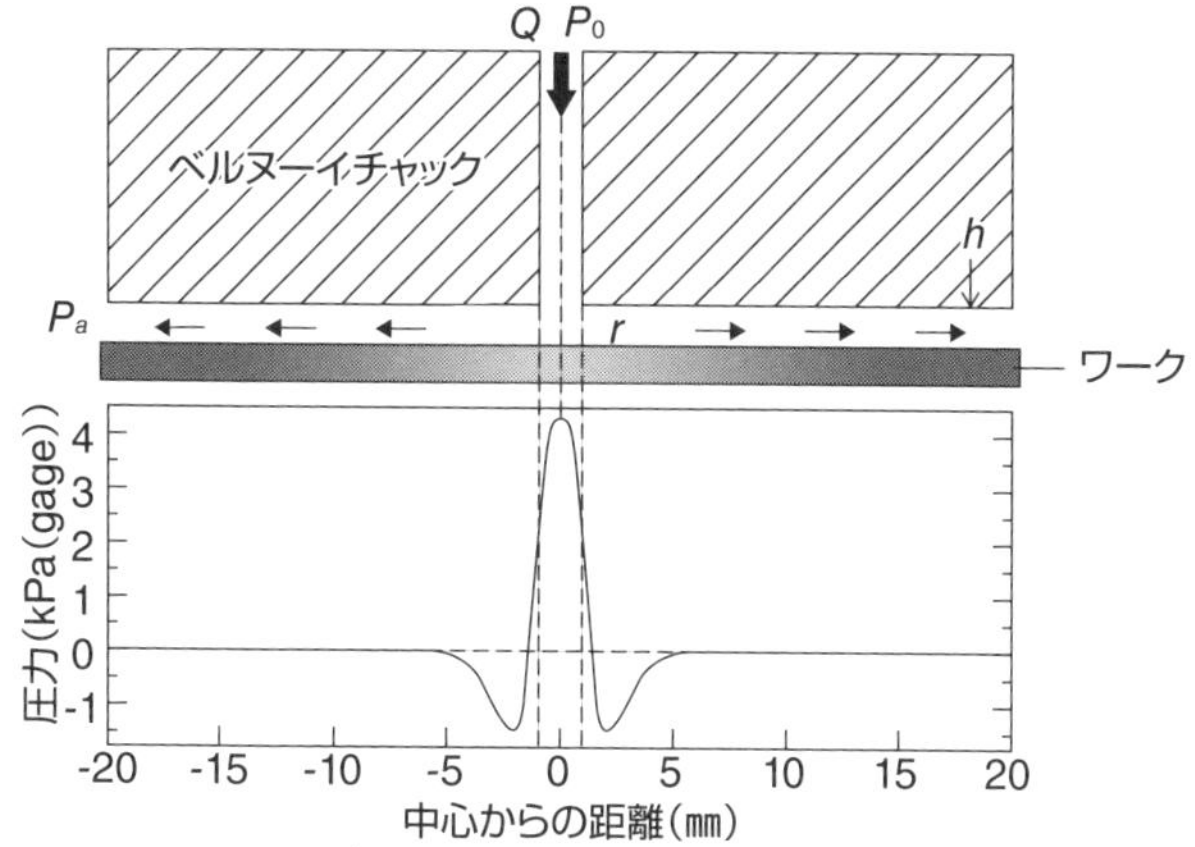

Q=23.6(10^-5^㎥/s(ANR))、h=0.55(㎜)

図2　ボルテックスカップに関する説明図

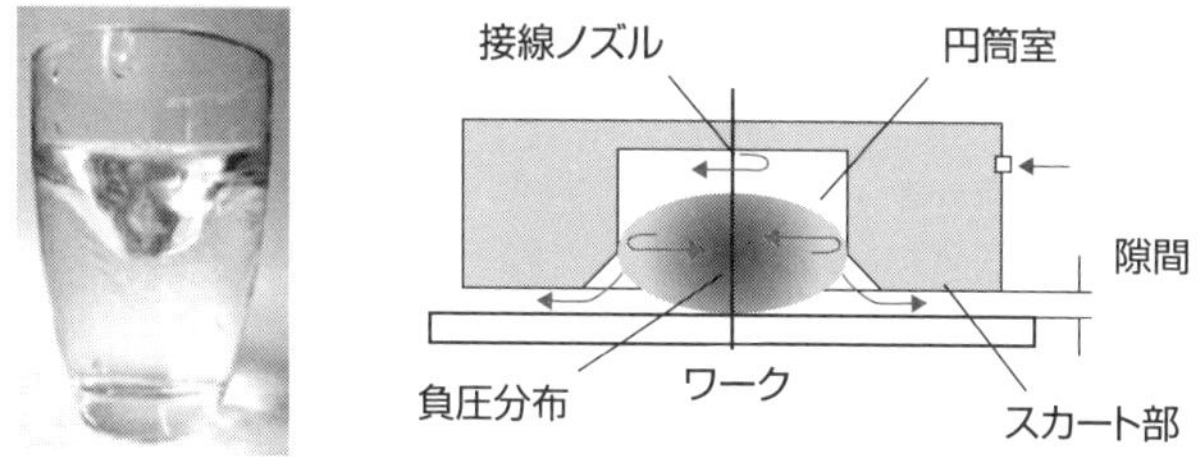

(a)回転している水　(b)正面から見たボルテックスカップの構造

図3　ボルテックスカップの安定平衡点

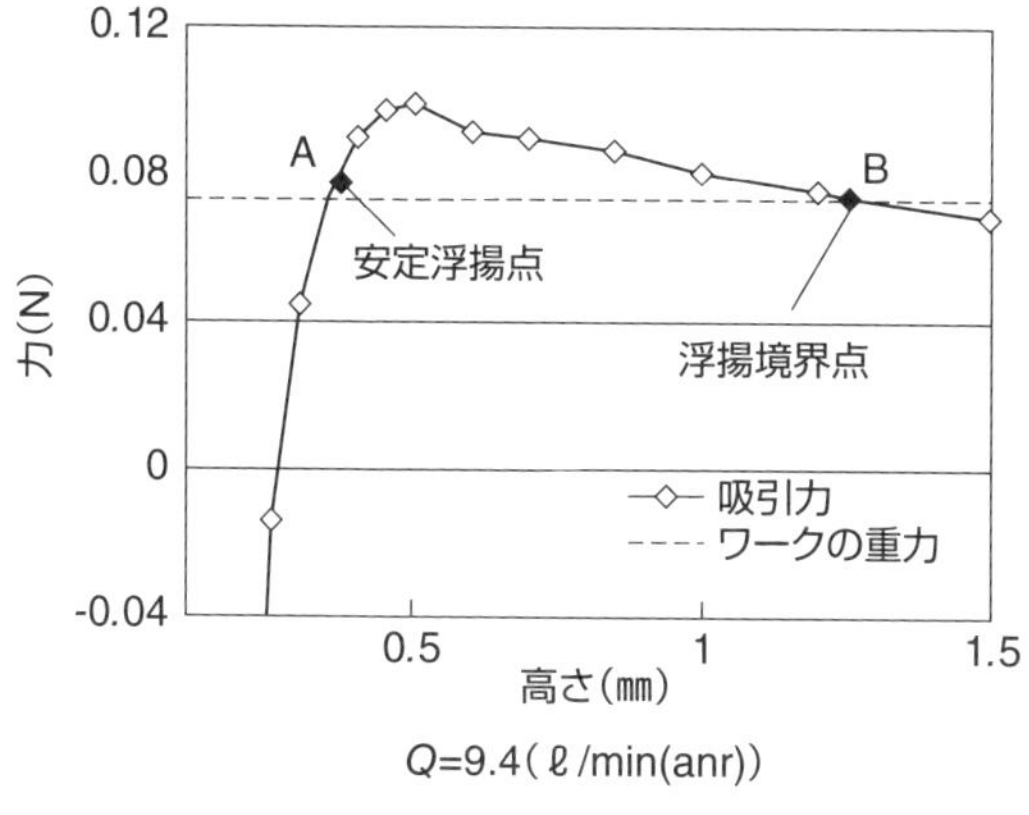

Q=9.4(ℓ/min(anr))

43 空気圧による漏れ計測

漏れ計測は、さまざまな産業分野で欠かせない技術です。部品製造過程や完成品検査などで広く行われています。漏れ計測の対象品の例としてはガス機器や配管、水道配管や電気機器類、自動車部品などです。また食品、薬品、化粧品などの小型容器などはすべて漏れ計測の対象です。

一般に、漏れ計測では検査対象固有の検査基準値が設定されています。漏れ計測に関する工業規格はASTM（米国試験材料協会による規格）が最も早くに整備され、現在ではJIS（日本産業規格）にも基礎的な規格があります。ISO（国際標準化機構）ではASTMと同様の規格が準備中です。JISは目的や対象により多様で、水没法、発泡法、圧力変化法、流量測定法、超音波法などが規定されています。ヘリウムを用いた高感度の漏れ計測法もあります。これらの方法にはそれぞれ得失があり、検査可能な漏れのレベルもまちまちです。JIS Z 2332の圧力変化加圧法では圧力変化を長時間計測します。しかし、生産ラインにおいては短時間に測定する必要があります。そこで空気圧の応用として10～20秒で測定が完了する単純加圧法漏れ計測を解説します。

図1に空気圧を310kPaとした場合の2ℓタンクの圧力変化を示します。漏れのないタンクと、意図的に漏れを発生させる疑似漏れを付加させた2つの変化が見られます。37・4ml／minの疑似漏れで、300秒で約200mlの空気が漏れています。漏れのないタンクの場合でも加圧によって12℃の温度上昇があるために、300秒が経過すると3kPa～4kPaの圧力降下が観察されます。加圧する空気圧を3kPaと微圧にした場合を**図2**に示します。この場合には3%の空気が充填されるので、わずかに空気温度は上昇しますが、温度センサにはほとんど現れません。0・5ml／minの疑似漏れを設置したタンクでは明らかに漏れによる圧力降下が観察されます。

要点BOX
- ●漏れ計測はさまざまな分野の製品が対象
- ●対象物によって検査基準値が設定されている
- ●空気圧を応用した短時間で計測する方法

図1　空気圧310kPaの場合の2ℓタンクの圧力変化

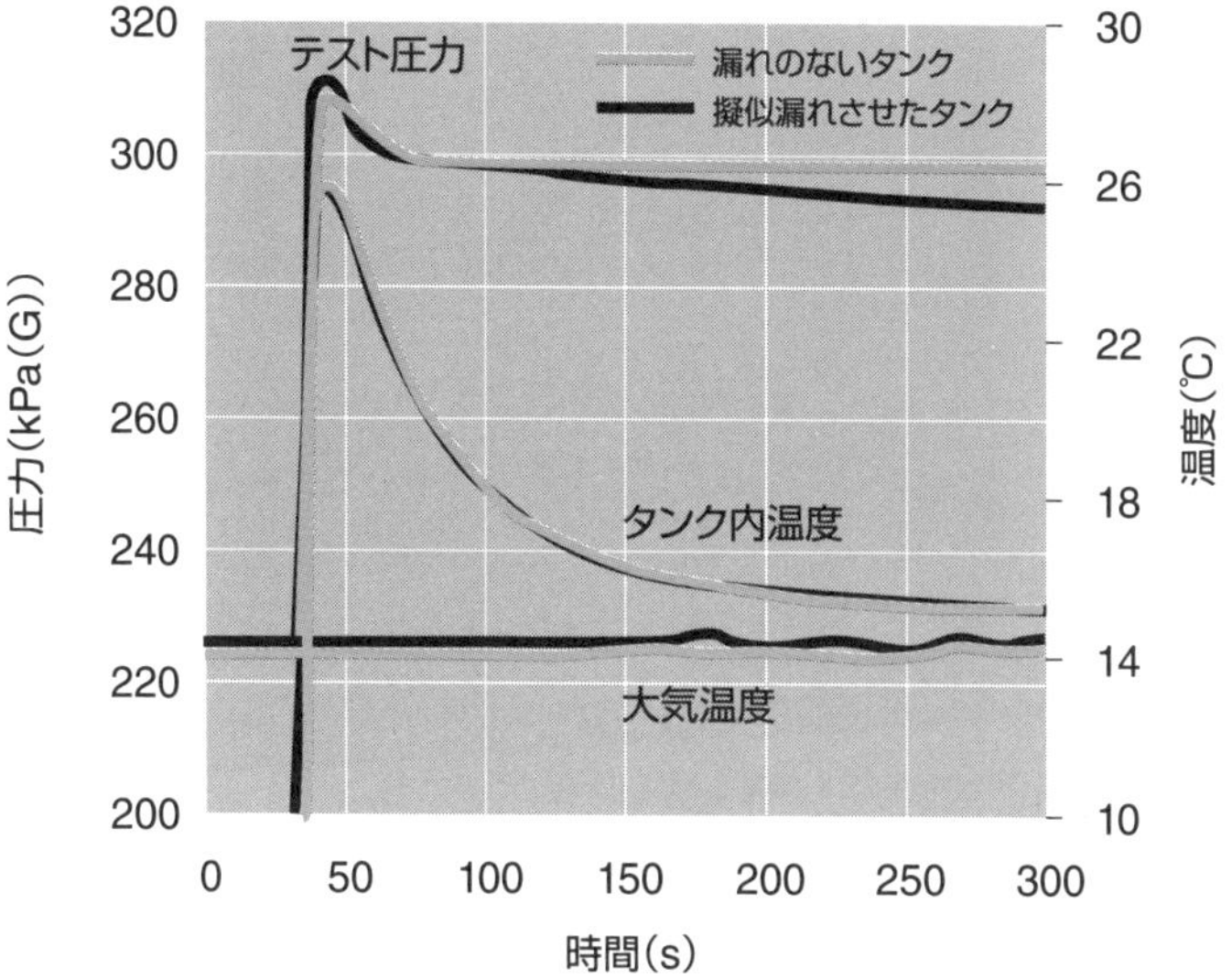

図2　空気圧3kPaの場合の2ℓタンクの圧力変化

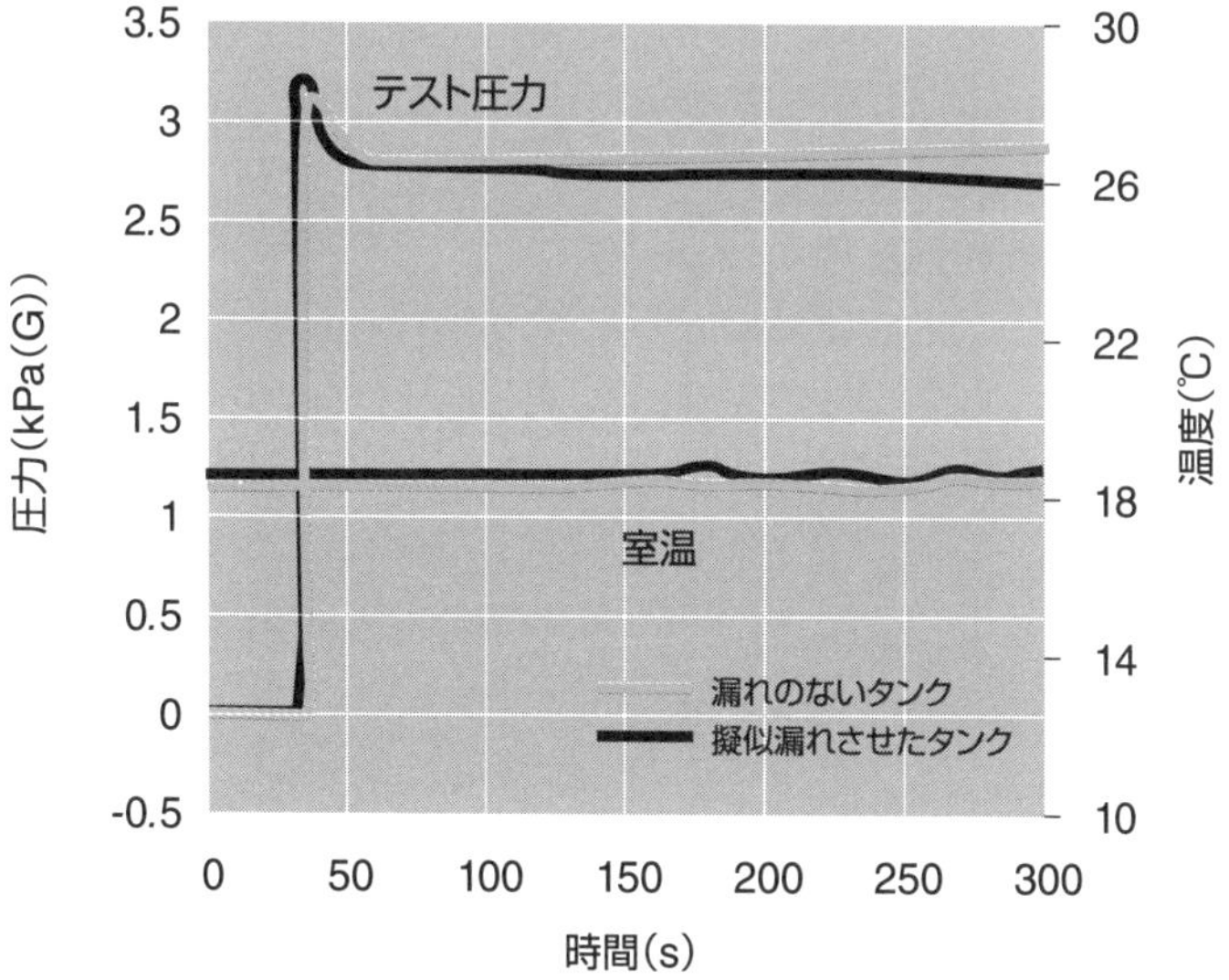

44 温度変化が漏れ計測に及ぼす影響

外気温との関係

前項で示した単純加圧法漏れ計測において、外気温が漏れ計測にどのように影響するか紹介します。

図1に単純加圧法漏れ計測の空気圧回路を示します。測定対象は、金属製の燃料電池発電時の貯湯タンクです。タンクの上、中、下の3か所に温度センサを設置しました。イメージを掴みやすくするためにサイズを示します。この場合の測定対象は容積が102ℓ、高さは約2mです。このくらい大きな測定対象だと、前項で紹介した水没法は困難で、可能性として加圧法が残されています。

図2に単純加圧法漏れ計測の実験結果を示します。図2(b)圧力応答では、100秒時に10秒間で3kPaまで圧力を上昇させています。加圧する電磁弁を閉じると、タンク内の空気圧は温度上昇分が約20秒間で一旦下がり、その後1200秒まで徐々に上がっています。圧力が上昇する原因は図2(a)を見ると理解できます。3kPaの圧力上昇による温度上昇は、タンクの上部に現れています。タンク内空気は2～3℃の上下はありますが、温度センサの出力にはほとんど出てきていません。

この図において、最も温度が上昇しているのは室温であって、その室温が熱伝達率10W／m²Kでタンクと空気を暖めます。このタンクを暖める速度、時定数約1000秒で室温に追従します。しかしながらタンクの中の空気には浮力で熱対流が発生し、タンクの上部の温度は下部と比較して高くなります。

空気圧を用いた漏れ計測は、温度変化とのせめぎあいです。室温は1100秒の間に0・5℃上昇しています。このわずかな温度変化が漏れ計測に大きな影響を与えます。室温の上昇より遅れのあるタンク内の空気は1000秒で0・2℃上昇します。0・2℃の温度変化は0・06%の圧力変化をもたらし、12ccの漏れ（この場合は空気の充填）に相当します。

要点BOX
- ●大きな測定対象には加圧法
- ●温度変化とのせめぎあい
- ●わずかな温度変化が計測に大きく影響する

図1　単純加圧法漏れ計測の空気圧回路とタンク

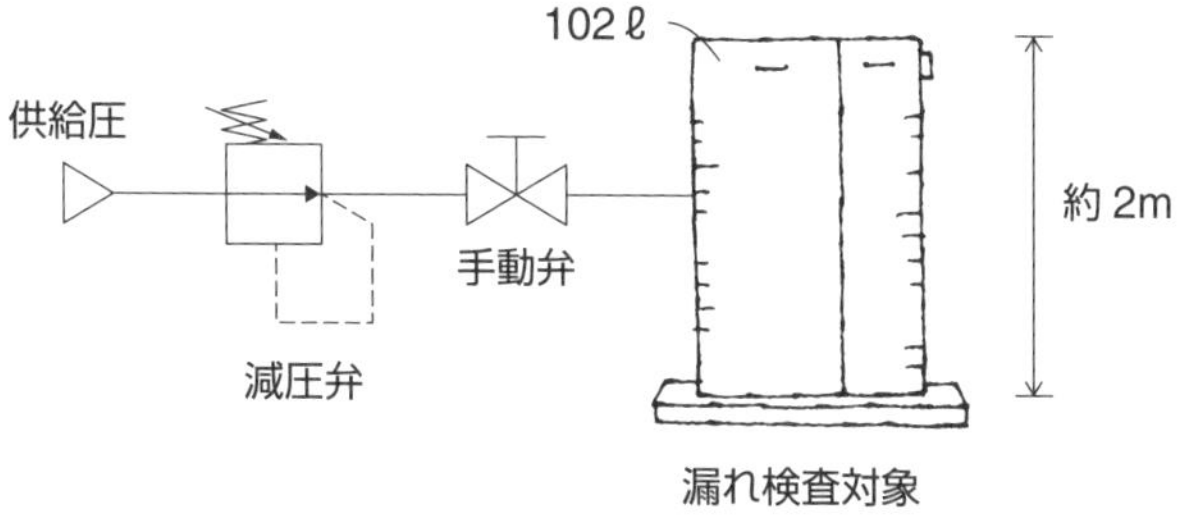

図2　単純加圧法漏れ計測の実験結果

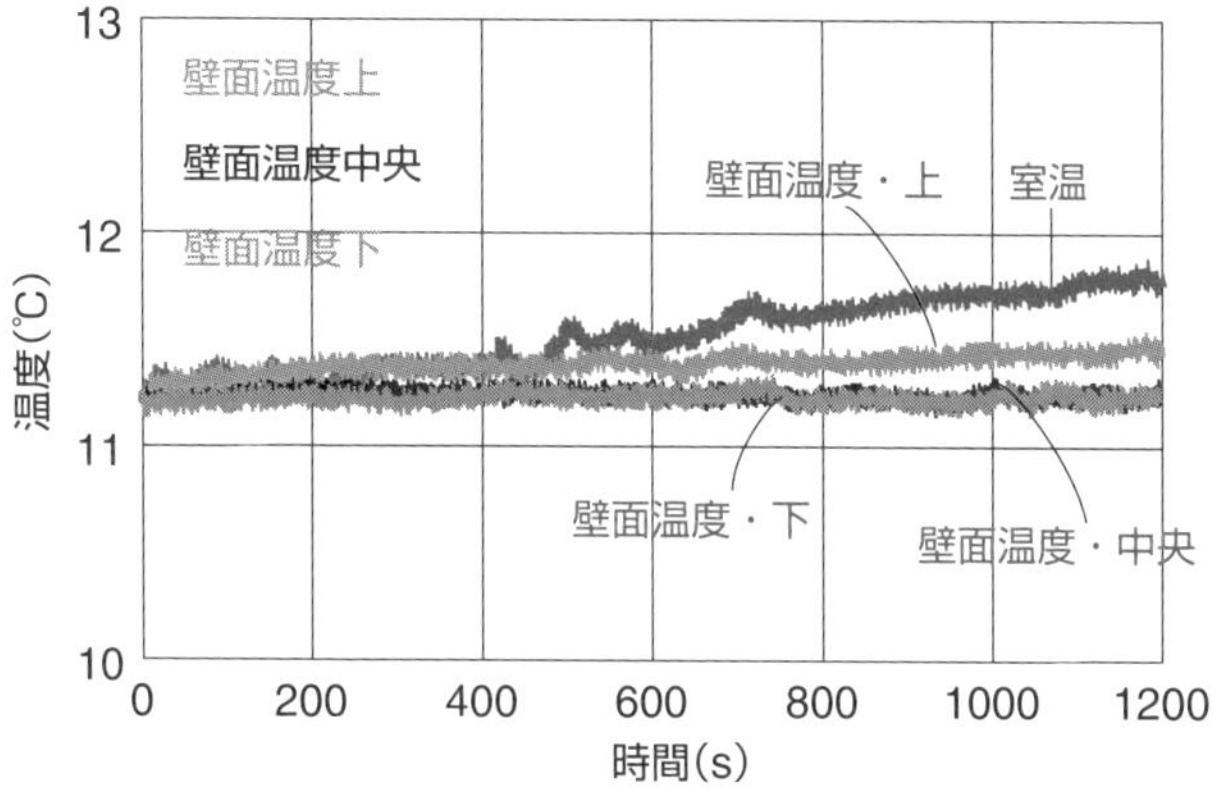

(a)単純加圧漏れ計測実験結果

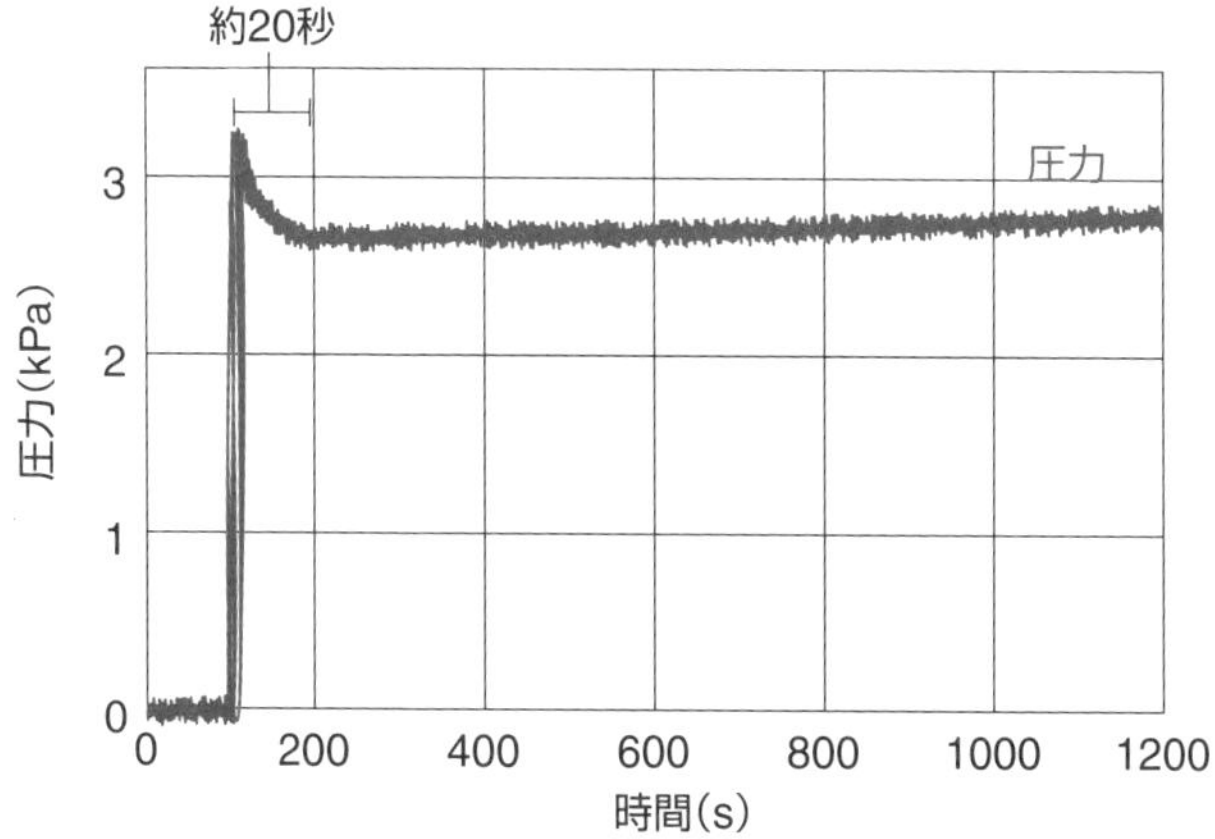

(b)圧力応答

45 漏れ計測における温度補正

原理と応用

前項で漏れ計測は温度変化に大きな影響を受けることを説明しましたが、ここから温度補正の原理とそれを実現した機器を説明します。

前項の図2(b)を改めて見てください。大気圧のタンクに約3ℓの空気を充填します。圧力は3kPaの上昇が観察されます。約20秒間で下がっているのはタンク内空気とタンク壁面との熱伝達の影響です。この実験は午前中に行ったもので、大気の温度が徐々に上昇するにつれてタンク内の空気の温度並びにタンクの温度が上昇します。

漏れがない状態でタンクを封鎖して規定時間圧力変化を計って、その上昇もしくは下降する温度変化を補正するのが温度補正です。温度変化を計測し漏れ計測法に使う試みは多くなされましたが、しかしどれも工業的には成功していません。

しかし、ここで紹介する補正方法は都市ガスにおける漏れ計測で用いられ、重要な働きをしています。温度が上昇する傾向の時間帯では少しの漏れがあっても安全と判断されてしまい、また温度が降下する傾向にある場合では、漏れの不具合がなくとも温度降下の影響でまるで漏れが発生している検査結果を出してしまうことに対応する巧妙な方法です。エイムテックが商品化し、セーバープロと呼ばれています。

図1の時間帯Aでは、ガス機器管路を大気圧のままでバルブを閉じて、圧力が上昇傾向か、下降傾向かの値を計測します。次に時間帯Bにおいて3kPa程度の圧力をかけて回路を封止して、整定後の圧力変化を計測します。方式によっては再び大気圧にして回路を封止して時間帯CとAの値の平均値を用いて時間帯Bの圧力変化を補正します。場所によって温度差があっても、大変に有効な方法です(**図2**)。外気の温度変化を温度測定器で測るのではなく、ボイル・シャルルの法則により空気圧で推定する方法です。

要点BOX
- 規定時間圧力変化から温度変化を補正する
- 計測する時間帯によるずれをなくす有効な方法を活用して製品化

図1　温度補正機能付き漏れ計測器

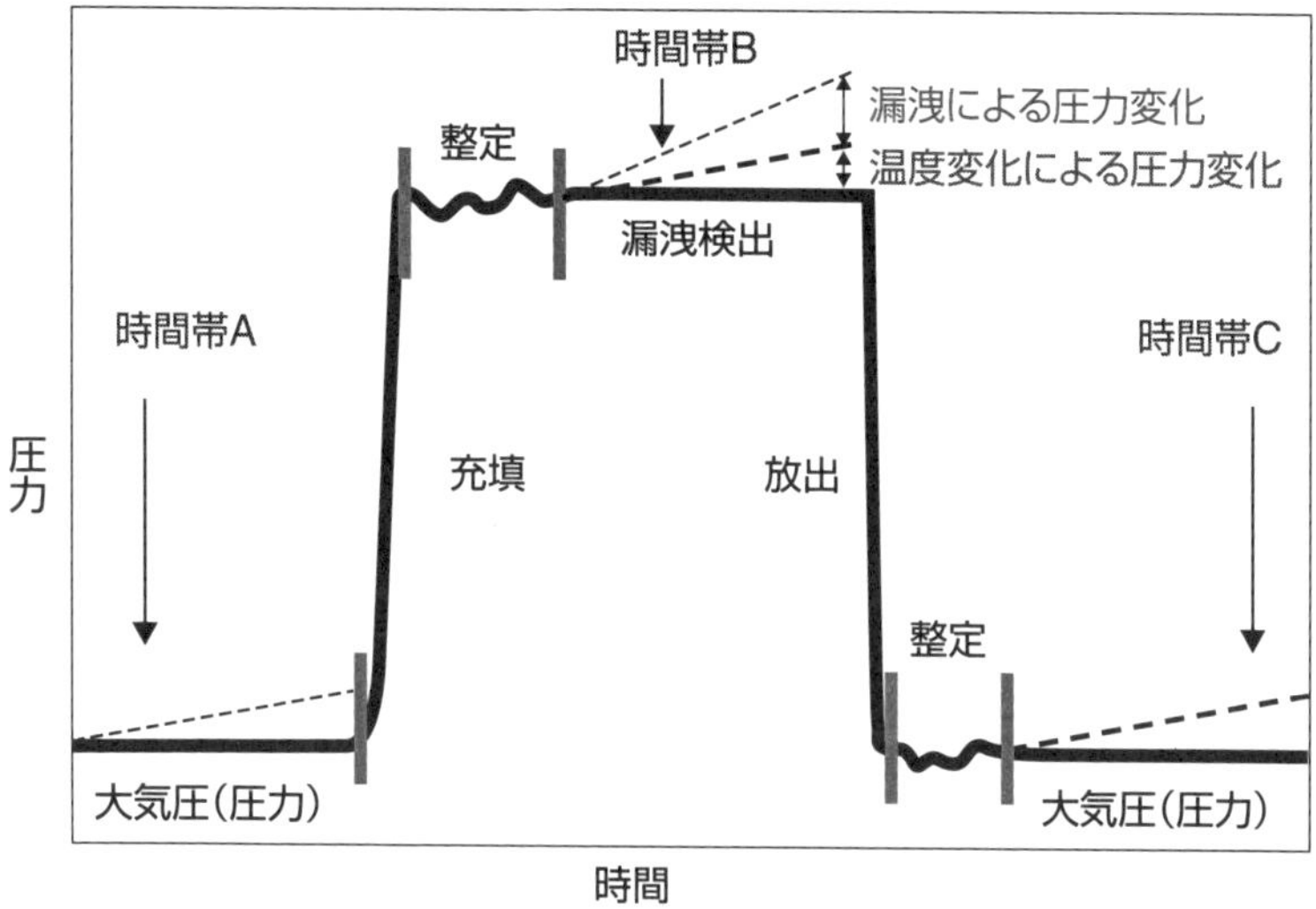

出典:株式会社エイムテック

図2　ガス配管の温度差

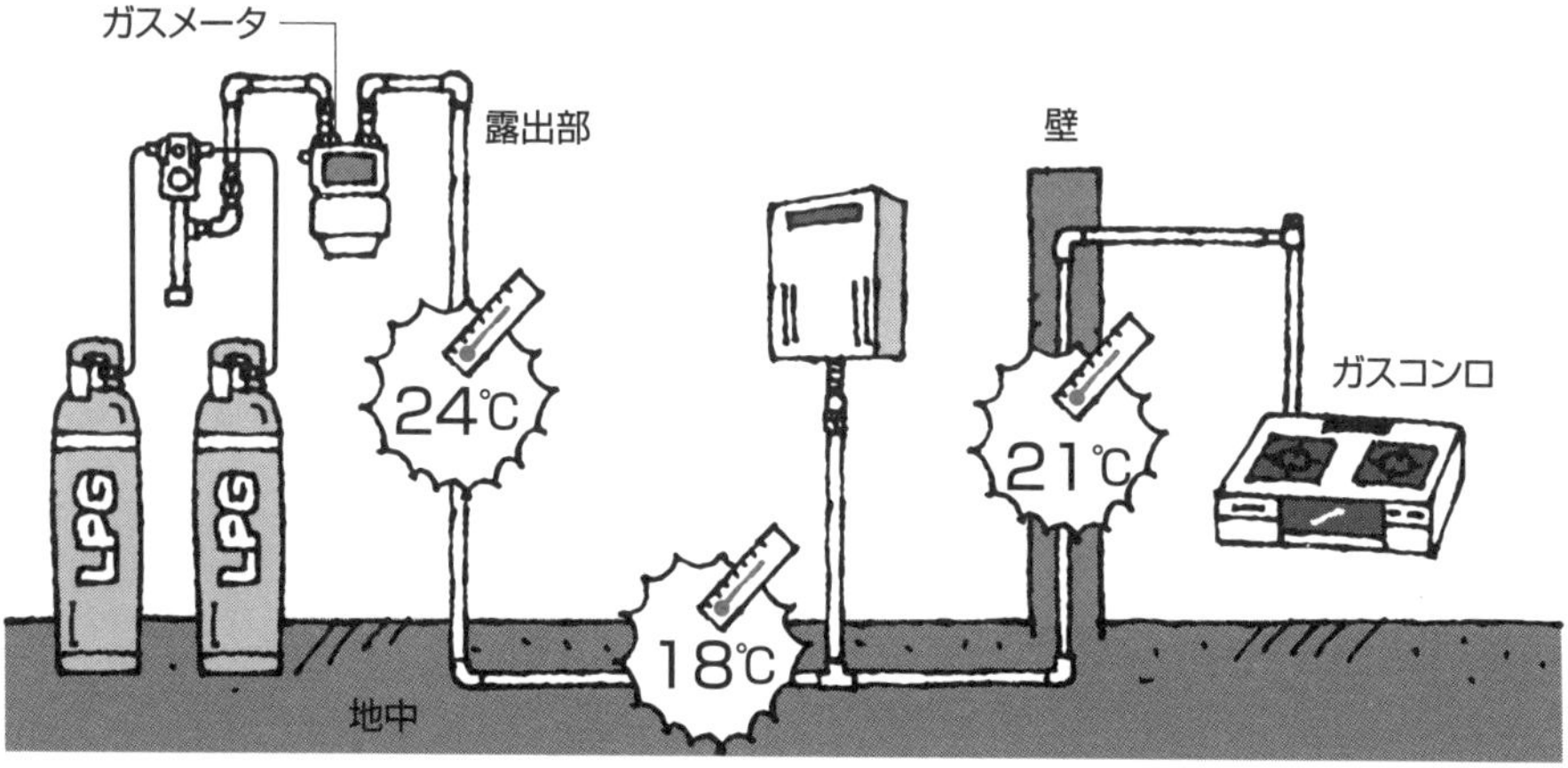

出典:株式会社エイムテック

46 差圧式漏れ計測法

現場で求められる短時間での計測

工場の生産現場では漏れ計測する必要のある製品、ワークが次から次へと出てきます。単圧で計測するより、漏れのない基準機器(標準品)と比較することによってレンジの小さな圧力センサで短時間に計測できるのが差圧式漏れ計測法です。

図1のように、漏れ検査対象と漏れのない標準品を並列に配置して、同じ圧力をかけてその差圧を計ります。**図2**に実験結果を示します。試験圧力は40 kPa、検査対象は2ℓです。標準品と漏れ検査対象品の圧力は40 kPaに一旦上昇しますが、それぞれのタンクにおける熱移動によって温度が室温に戻るとともに圧力も整定していきます。単圧漏れ計測法ではそれぞれの温度と圧力が整定するまでは漏れ検査を終了しませんが、差圧式漏れ計測法では2つの圧力の差圧を取るため、より短い時間で、また絶対圧センサより小さなレンジで計測を行うことが可能です。実験では、50 kPaの圧力センサは、1 kPaの差圧センサを利用しています。

工場でのラインにおける一般的な差圧式漏れ計測法の利用について説明します。実際の工場ラインでは、1個あたりにかける検査時間は厳しく管理されます。例えば、1個あたり30秒とすると、実際に圧力を整定させて漏れを計測する時間は半分以下の15秒です。この間に漏れを計測しなければなりません。

バスケットボールなどで使うボールへの漏れ計測の必要性が高まっています。例えば、1日2000個のバレーボールを生産する工場では、おおむね50 kPaの圧力を封入し、24時間後に5%~6%の圧力降下を発生する漏れがあるかボールを触ることで判断しているそうです。これに対して、人間の感覚ではなく漏れの数値を求める方法としてボールの型を用意して、ボールと型枠との狭い隙間の圧力変化から漏れを計測する技術が研究されています。

要点BOX
- ●標準品との圧力差を比較し短時間で計測
- ●スポーツ用品での漏れ計測への必要性の高まりと、それに応える技術

図1　差圧式漏れ計測法の回路

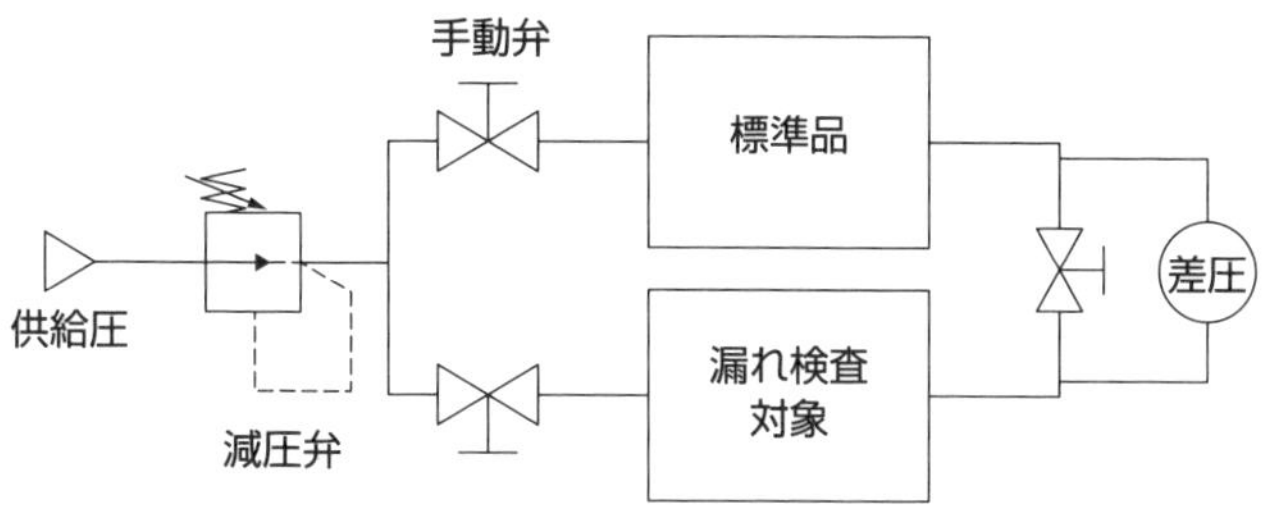

図2　絶対圧計と差圧式漏れ計測法の実験結果

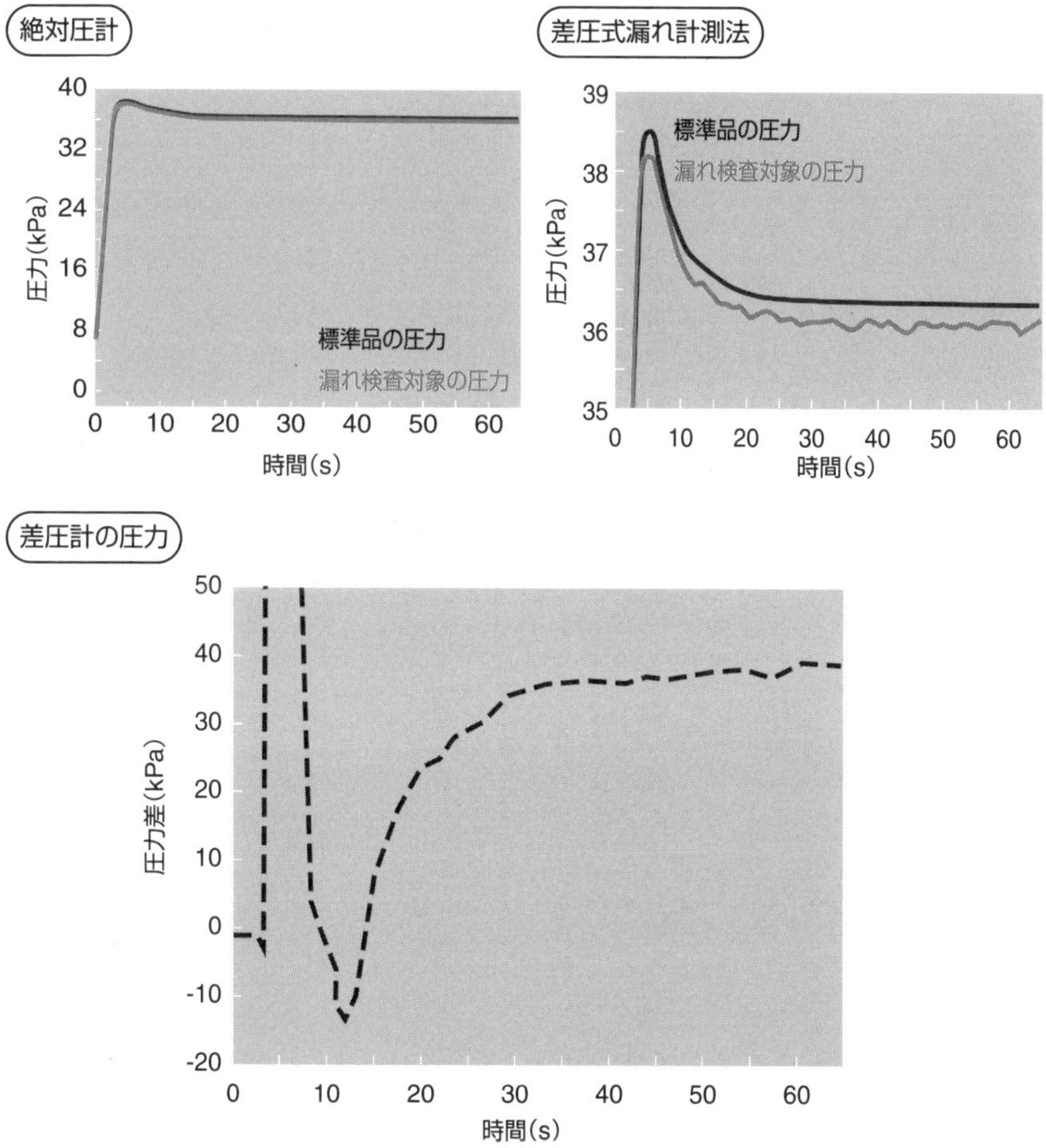

Column

空気の流れをうまく使った掃除機

　現在では、掃除機の半数以上が紙フィルターを用いない構造になっています。この背景には、フィルターの掃除が面倒という理由があります。紙フィルターなしの掃除機は、流体の回転運動時に発生する遠心力を巧みに利用しています。

　ダイソンが口火を切って、現在のところ数社がこの家庭用回転式掃除機を製品化しています。空気を高速化して回転運動を与えると、空気より重いダストは遠心力によって円周方向に分離されます。回転運動を空気に与えることによって非接触搬送を実現することができます。これは、半導体のウエハーの移動において重要な技術とされ、ハーモテックのKUMADEは性能面で定評があります。余談ですが、なぜ「熊手（クマデ）」かと聞いたら、ボルテックのカップを5〜6個配置すると熊手に似ているとのことです。

　非接触搬送は空気圧の特技です。高速回転させる以外に、ベルヌーイの原理から圧力が流速の変化に応じることを用いて、非接触に物体を把持するベルヌーイグリッパが製品化されています。

　ダイソンの製品開発は非常にアイデア着想が面白く、羽根の見えない扇風機で10年前に一躍有名になりました。原理が面白そうだと調べてみたら、そのさらに10年前に東芝が羽根の見えない扇風機で特許を出していました。東芝が円管をループ状にして十数か所の穴から空気を放出するのに対して、ダイソンは翼理論を考慮して巻き込み現象を巧みに利用して効率を高めて風量を増大させていました。空気の流れを上手に利用することで製品の性能が向上します。

　一方、空気の高速流れで、膨張現象を発生させて、大気温度20℃からマイナス20℃の低温空気を発生させる機器も製品化されています。これは空気の膨張に伴う低温化現象を上手に使っています。

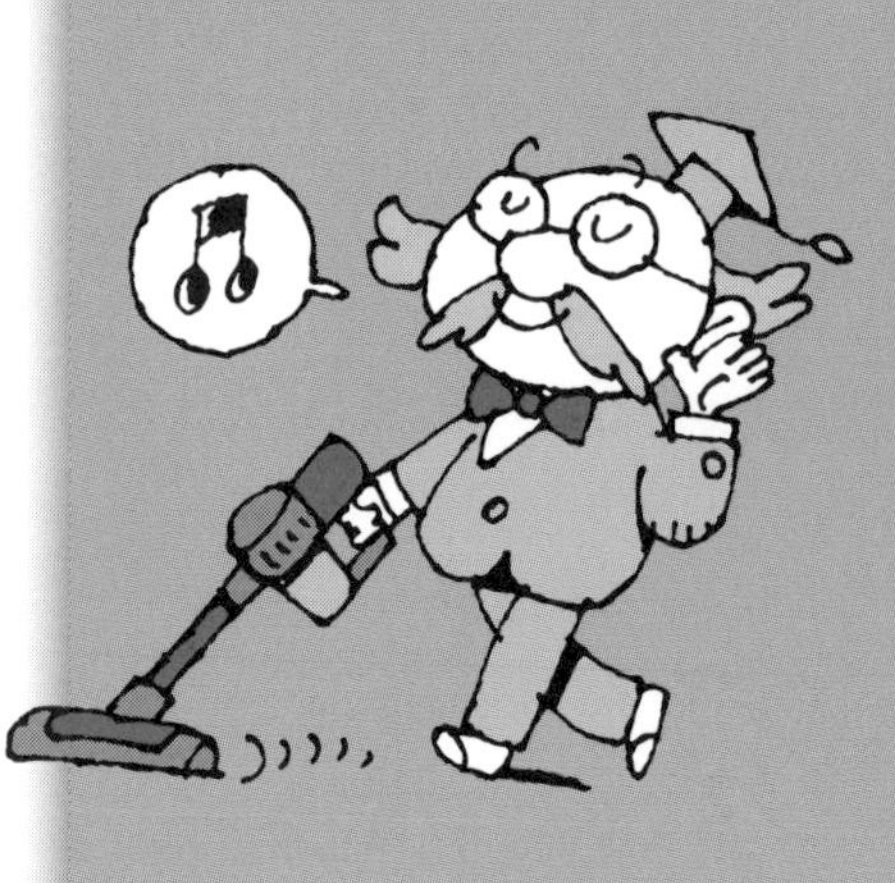

第8章

空気圧機器と要素

47 空気圧サーボ弁の分類と比例弁

精密・速応性が求められる分野への応用

空気圧サーボシステムを構成するには、センシングやアクチュエータのほかに、空気圧サーボ弁が必要になります。近年、柔らかさや熱や磁場が発生しないという空気圧の特徴から空気圧サーボ系が再評価され、ステッパー用精密除振台や医療福祉機器への応用が拡大しています。

空気圧サーボ弁とは、電圧あるいは電流のアナログ信号に応じて出力流量や圧力を連続的に制御するバルブと広義に定義できます。空気圧サーボ弁を大別しますと**図1**のようになります。実際は比例制御弁とサーボ弁の明確な差はありません。一般的に比例制御弁はコンタミに強いとも言われています。ノズルフラッパ形サーボ弁の特徴は感度が非常に高いものの、消費流量に難点があります。

比例制御弁には制御する対象によって、流量比例制御弁と圧力比例制御弁があります。圧力比例制御弁で流路を制御する主弁はスプール形とポペット形に分けられます。**図2**にスプール形空気圧サーボ弁（比例弁）の構造を示します。VCM（ボイスコイルモータ）によって、設置された磁石との間に力が発生し、一体となったスプールがスリーブの中を移動します。右端に設置されたセンサー部はセンサーコイルによってスプールの位置を計測しフィードバックします。供給口から入った空気圧は制御口に接続するかが入力信号によって決まります。スプールとスリーブの精度によって、ゼロ近傍で不感帯が多かれ少なかれ発生します。この制御弁の精度が空気圧制御系全体の性能を左右します。

図3にポペット形空気圧比例弁の構造を示します。前段にコイルによる駆動とピエゾ駆動が採用されています。スクリューではねのたわみを変化させるマニュアルの減圧弁に対応して、電空レギュレータとも呼ばれています。動特性はそれほど高くなく、1Hz～2Hz動作範囲での利用となります。

要点BOX
- ●比例弁とサーボ弁の明確な差はない
- ●流量比例制御弁と圧力比例制御弁
- ●サーボ弁の精度が制御系全体に影響する

図1　空気圧サーボ弁、比例制御弁の分類

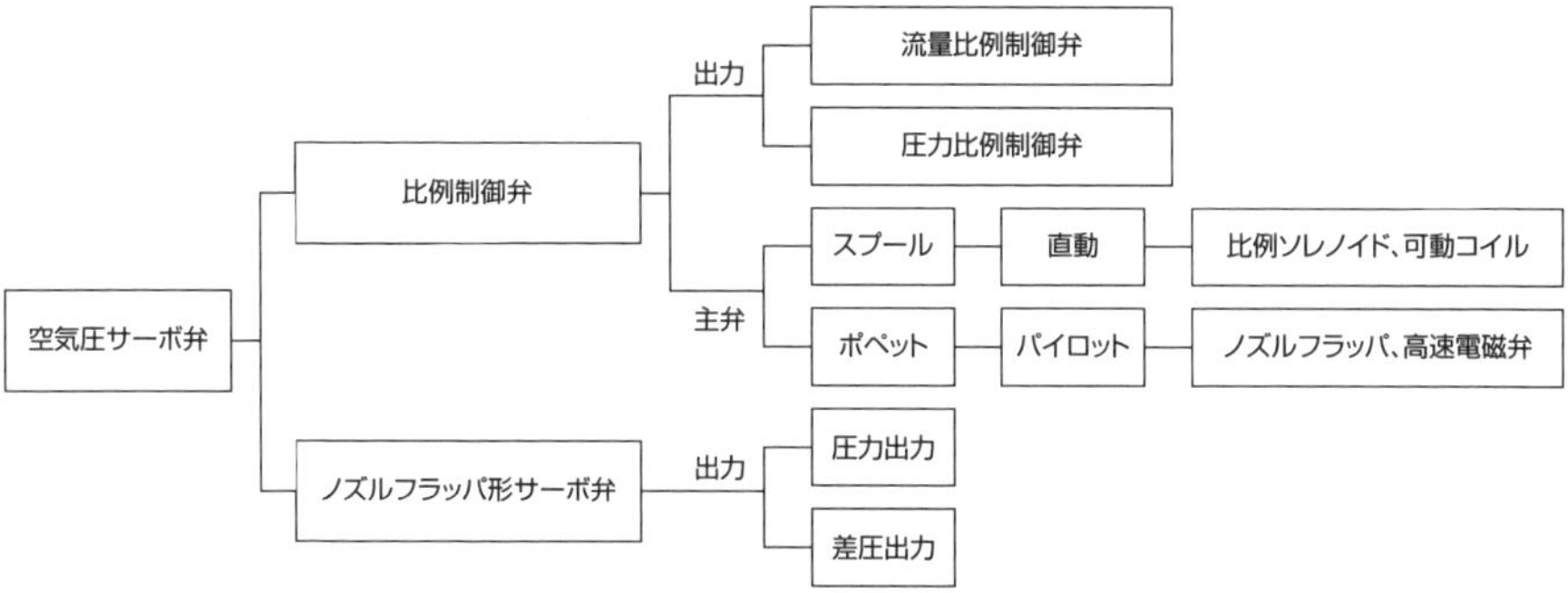

図2　スプール形空気圧サーボ弁(比例弁)の構造

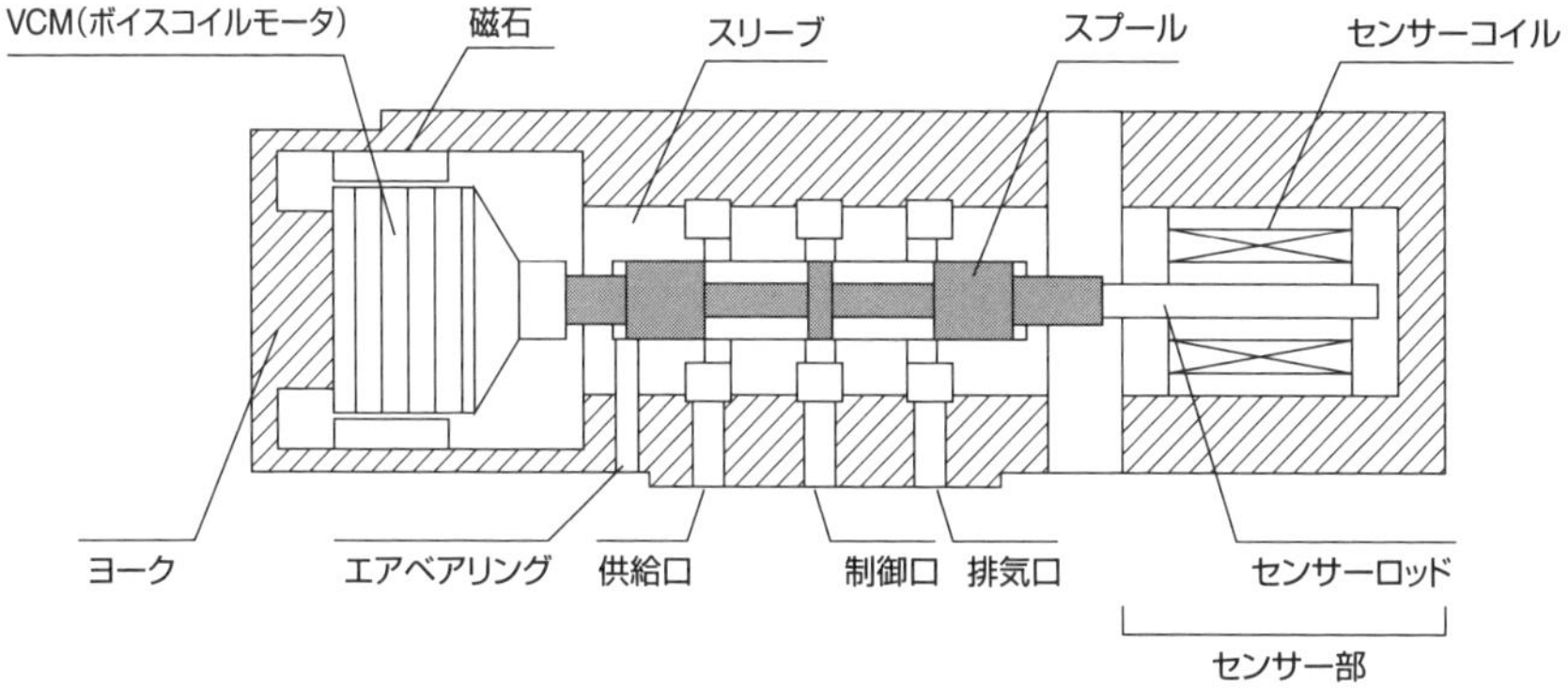

図3　ポペット形空気圧比例弁の構造

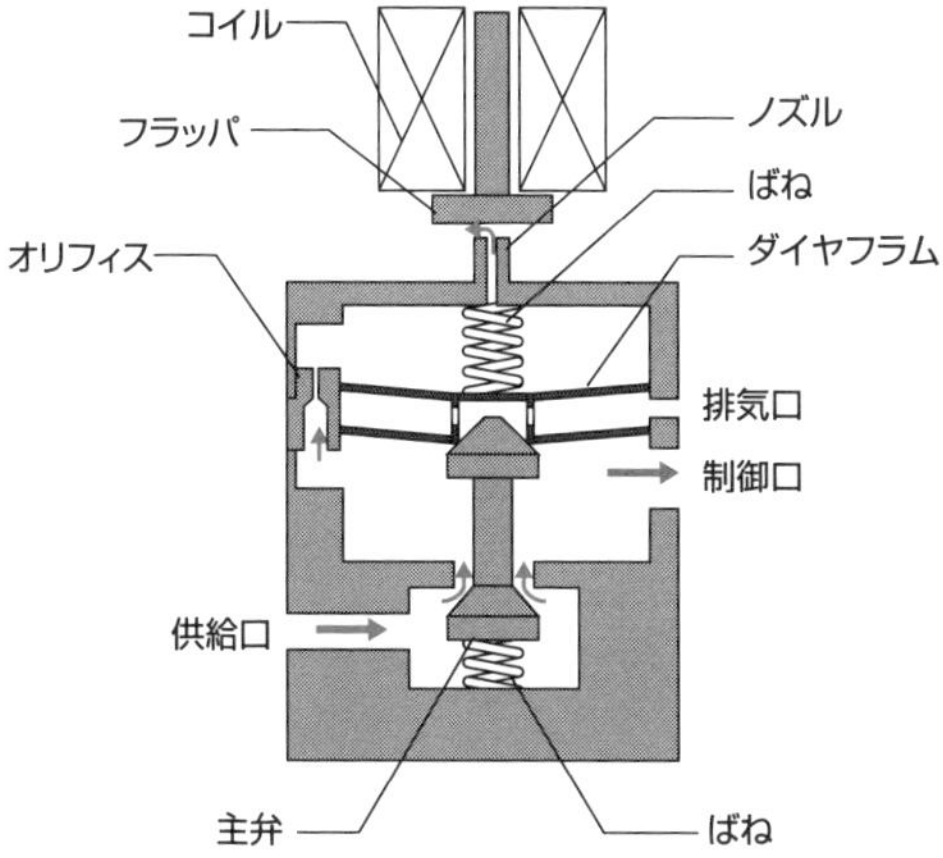

48 ノズルフラッパ形サーボ弁

空気圧サーボ弁ではコイルに電流を流し、**図1**、**図2**に示すようなフレクチュアビームのばねの力と平衡させ圧力を設定する利用法が最も多く利用されています。

図1には、ノズルフラッパ形空気圧サーボ弁を示します。最も単純なノズルフラッパ形の圧力弁です。サーボ弁と呼ぶには少し考えてしまうほど構造がシンプルです。これは病院やスポーツクラブ、家庭などで用いられる自動血圧計に内蔵され、適切な空気の最高圧力をノズルフラッパ形空気圧サーボ弁によって設定しています。

図2は高精度の圧力出力の双ノズルの3ポート弁を示します。トルクモータでフラッパを傾斜させ、ノズルとの隙間を調整することによって圧力を制御します。固定絞りがないため、単ノズルのタイプと比較して圧力および流量の出力範囲が広いなどの特徴を持っています。ノズルフラッパでは、流量が少ない場合にフラッパのロッドにスプールを組み合わせるタイプも実用化されています。

図3にノズルフラッパ形空気圧弁の原理図を、**図4**にはノズルフラッパ形空気圧弁の流量—圧力説明図を示します。ノズルフラッパの間隔X_nが入力電流によって狭くなるとG_2は少なくなり、P_cはより高い圧力で整定することになります。

サーボ系の場合は特に静的精度のみならず、動的な要素が重要になります。$\Delta G = a \Delta P_c$との平衡点における比例定数が定義できます。この流量ゲインの性格を有する比例定数aを用いて、時定数T_pが求められます。図4に示す時定数T_pは負荷容器V、ガス定数Rで定義されます。

空気圧ノズルフラッパ形空気圧サーボ弁は簡易な要素ですが、現場に強く、サーボ弁を含め多くの機器に使われています。また、動的特性についても解析が十分になされて、使い勝手のいい機器です。

要点BOX
- ●空気圧サーボ弁の中で一般的なのがノズルフラッパ形
- ●動的な特性も解析

図1　ノズルフラッパ形空気圧サーボ弁

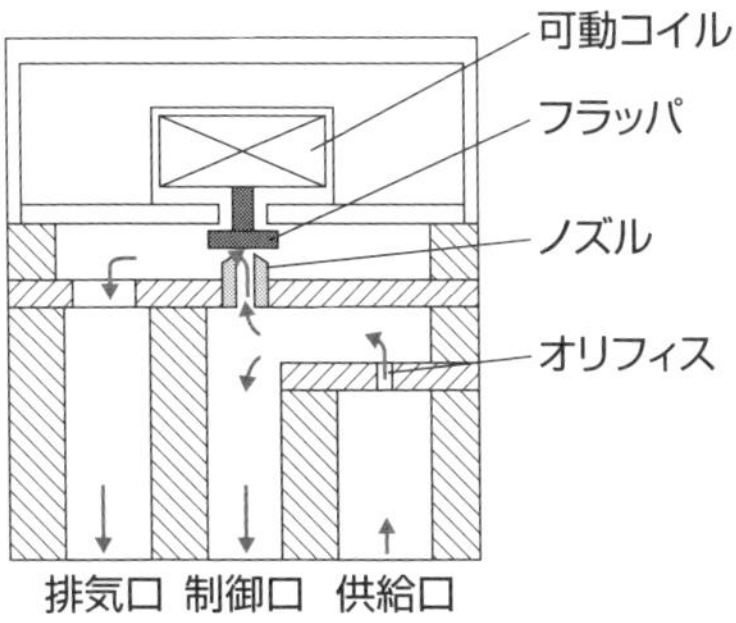

図2　圧力出力の双ノズルの3ポート弁

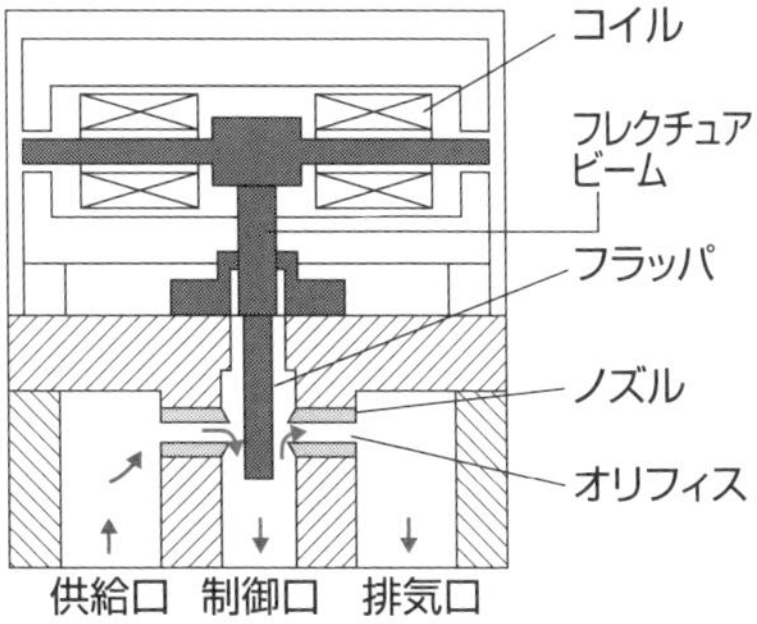

図3　ノズルフラッパ形空気圧弁の原理図

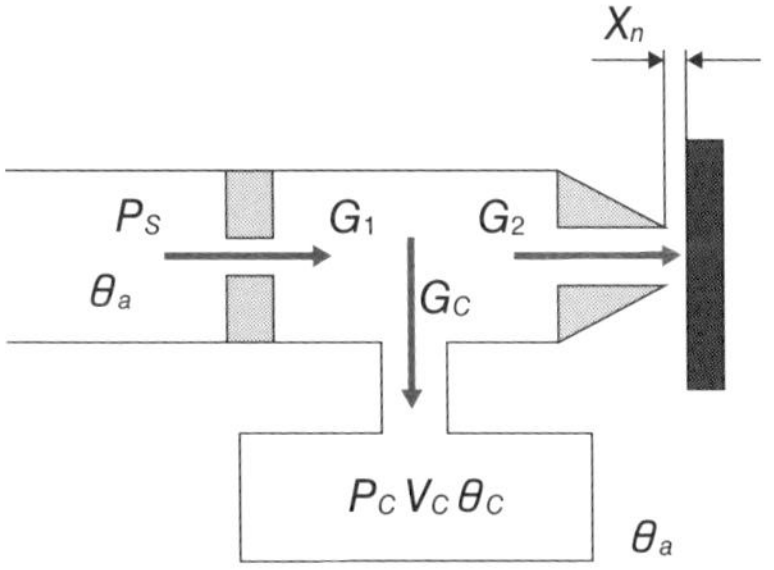

$$\Delta G = a \Delta P_c$$

図4　ノズルフラッパ形空気圧弁の流量-圧力説明図

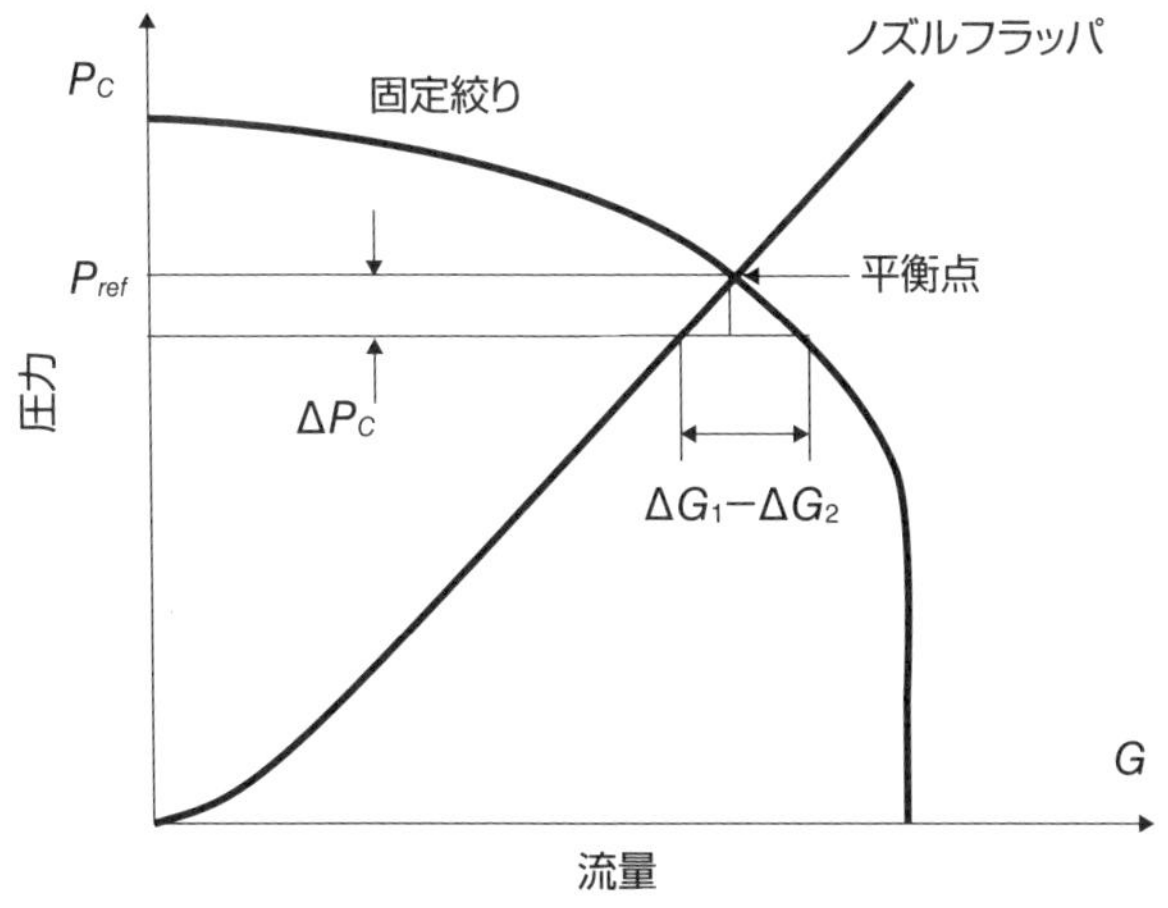

$$T_p = \frac{V}{a \cdot R \cdot \theta_a}$$

V:体積(㎥)
a:ΔG/ΔP流量ゲイン
θ_a:温度(K)

49 空気圧シリンダエンドクッション

ブレーキの役割

駆動系には、必ずその速度を止める機構が存在します。車や電車にもブレーキが欠かせません。空気圧システムにおいてこの役割を担うのが空気圧シリンダエンドクッションです。

図1に空気圧シリンダエンドクッション説明図を示します。この断面図からピストンの左右に円筒状の出っ張りがあるのが分かります。直径が20㎜以上の空気圧シリンダにはほとんど付いている機構です。ピストンが右方向に動くとシリンダエンドに近付き、円筒突起物はエンドクッション機構に突入し、φ50とφ24の間にあるドーナツ状の空間を圧縮することになります。この圧力上昇がピストンを減速させ、端面に衝撃的に衝突することを避けます。

この動作を確認するための空気圧シリンダエンドクッション実験装置に、変位計と加速度計を設置して、空気圧シリンダに負荷20kgを付けて落下させました。実験結果を見てみましょう（図2）。空気圧シリンダエンドクッションには空気圧絞りが付いており、これによって調整します。定常速度はメータアウト絞りで調整し、クッション部も第2のメータアウト速度制御と言えます。空気圧シリンダは端面に近付いて約0・3秒で、約10分の1に減速していることが分かります。クッションにシリンダが突入すると、クッション圧力は100kPaから一気に400kPaに上昇しています。温度変化を推定すると140℃以上上昇している計算になります。一番下の図は加速度計の出力です。上方向の3Gの加速度が観察され、速度が10分の1になった段階でも最終的に接触する段階でスパイクが加速度に発生しています。

φ20㎜以下のシリンダでショックを避けるにはゴム板が用いられます。φ2㎜のピンシリンダも採用されています。空気圧の特徴は利便性にありますが、速度の制御などは不得意です。また、エネルギー消費の多さや騒音も嫌われる要因です。

要点BOX
- エンドクッション機構の空間を圧縮して、速度を下げる
- 速度の制御は難しい

図1　空気圧シリンダエンドクッション

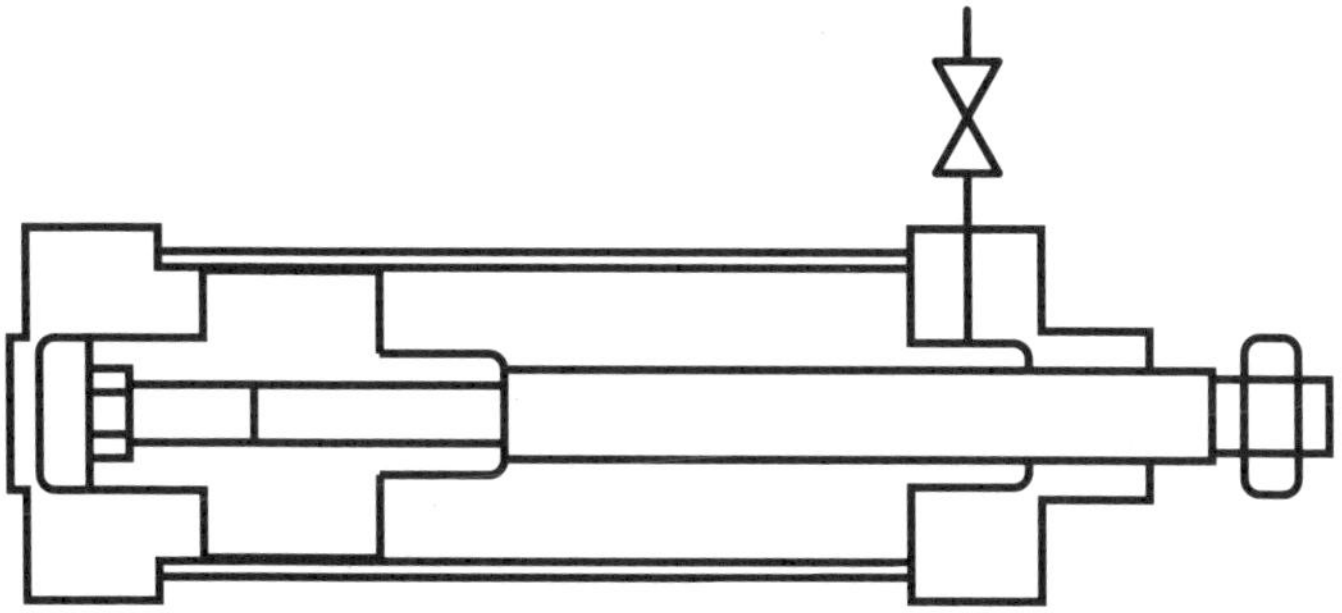

図2　空気圧シリンダエンドクッション実験結果

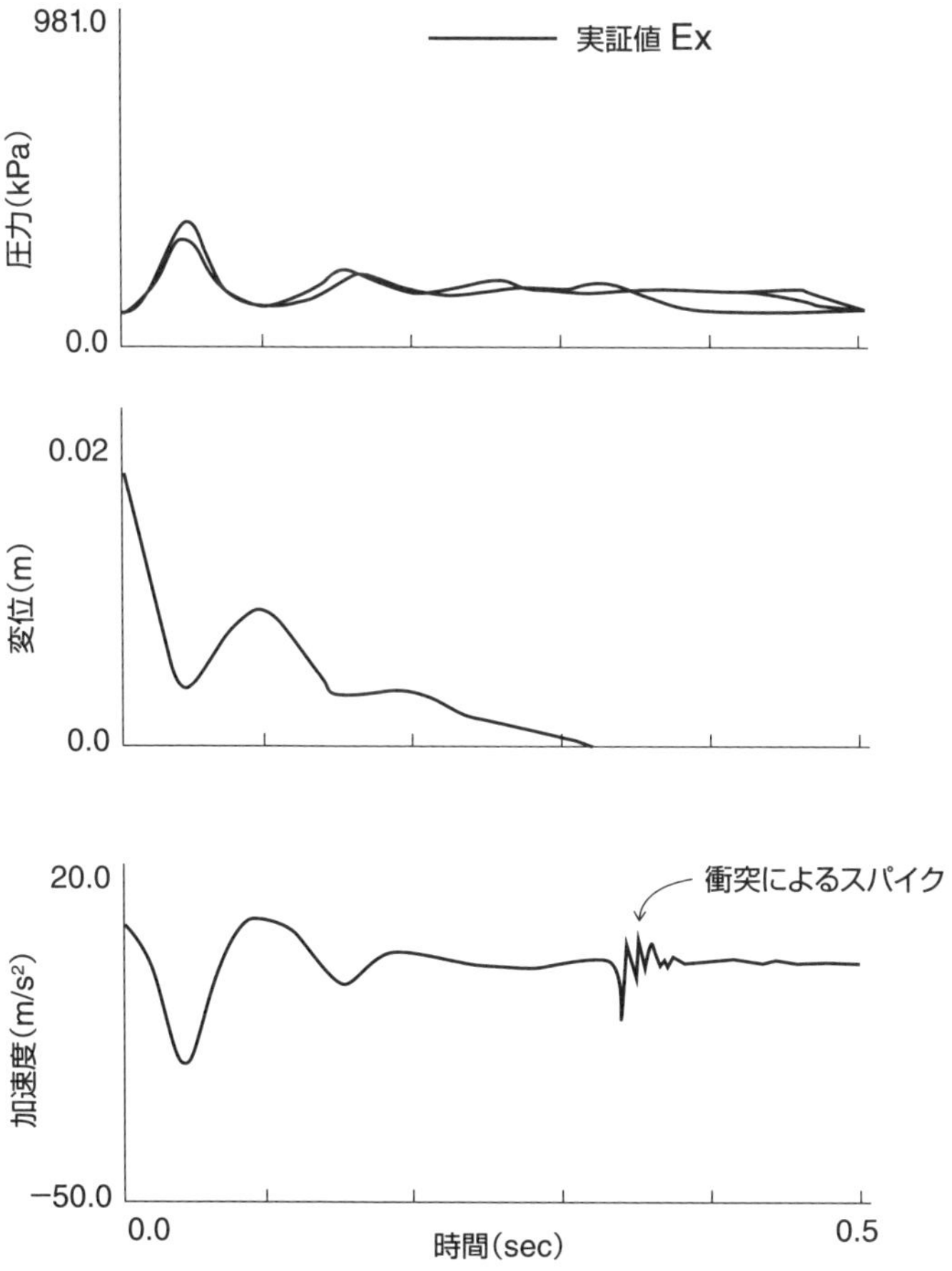

50 プロセス制御用調整弁

防爆性を有効活用

空気圧は自動制御装置の駆動に使われることが多いですが、その防爆性の特徴によって、扱われる気体や流体に燃焼性や爆発性がある分野で根強い人気があります。これらの分野はプロセス制御と呼ばれ、日本における産業の一翼を担っています。

石油精製技術では、原油を蒸留塔でさまざまな石油製品に精製します。揮発性、引火性の強いガソリンなどには火花といった火気は禁物のため、制御するバルブと自動調節弁のパワーを出す部分に空気圧が用いられています。一部に電動モータで開閉する電動弁もありますが、火気を嫌う環境では空気圧で駆動する調節弁が主流です。

図1に空気圧駆動調節弁を示します。中央部にある楕円形の駆動用空気圧ダイヤフラムの一方の部屋の空気圧を変化させて、その差圧とばね力によって弁を開閉させます。空気圧駆動調節弁用バルブポジショナー部では指令の入力信号に対して現在の弁開度が適切かを判断して、弁の開度を細やかに調整します。自動弁によっては弁の動きに対抗する摩擦力が数100Nの場合もあり、ポジショナーは重要なフィードバック空気圧機器です。

バルブポジショナーの心臓部には空気圧パイロット弁が用いられています（図2）。バルブステムは差圧による力によって上下に移動して弁を開閉し、空気圧ポジショナーを駆動します。多くの場合、電気入力は4mA～20mAでガソリンなどの引火性流体を爆発させません。

空気圧システムのバルブ、電磁弁の特性はJIS B 8390に示されますように音速コンダクタンスCと臨界圧力比bですが、プラント制御の調節弁はC_v値で示されます。C_vの歴史はアメリカの石油精製などの液体プラント用のバルブで差圧ΔPが1psi（6・895kPa）、流量をUSガロン／min（3・785l／min）で表した値を用います。

要点BOX
- ●空気圧で駆動する調整弁は燃焼性・爆発性のある分野で特に人気
- ●ポジショナーが弁の開閉を細かに調整する

図１　空気圧駆動調節弁

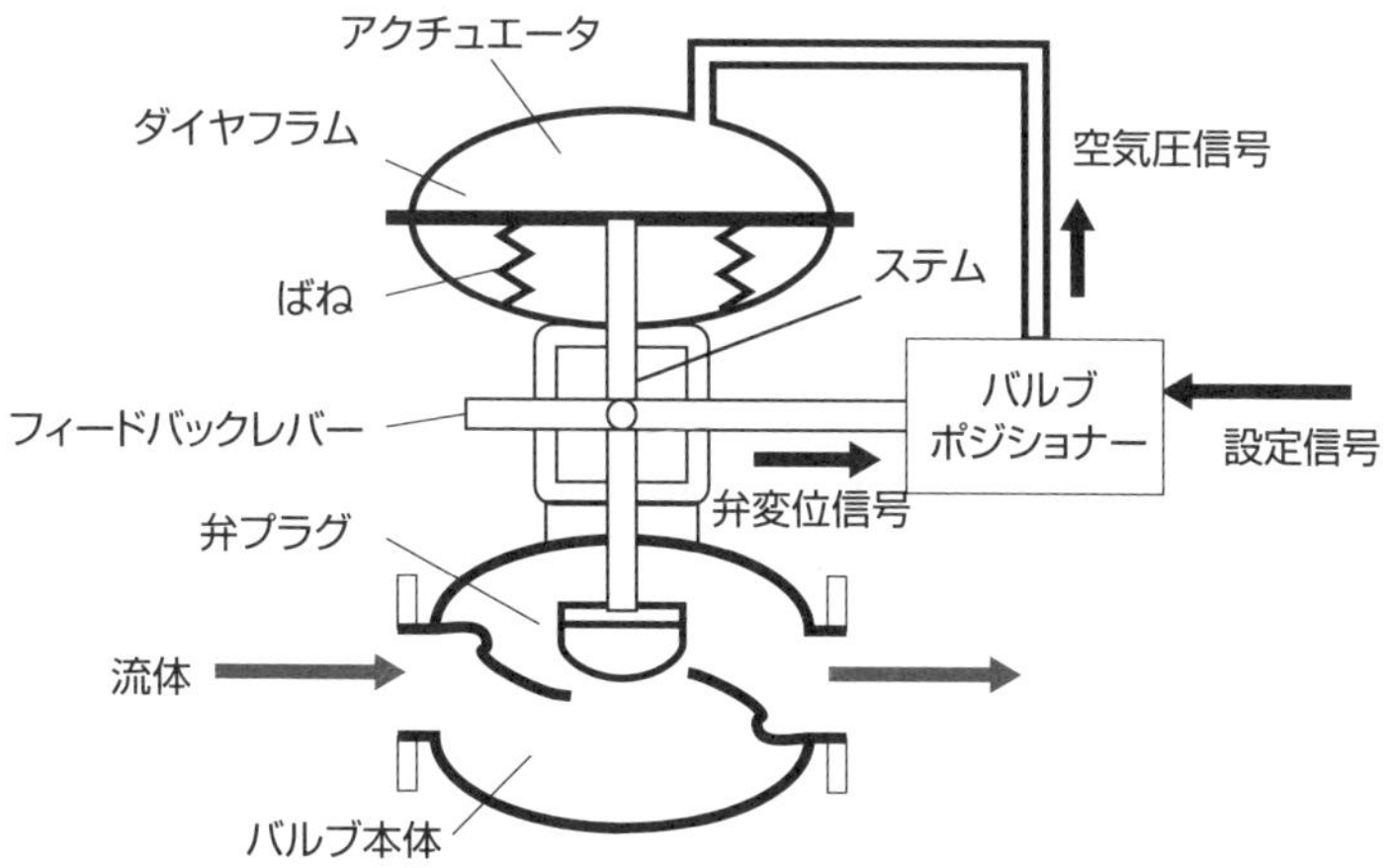

図２　空気圧パイロット弁

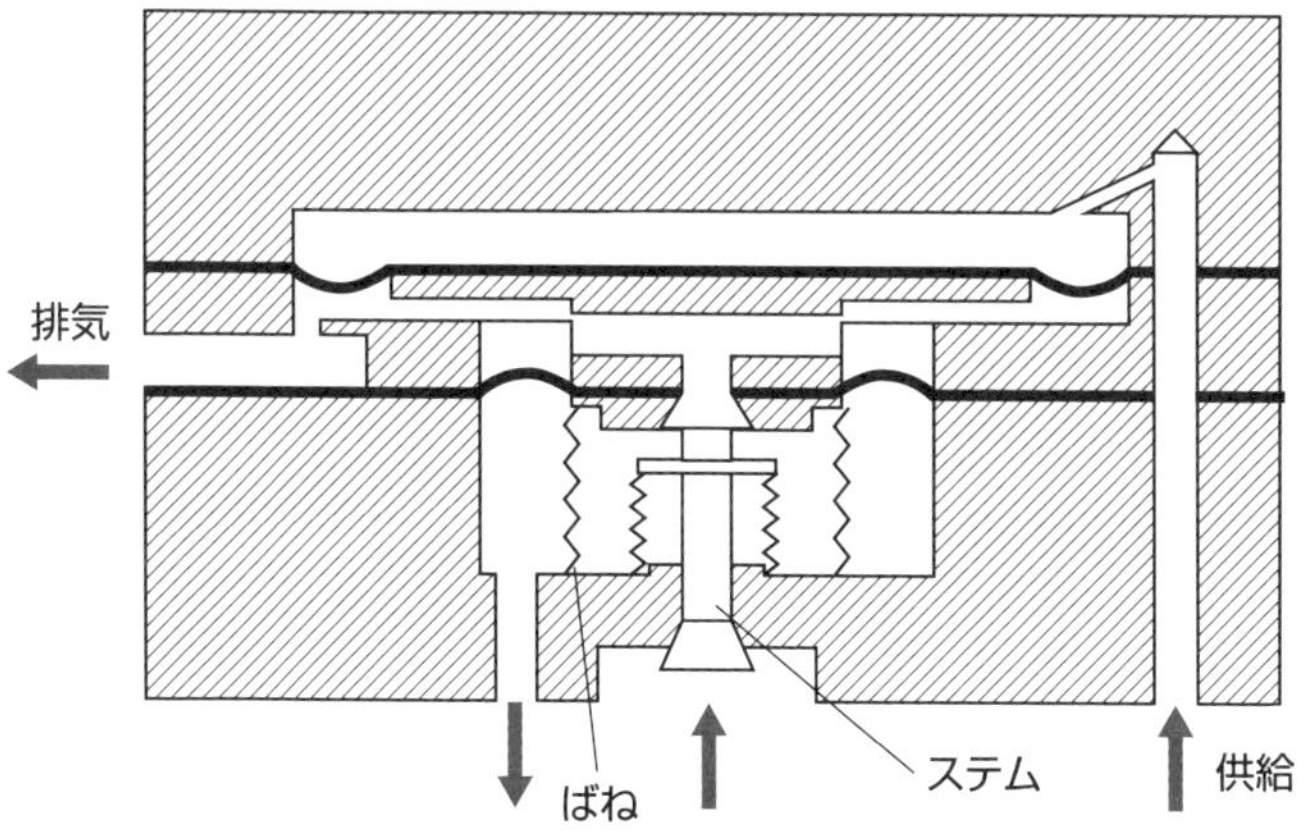

$$S_e = 5C$$
$$= 17C_v$$

S_e：有効断面積（㎟）

C：音速コンダクタンス

C_v：弁係数

51 ラディアルスリット弁

層流で行う空気圧抵抗

空気圧システムにおいて、空気圧の抵抗要素の性能は重要です。21項で解説したように、空気圧の特性は圧縮性のベルヌーイの定理をベースとする流量式で求められます。しかしながら、流れが乱流となる場合にはその流量にわずかながら脈動が重畳します。これに対して、空気の流れを層流で行う空気圧抵抗が提案されています。これがラディアルスリット弁です。隙間の間隔が40μm～50μmに設定してあります。このような狭い隙間の流れの場合は、圧力差が大きくても流れの状態が層流流れになります。

図1に断面図、**図2**に供給する圧力に対して流量がどのように変化するか示します。流量のカーブは圧力が高くなるにしたがって徐々に直線となります。この抵抗の内部の流れは層流で脈動がほとんどなく、極めて安定な制御が可能です。狭い隙間を流れる場合には音波が減衰して下流に到達しないという性質が観察されます。

図3にラディアルスリット弁の流れを理解するために、シュリーレン法を用いた可視化写真を示します。①は横から見た流れ、②は上から見た流れ、③はほぼ同じ流量を発生するオリフィス絞りの流れの様子です。③では放出した後に衝撃波が発生していることが分かります。それに対して、①と②のラディアルスリット弁では極めて滑らかな流れで減圧されていることが分かります。

産業プラントなどの産業界では乱流が主で、層流は教科書の中だけの話かと考える方もいらっしゃるかもしれませんが、層流は私たちの身の回りで多く使われています。層流と乱流については24項をお読みください。私たちの体内の血流は、層流をベースに流れています。産業分野では、三菱電機のロスナイという商標名で知られている全熱交換型換気機器は、層流を使って真冬や真夏のエアコンの負荷の軽減化が可能です。

要点BOX

- 乱流にはわずかな脈動が重畳する
- ラディアルスリット弁が滑らかな流れに減圧
- 層流も身の回りに多くある

図1　ラディアルスリット弁の断面図(直径60mm)

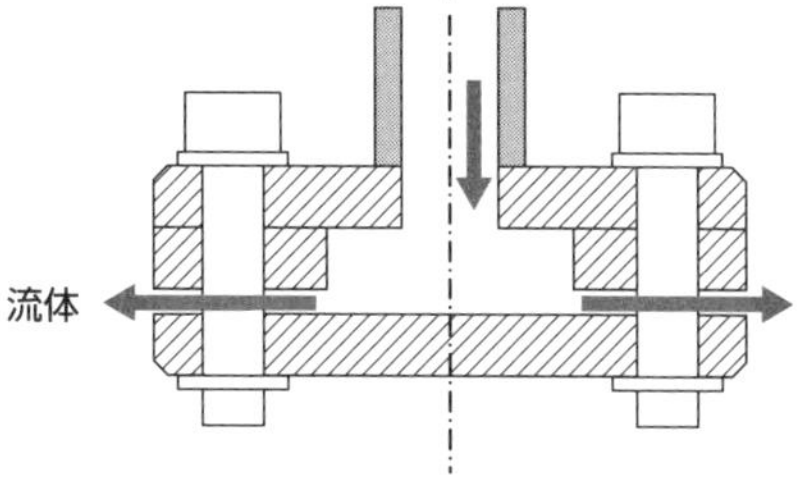

図2　ラディアルスリット弁圧力-流量特性

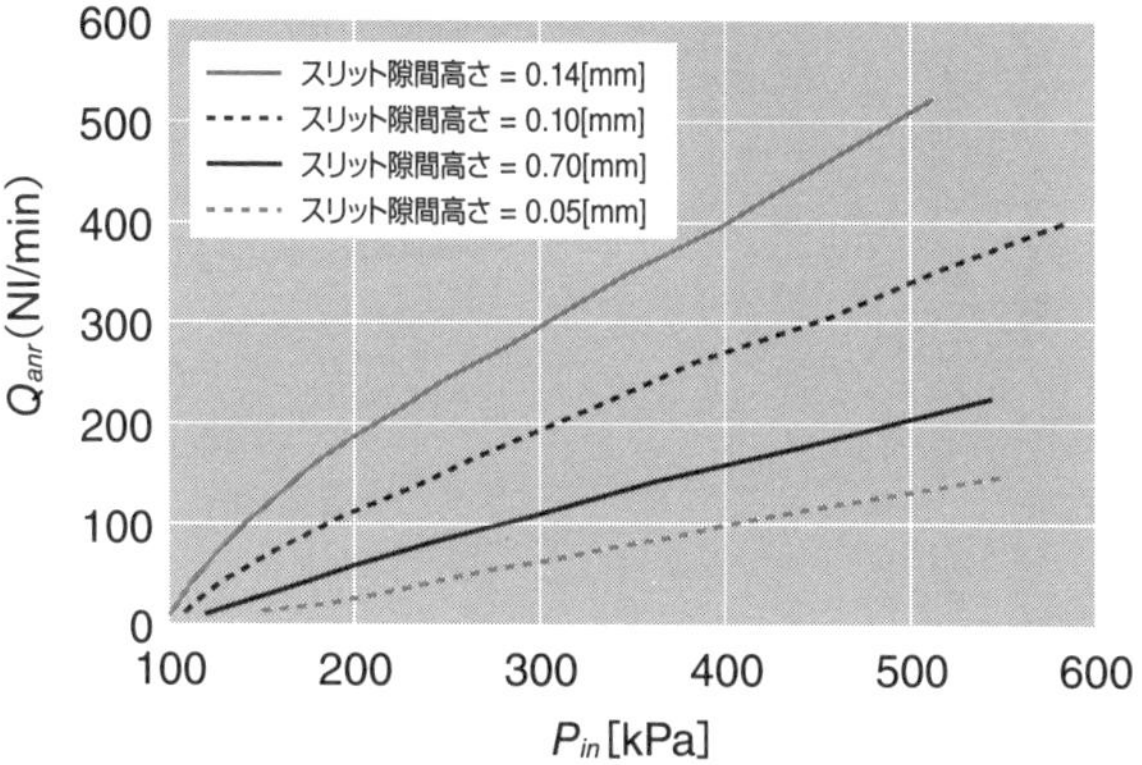

図3　ラディアルスリット弁シュリーレン法による可視化

●穴径1.8mmオリフィスの可視化結果

①上流側圧力600kPaの横方向

②上流側圧力600kPaの縦方向

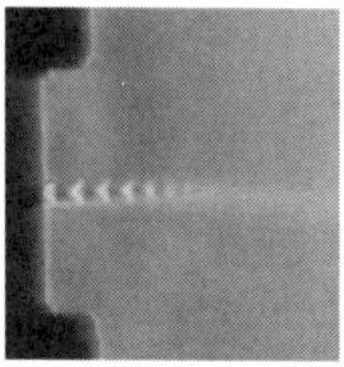
③上流側圧力400kPa

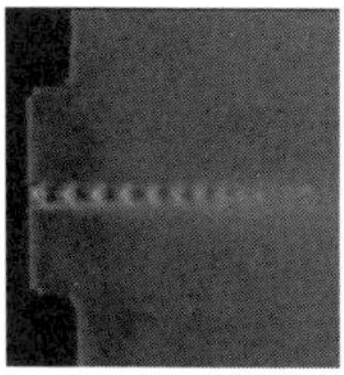
④上流側圧力500kPa

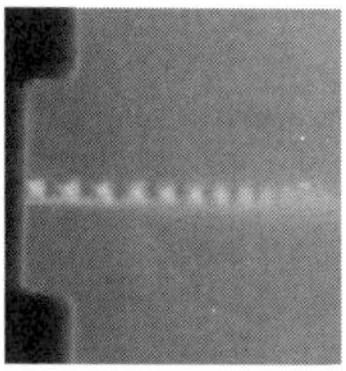
⑤上流側圧力600kPa

52 空気圧増圧器

省エネに貢献

　1997年の地球温暖化防止京都会議以降、空気圧の省エネルギー化の取り組みが進んでいます。空気圧システムの上流であるコンプレッサといった圧縮機の吐出圧を下げれば消費電力が下がるとして、産業界では自動車メーカを中心に圧縮機の吐出圧力が下げられました。ところが、空気圧は「何MPaが一番いい」という目安はなくケースバイケースで、利用するシステムに求められる圧力で動作するのがベストと思われます。現在のところ、産業界の組み立てラインではゲージ圧力が0・4MPaと下がってきましたが、鉄道車両では緊急ブレーキなどの動作のため0・98MPaとかなり高いゲージ圧力に設定されています。空気圧釘打機では、小型コンプレッサのタンク圧力は4・4MPa、動作圧力は2・3MPaに設定されているのが一般的です。

　多数の空気圧システムを用いる工程では、カシメなど一部の工程で利用するために高圧を供給すると無駄が多くなります。そこで空気圧増圧器の出番です。30年前に出した筆者の特許の空気圧増圧器を紹介します。数年前に実用化されました。

　図1に示す膨張形空気圧増圧器は、従来の増圧器に比べ、AとBの膨張室が加わっています。CとFに空気圧が加わってピストンが右に動く場合、高圧になっているDが従来型の増圧器では大気へ捨てられているのに対し、Aに結合してその残りのエネルギーを使って圧力を増すのが新型の膨張形空気圧増圧器です。

　駆動に使った空気を大気に捨てるのではなく、Bの膨張室に導き、次の工程のサポートをさせることが可能です。

　図2には、増圧比に対してエアパワーで効率を求めた場合の結果を示します。通常の増圧器が効率50%を下回るのに対して、高い効率が得られます。

要点BOX
- ●使う機器によって異なる吐出圧力
- ●無駄なエネルギーを抑える空気圧増圧器
- ●空気圧増圧器によって高い効率が得られる

図１　膨張形空気圧増圧器

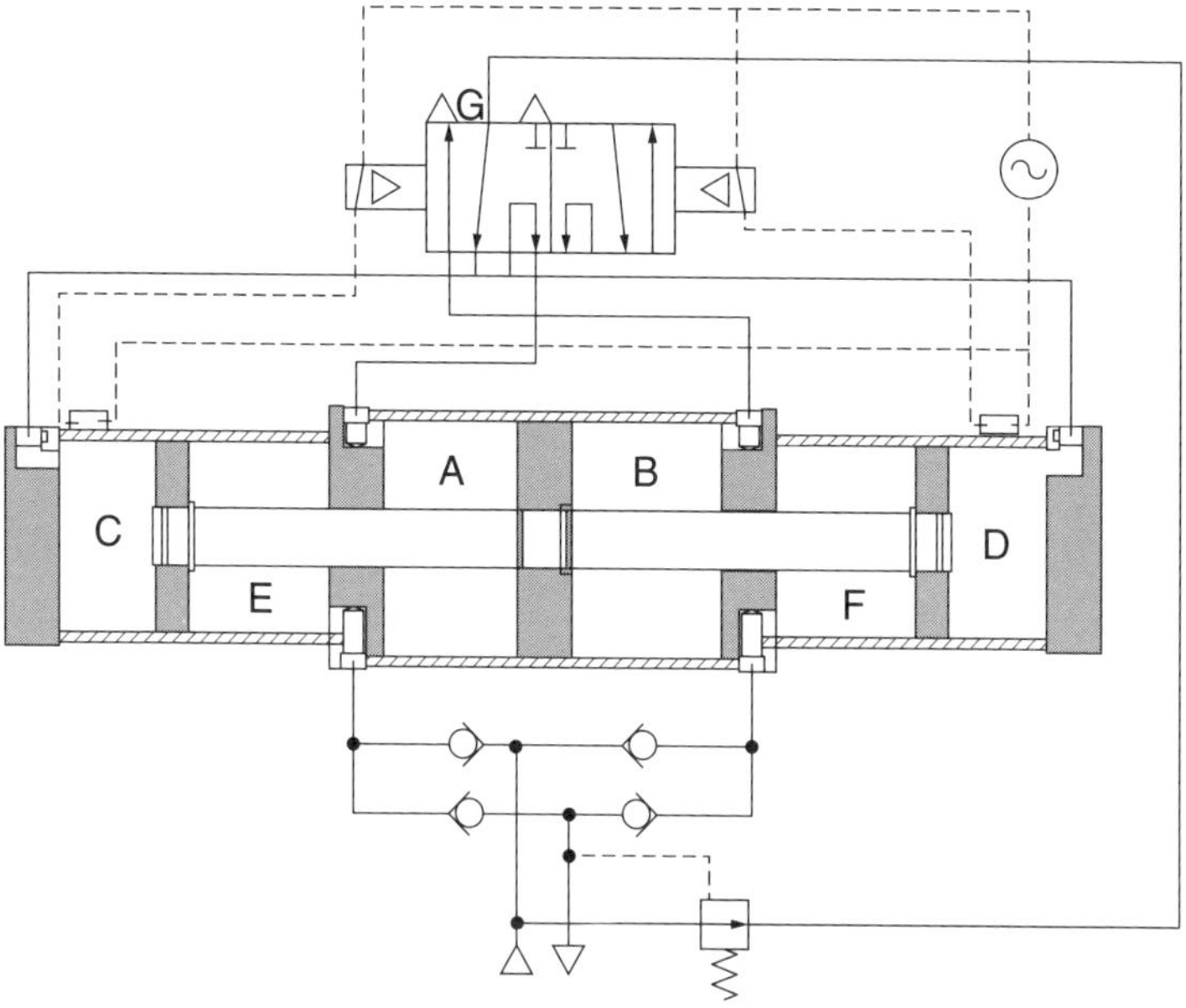

図２　膨張形空気圧増圧器の効率（解析結果）

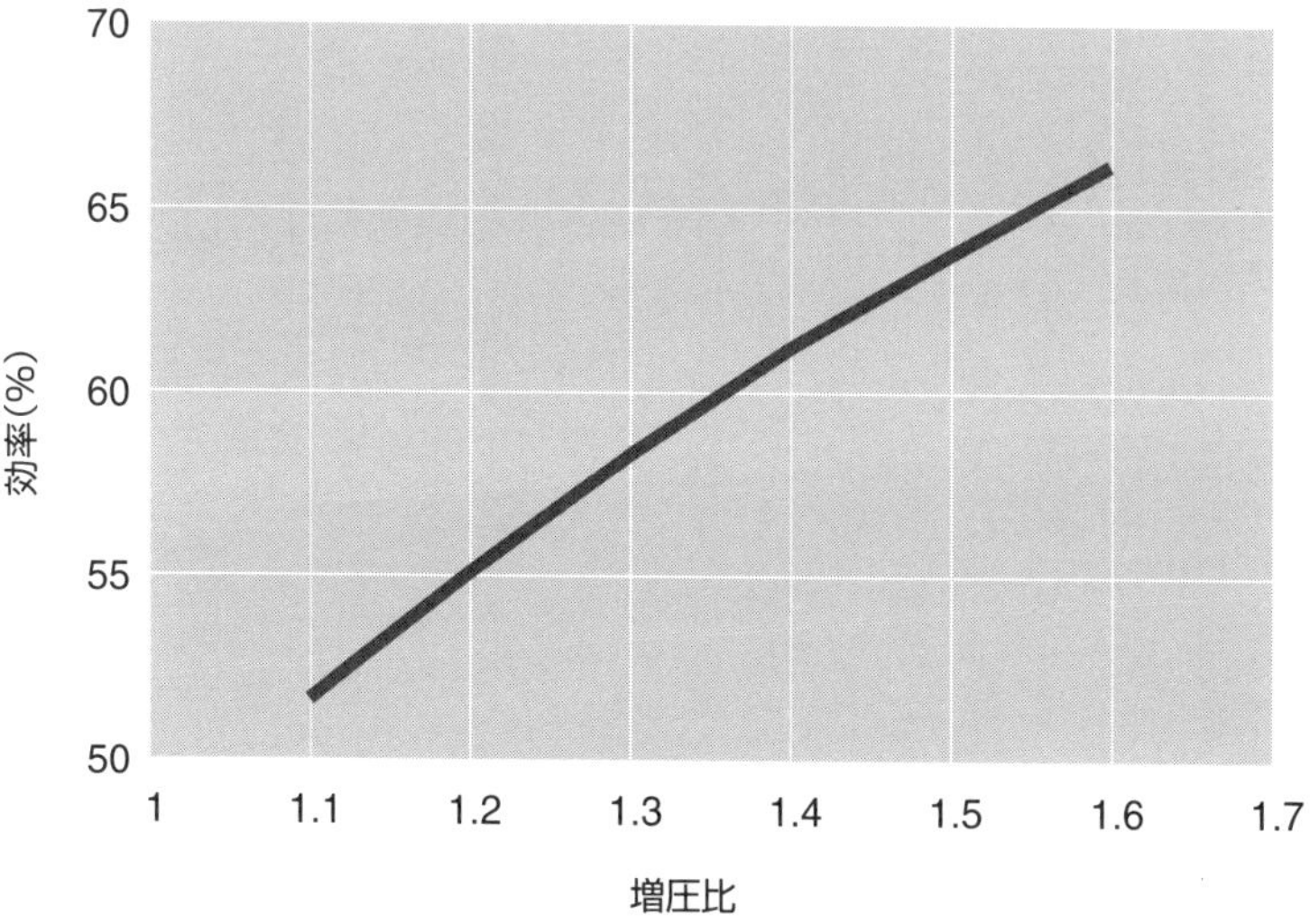

53 フルイディックス

付着と剥離を利用した流れの性質

フルイディックスとは、流体の運動によって信号を処理してその圧力を出力として利用する技術であり、可動部を持たない特徴があります。1960年から始まっています。

アメリカ陸軍の研究員であったE.Bowles、B.M.Horton、R.W Warrenの3人が渦流れ、流れの偏向および流体素子の付着を利用して、新型の真空掃除機やさまざまな機器の発明を試みました。これがフルイディックスです。フルイディックスは純流体素子とも呼ばれ、多くの応用を考えていました。

図1に論理形フルイディックスの概念図を示します。左側のポートから流入した空気は、上下の制御ポートから供給される空気圧レベルのかなり低い流体圧力によって、上下の付着壁のどちらかに移動します。センター位置にはスプリッタが設けられて、どちらかのポートから空気は放出されます。電気要素を使わずに、ブール代数などの論理判断を行うことが1960年代に研究されていました。

図2に論理形フルイディックスの立体図を示します。正直に言えばフルイディックスは古い技術です。しかし、付着と剥離を含む流れの性質を理解する際、極めて役立ちますので、紹介します。

流体ダイオードについてはN.TeslaやH.Coanda、L.A. Zalmanzonが付着ならびに剥離の応用について研究し、多くの特許を出しています。

図3に中山泰喜先生考案の渦形フルイディックス説明図を示します。フルイディックス本体内部の圧力によって負荷の状態をフィードバックして、連続的に発振させて水を散水する機能を持ちます。東北新幹線の線路の積雪が問題となる部分に用いられています。1980年代には、マイクロプロセッサーの出現とともに使用されることはなくなりました。

要点BOX
- 1960年から始まった技術。流体の運動を活用するため、可動部はない
- 東北新幹線の線路で活用されている

図1　論理形フルイディックス概念図

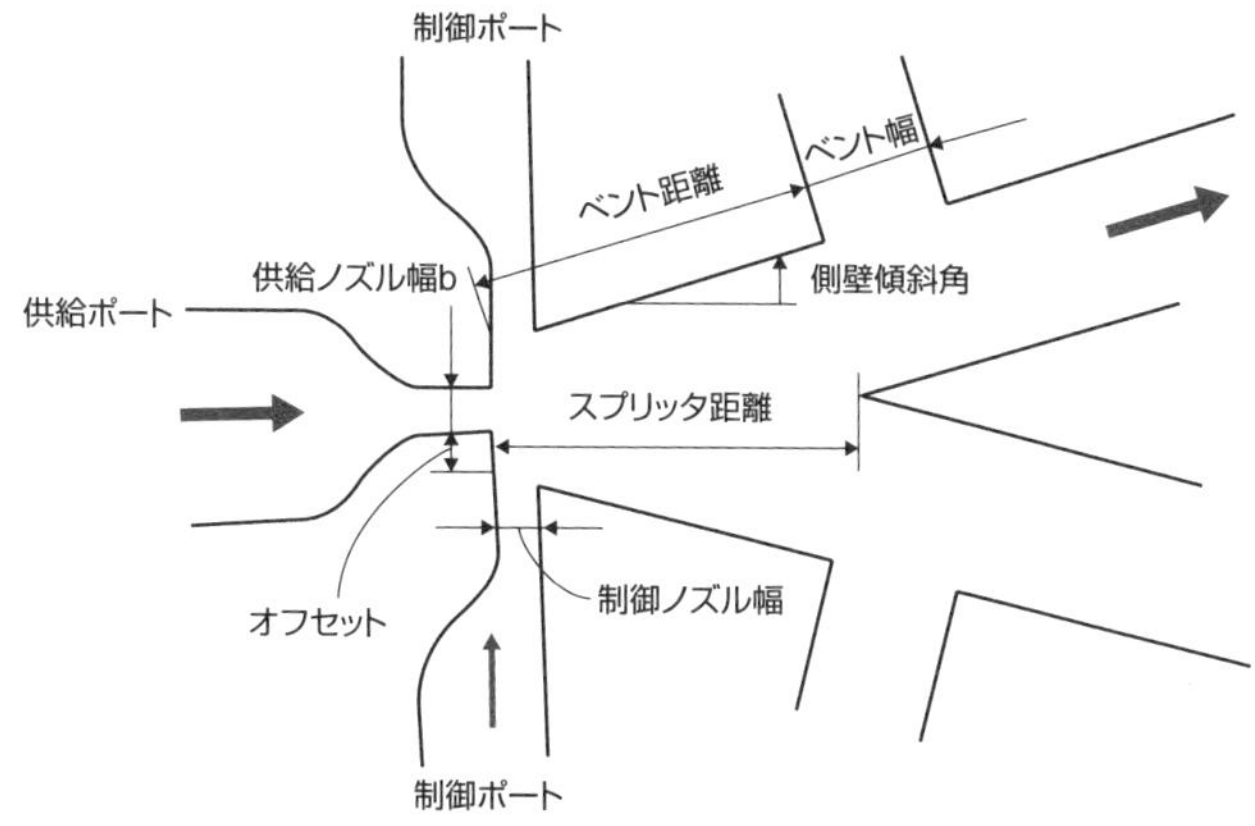

図2　論理形フルイディックス立体図

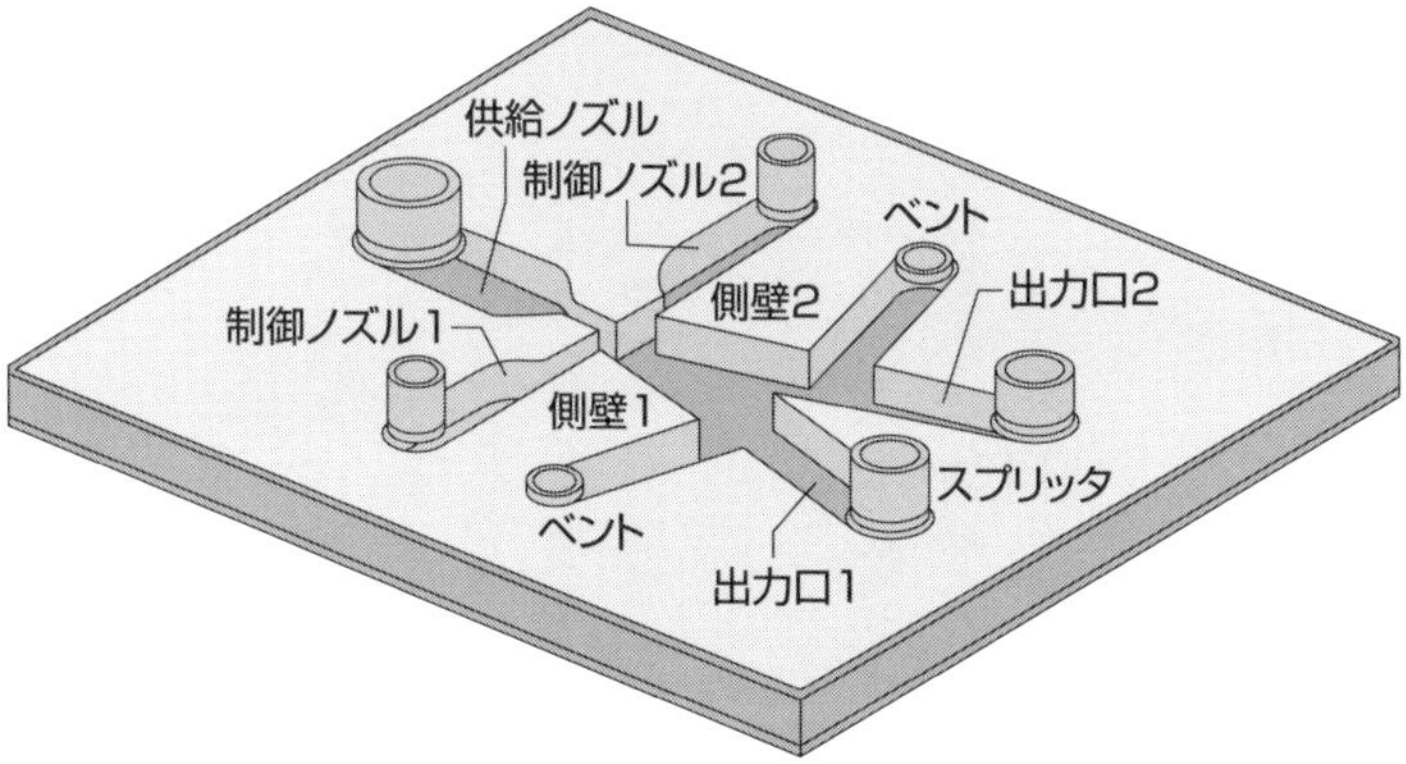

図3　渦形フルイディックス説明図

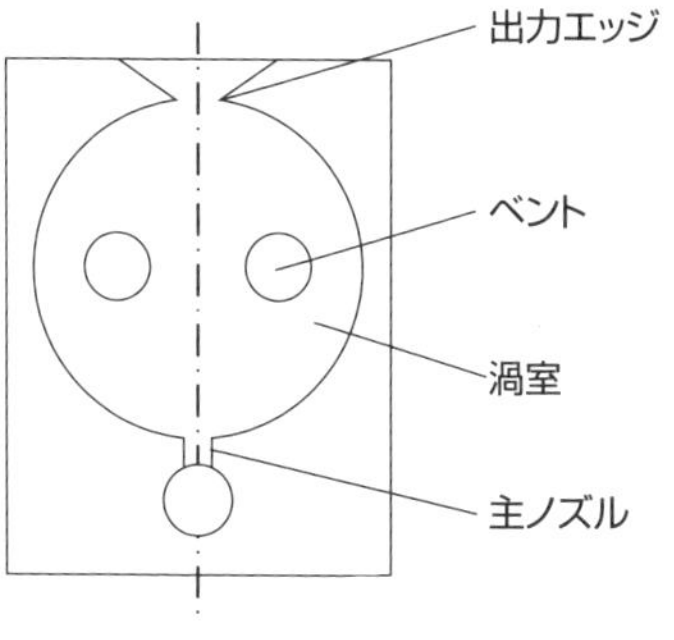

出典:中山泰喜

54 空気圧ゴム人工筋

軽量、高出力、そして柔軟

ゴム人工筋は軽量かつ高出力という特徴に加え、柔らかさをも備え、手術ロボットにも応用が期待されています（63項）。ここではゴム人工筋を等温化した駆動系の特性を紹介します。

図1にロボットに応用したゴム人工筋の例を示します。このゴム人工筋ハンドは建設機械のレバーを操作するために開発されたシステムです。

図2にゴム人工筋アクチュエータの実験回路を示します。

図3の静的特性の実験結果では、入力圧力Pと収縮率εを示します。

ゴム人工筋の空気圧を増加させるとゴム人工筋は収縮して、0・6MPaでは23％収縮していることが分かります。その後、ゴム人工筋の空気圧を減少させると伸びて、元の形状に戻ろうとしますが、約10％のヒステリシスが発生します。

図2には層流形流量センサの機器が、ゴム人工筋の間に設置してあります。この層流形流量計は高速高精度で流量計測することが可能です。この流量計の出力から、負荷の位置を推定できます。

ゴム人工筋を等温化することで、温度の変化を抑制し、静的力学の領域に状態を持ち込むことができるわけです。層流形流量計は約50Hzの固有周期で流量を計測できるので、ゴム人工筋の内部空気の状態変化が20Hzで等温状態となるならば、力学系の固有周期が最も低い周期となり、推定が可能になります。

ゴム人工筋は、初期の頃は文献を参照して試作していました。その後、タイヤメーカのブリヂストンがラバーアクチュエータPARMとして製品化し、空気圧比例弁とともに塗装用ロボット用として販売しました。その後、ブリヂストンは本業が忙しくなり、事業は独・FESTOに譲渡されました。

要点BOX
- ●手術ロボットへの応用に期待
- ●ゴム人工筋の空気圧を増圧すると収縮する
- ●等温化すれば静的力学の領域で推定できる

図1　ロボットに応用した拮抗形空気圧ゴム人工筋

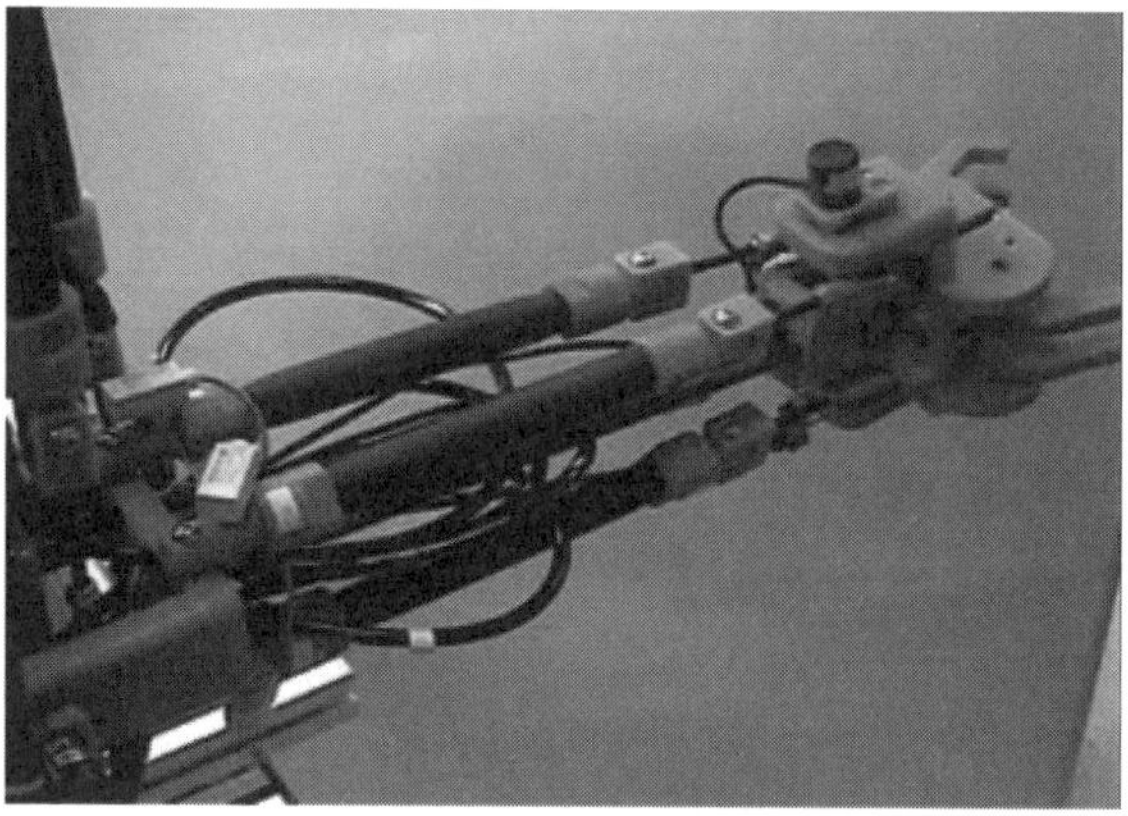

図2　ゴム人工筋アクチュエータの力学特性実験回路

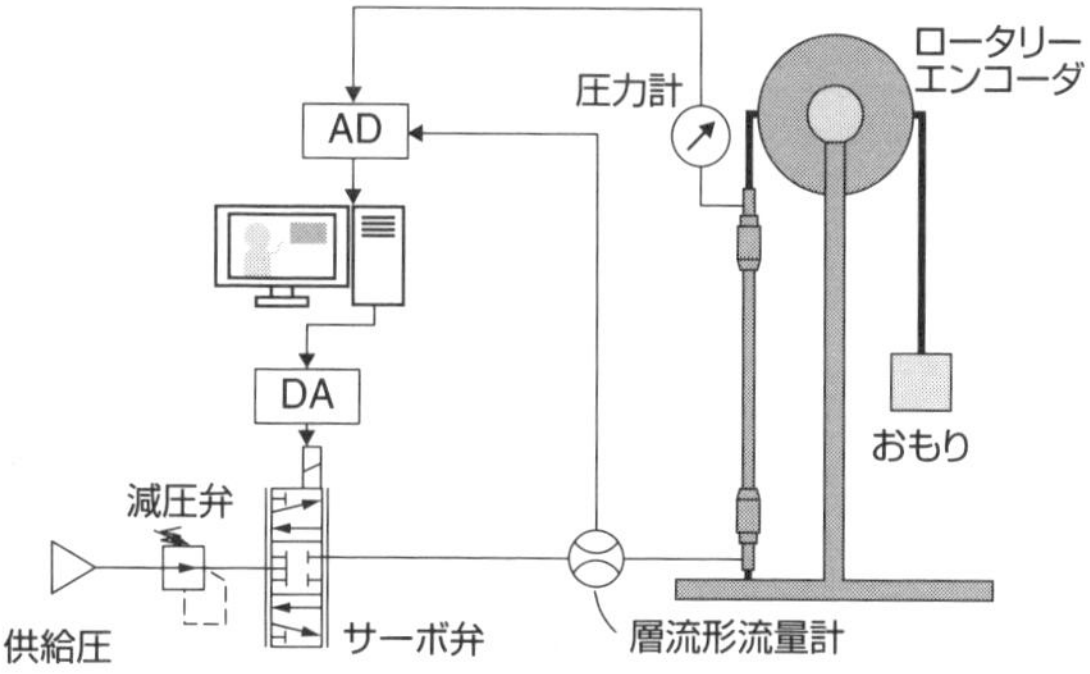

図3　ゴム人工筋アクチュエータの力学特性実験結果

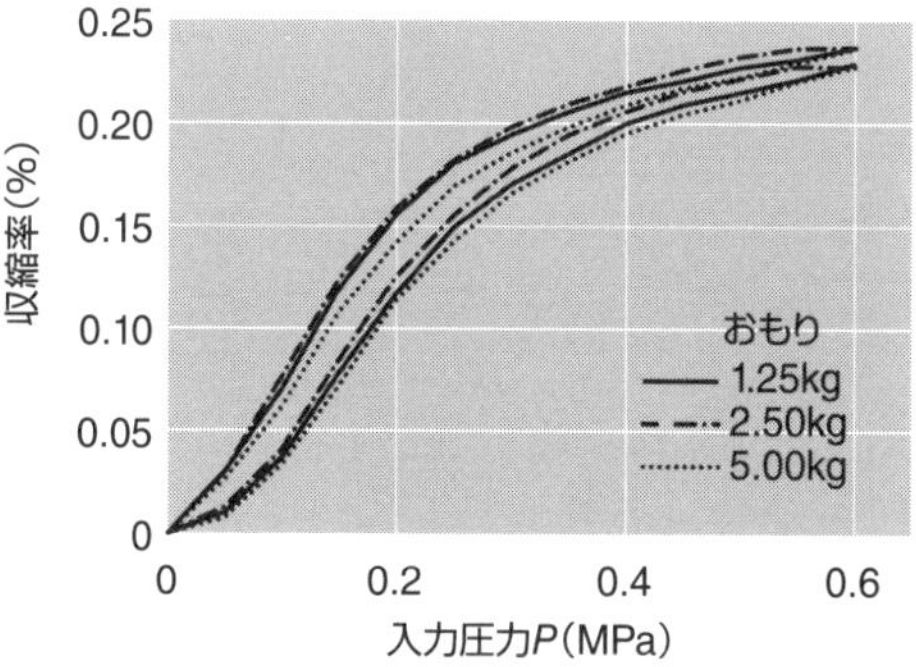

Column

空気圧を使って測る眼圧と血圧

空気圧を用いた血圧の計測方法については61項と62項で説明しますが、ここでは眼圧も空気圧を応用する計測というお話を紹介します。

眼圧を測るのは、主に緑内障の患者さんもしくは疑いのある方で約400万人が該当すると言われています。私の友人は40歳を超えて、緑内障で視力を失いました。眼圧は個人にもよりますが、通常10㎜Hg～18㎜Hgです。友人からは調子が悪いときは60㎜Hg～70㎜Hgにもなったと聞きました。このような圧力では瞼の上から指で触っても目玉が硬いことが分かるそうです。従って、目の裏側にある視神経が損傷を受けてしまいます。

空気圧を用いた計測方法はエアのパルスを目に吹きかけて、その変形具合を光学的に計測して眼圧を求めるものです。トノメトリー法とも呼ばれています。眼圧計測器が通販でも買えると聞いてサイトを覗いてみたら、フィンランド製では80万円程度で購入することができます。この商品は空気圧を用いるのではなく、毎回プローブと呼ばれる先の丸まったプラスチック棒を軽く眼球に接触させて眼圧を測る機器でした。空気圧を用いる眼圧計測器は非接触であるため、感染の心配がなく優れた方法と言えます。

一方、空気圧を使った血圧計測機は家庭や医療機関を含めて多くの需要があります。後ほど紹介するコロトコフ音法はその名の通り、音を検知して最高血圧と最低血圧を求めますが、最近の血圧計はオシロメトリック法が用いられています。この方法では空気圧の脈動を計測し、脈動開始と収束点の圧力から最高圧力と最低圧力を求めます。

また計測時間を短くするためにポンプによって加圧最中に計測を行ってしまう方法も提案されています。この場合にはポンプの脈動成分がオシロメトリック波形に及ぼす影響をフィルターによって除去する必要があります。

空気圧の応用として血圧計測が行われて約120年、眼圧計測は約80年が経ちますが、医療分野は空気圧応用の利便性が優れていると言えます。

第9章

空気圧の応用

55 空気圧の車両への応用

自動車、観光バス、新幹線

空気圧は工場などの自動化ラインに利用されるだけでなく、車両にも多用されています。乗用車のブレーキに用いられる真空倍力装置が有名であり、軽くブレーキを踏むだけで大きな制動力が得られます。動作する流体を大気から求められる特徴が活かされています。

このほか、トラックや観光バスのブレーキ部分に空気圧が用いられ、運転部と貨物部が分かれているトラックのブレーキ部分にも空気圧が用いられています（56項で詳述）。図1に観光バスの空気圧回路を示します。空気圧は、乗降客のためにステップの高さを低くする回路にも利用されています。観光バスのほとんどはエアサスペンション（エアサス）が用いられています。

図2に補助タンク付きエアサスの説明図を示します。ばね定数の変更には空気圧電磁弁が利用されます。高速走行の場合には硬めのばね定数にしたいなどと、車両の運転状況によって、エアサスのばね定数を変化させる必要があり、空気圧電磁弁によってばね定数の硬さを変更できます。図2のサブタンクとの電磁弁を閉鎖すると固いばねが実現します。しかしながら、空気圧管路を利用する必要があるため、長い管路を使う場合にはそのエアサスの特性が大きく影響を受けます（図3）。

トラックの制動装置にはエアオーバーハイドロリックブレーキ（AOH）という機構が、多く採用されています。これは空気圧ブレーキによって発生した空気圧を面積比が20のコンバータで油圧の10 MPaまで昇圧して、ブレーキ回路を動作させるものです。

JR東日本の新幹線には、車両のドア部分に空気圧格納式ステップが採用されています。ホームでドアが開いた際、車両とホームに隙間が発生しても安全性が確保できます。

要点BOX
- 車のブレーキ部に用いられる
- エアサスのばね定数は空気圧電磁弁により変更可

図1　観光バスにおける空気圧の応用

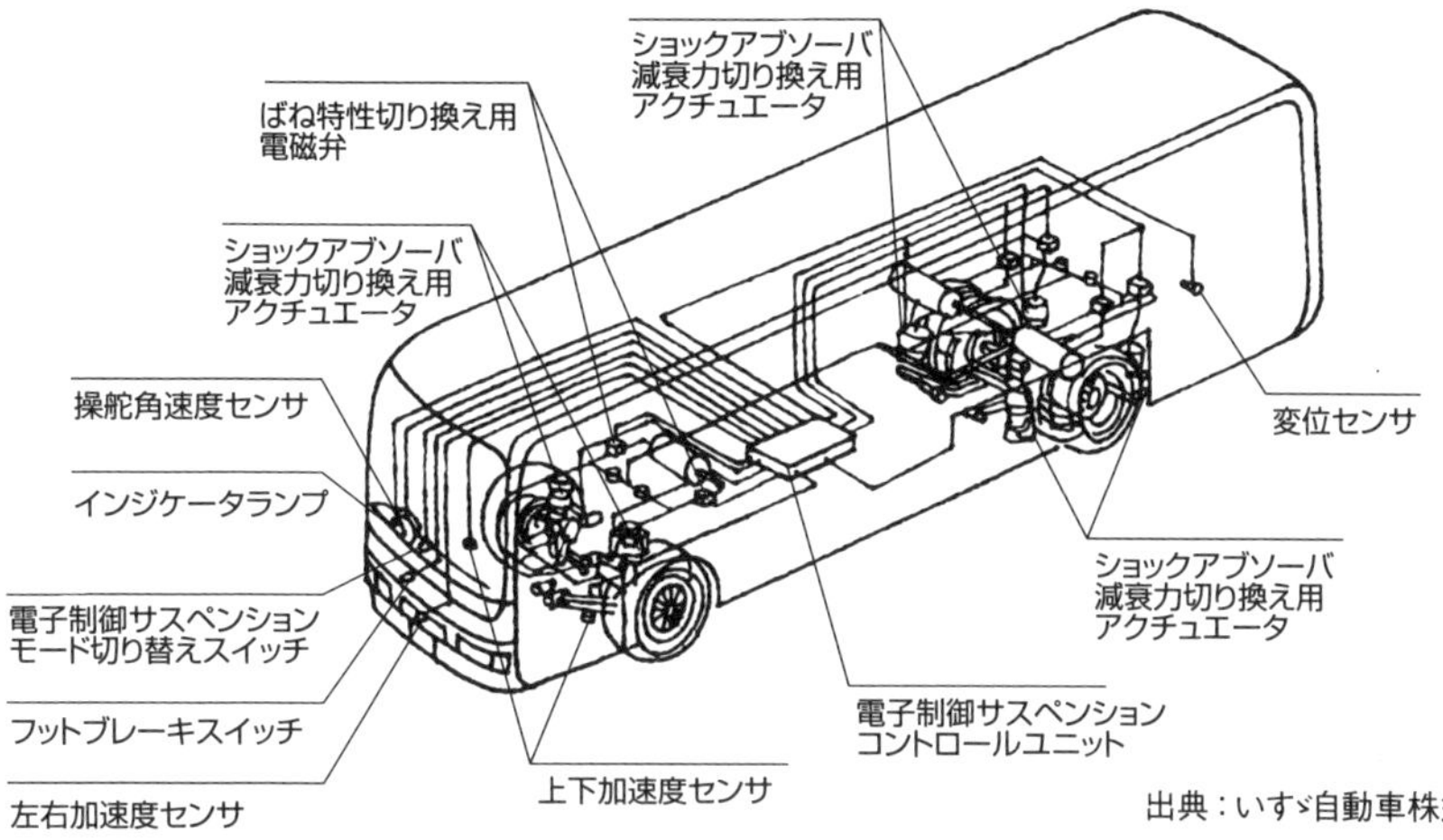

出典：いすゞ自動車株式会社

図2　車両における補助タンク付きエアサスペンション

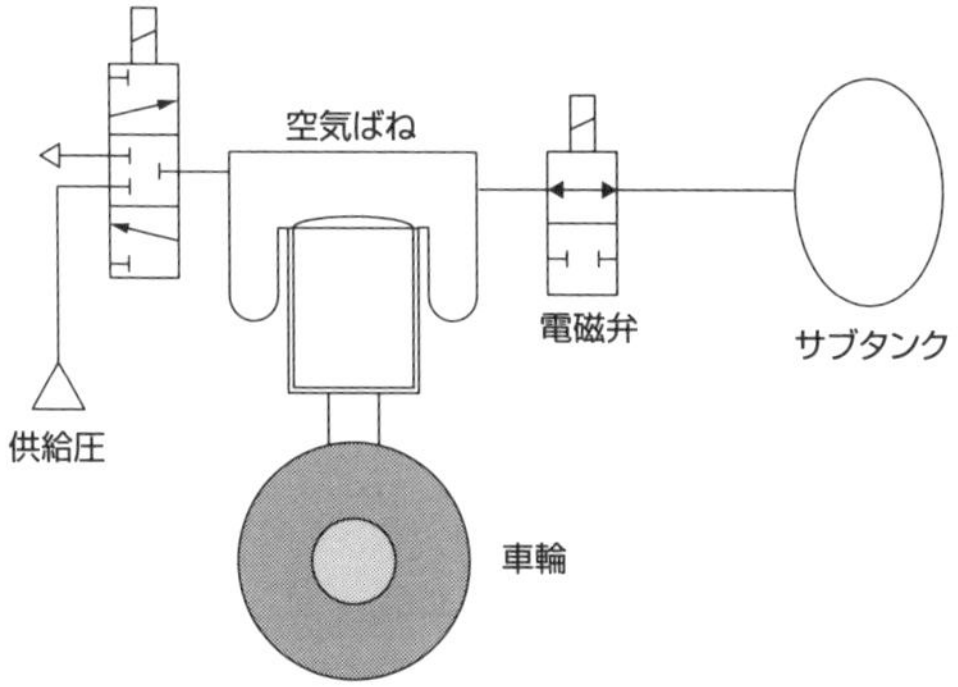

図3　エアサスにおける空気圧管路の影響

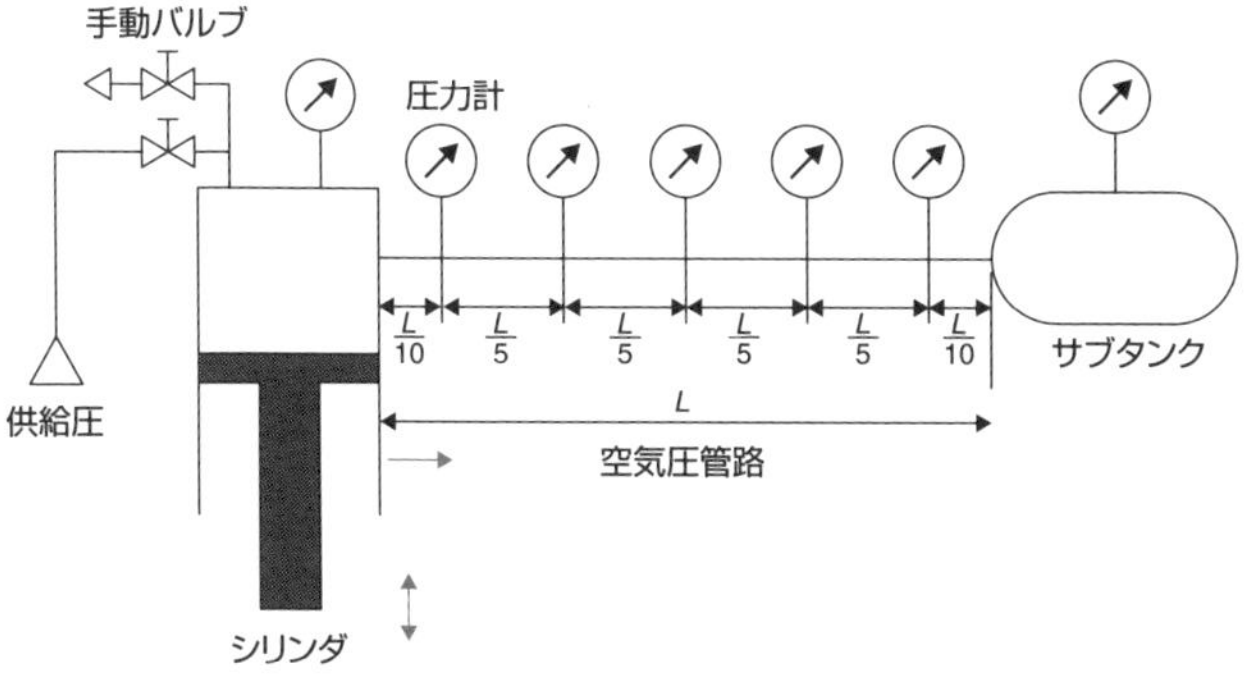

56 空気圧継手

ブレーキ力を制御する

前項に続いて、トラックの話題です。物流業界では「2024年問題」に直面しています。トラックドライバーの時間外労働の規制・改善により、労働時間が短くなります。効率性を上げるために、1台で大型トラック2台分の輸送が可能なダブル連結トラックの導入が注目されています。

こうした日本の物流を担う数十万台のトレーラーは、空気圧継手によってキャビンと荷台部分の着脱を行っています。また、空気圧継手はブレーキ力の制御の役目も担っています。空気圧継手の利便性は高いと言えます。一方、半導体や自動車などの製造装置においても、空気圧機器や空気圧配管と並んで、空気圧継手も使われています。

JIS(日本産業規格)における正式名称は、熱可塑性樹脂チューブ用プッシュイン継手です。押し込むだけで固定が完了する、極めて便利な要素です。**図1**に示すように、押し込むと中の爪がチューブをロックして抜けなくなります。また、まわりのリングを押すだけで爪が引っ込み、容易に外せます。多くのメーカが製作して、ニッタはプッシュワンというシリーズで展開しています(**図2**)。

ホースを外したときに漏れないようなカプラ(連結器)も用意されています。**図3**にワンタッチカプラを示します。圧力がかかった状態ではかなりの操作力が必要です。また図でも分かるように、円錐形状の逆止弁が内蔵されているために流体の通路がかなり狭くなっています。流体抵抗が大きくなって、流量計算に考慮が必要です。

流体抵抗の算出のためには、圧力計と流量計が必要で、JIS B 8390-2の等温化圧力容器による放出法を利用すると短時間でかつ省エネルギーで有効断面積、音速コンダクタンスCを求めることが可能です。運動する部分に空気を供給する場合には、コイル状のホースが利用でき、大変に便利です。

要点BOX

- ●物流の効率化を支える空気圧継手
- ●簡単な機構で使いやすい
- ●流体抵抗の算出には等温化圧力容器放出法を

図1　熱可塑性樹脂チューブ用プッシュイン継手

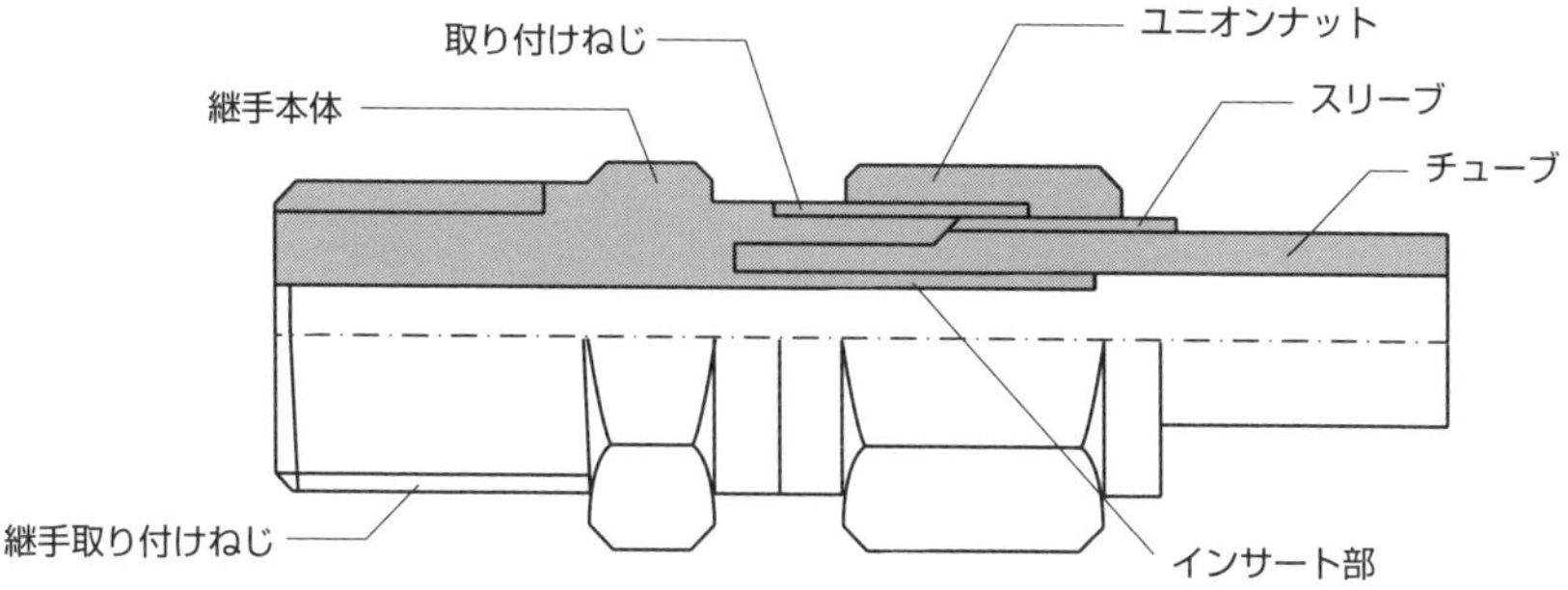

図2　プッシュワンの構造図

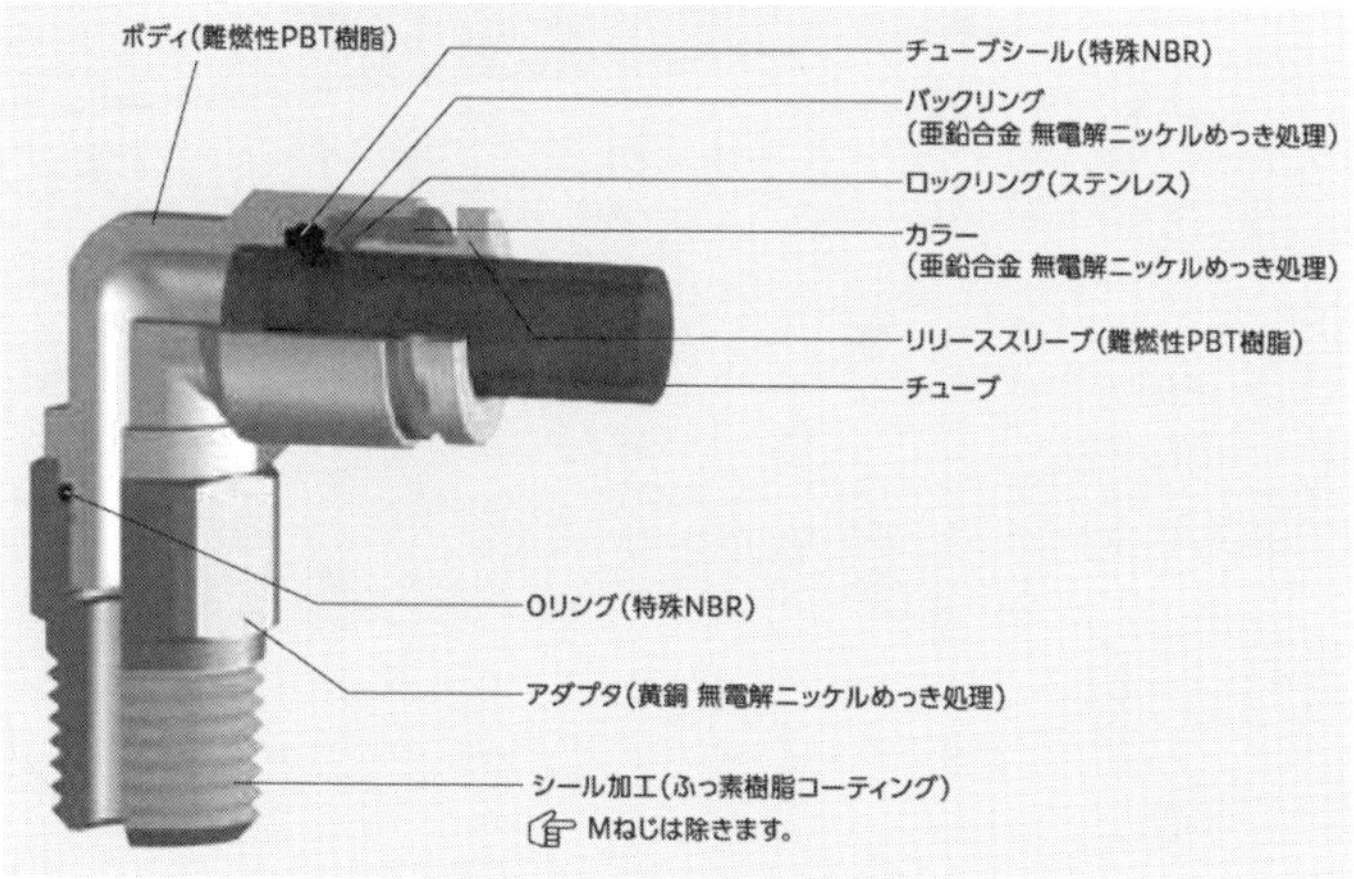

提供：ニッタ株式会社

図3　ワンタッチカプラ

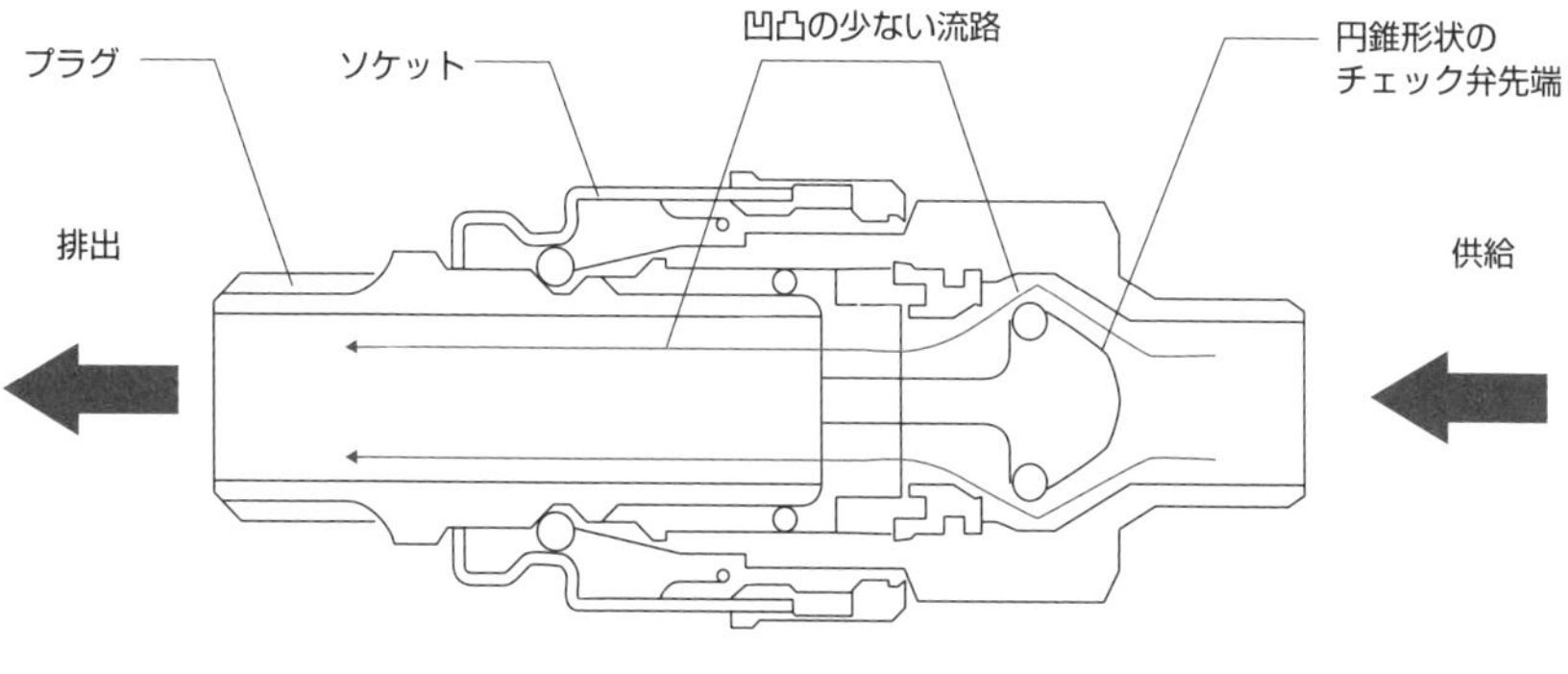

57 エジェクターを用いた真空トイレ

少量の水で済むカラクリ

2010年頃から鉄道車両や高速バスに真空トイレが設置されるようになりました。この真空トイレシステムの空気圧回路にはエジェクターが用いられており、負圧によって臭いが回収されます(41項に詳述)。図に真空トイレの空気圧回路を示します。

通常のトイレでは、1回流すごとに5ℓ～6ℓの水を使用します。これに対して真空トイレは、1回につき0・2ℓ～0・3ℓの水で処理できます。そのカラクリを説明しましょう。

回路図の中の太線は水の配管です。便器に導かれています。洗浄ボタンを押すと、エジェクターへの空気圧がエジェクター用電磁弁によってかけられます。鉄道車両の場合、1・0MPaに近い圧力がかけられるので真空が発生し、予備汚物タンクの圧力がおおむね40kPaまで下げられます。

予備汚物タンクの減圧とともに加圧された水が、加圧用電磁弁①によって便器に供給されます。予備汚物タンクの圧力が十分に低下すると電磁弁①が作動し収集口開閉用シリンダが開き、差圧によって汚物を吸引します。次に、吸引された汚物は加圧用電磁弁②によって正圧が予備汚物タンクにかけられ、廃棄タンクに押し出されます。そのとき、電磁弁②が予備汚物タンクから廃棄タンクへのバルブアクチュエータに作動して汚物がbを経由して排出されます。

予備汚物タンクが5ℓ～6ℓであるのに比べ、廃棄タンク容量はおおむね800ℓの容量があり、汚物の重さと処理水をあわせて300～400回の使用が可能です。

それぞれの電磁弁の放出ポートにはサイレンサーが付けられ、大きな音を出さないよう工夫されています。一番の肝はエジェクターを用いて真空圧を発生させ、この差圧によって汚物を特定の空間に移動させ、また臭気を回収する点にあります。

要点BOX
- ●エジェクターによる負圧で臭いを回収
- ●音の問題にはサイレンサーで対応
- ●真空圧との差圧で汚物を移動させる

真空トイレの空気圧回路

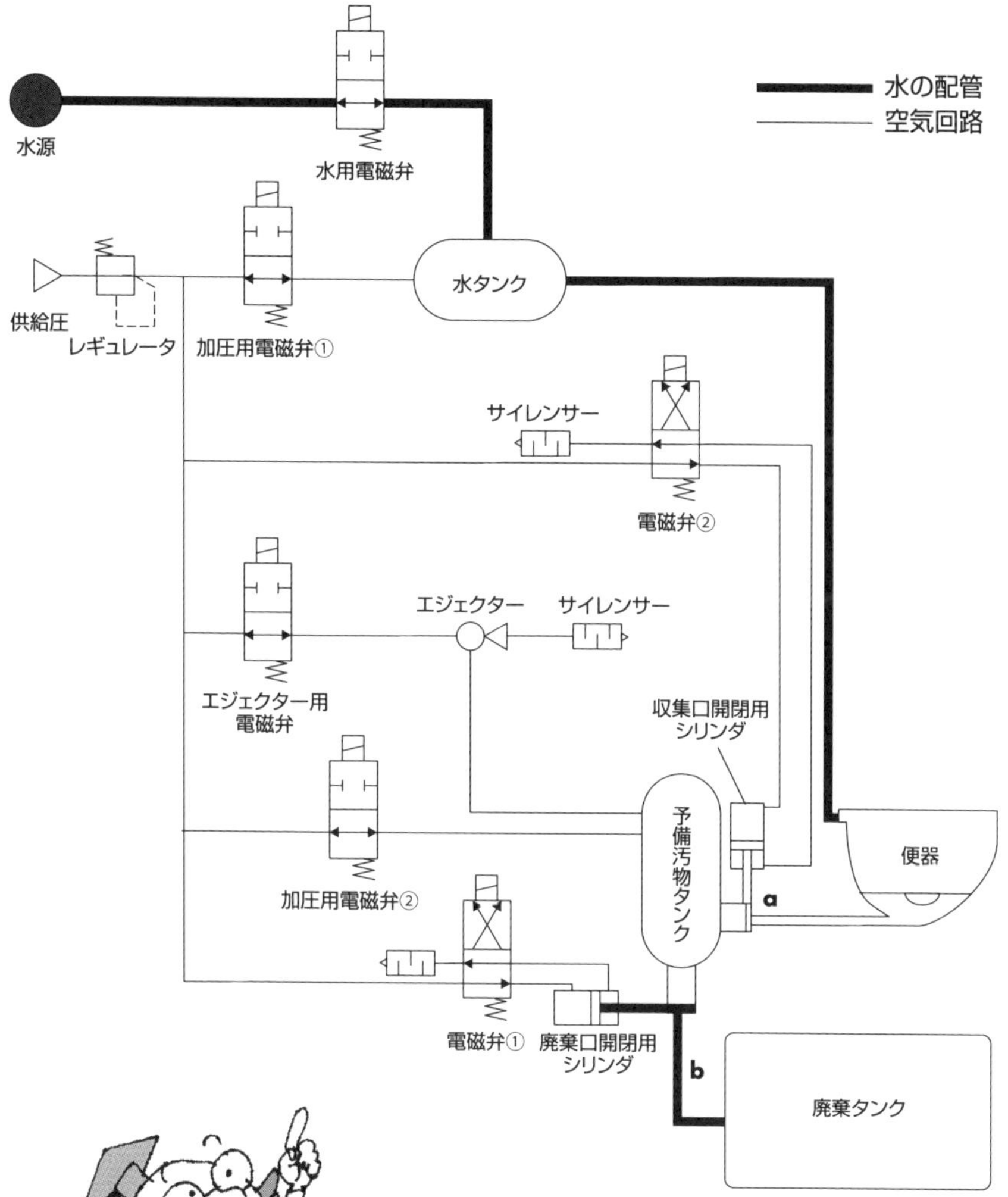

出典：株式会社テシカ

58 空気圧による免震技術

建物を浮かせる

ここでは空気圧の珍しい応用として、住宅の免震技術への応用例を紹介します。日本は地震大国です。歴史上大きな地震を何度も経験し、2024年1月1日には能登半島地震が発生しました。こうした背景から、日本では住宅の免震技術は高い性能が求められます。

紹介する技術は坂本祥一氏が2008年頃、効果的免震方法とのことで考案し、三誠AIR断震システムによって施工されています。2024年時点で、全国で約300棟の住宅に同技術が採用されています。木造住宅では耐震基準（地震に対する強さ）を1〜3で区分けしていますが、ここで紹介する技術は震度7においても家屋内部の揺れと損傷がほとんどないという実績があります。

図1に木造住宅を空気で浮上させる概略図を示します。地震計でとらえた初期微動P波をセンサにより検出し、エアタンクに接続された電磁弁によって人工地盤と建物の間に空気を送り込み、約20㎜浮上させます（**図2**）。端面部分から空気が漏れないように可動式のステンレス板が付いており、浮上時の空気の漏れは最小限です。空気圧は建物の重量と面積の関係で定まる値、例えば100トンの家屋で80㎡の住宅の場合には、空気圧は12㎪ゲージになります。大きな揺れをもたらす主要動S波が来るまでに住宅を浮上させる必要があるため、浮上に要する時間はなるべく短くしなければなりません。

20〜30秒の地震の揺れが収まった後には、電磁弁が閉じられて家屋は着座します。元の位置に戻す機械式ばね機構が備わっています。住宅内には当然ながら家具が設置されていますので、重量のバランスが偏る心配があります。住宅の四隅にはバランサーと呼ばれる傾きをただす直径40㎝の空気シリンダが設置され、地震発生時には動作して建物の水平を保ちます。

要点BOX
- ●地震時に住宅を持ち上げて振動を減らす
- ●空気圧で住宅を約20mm浮上させる
- ●バランサーによって住宅の水平を保つ

図1　木造住宅の空気圧による浮上の概略図

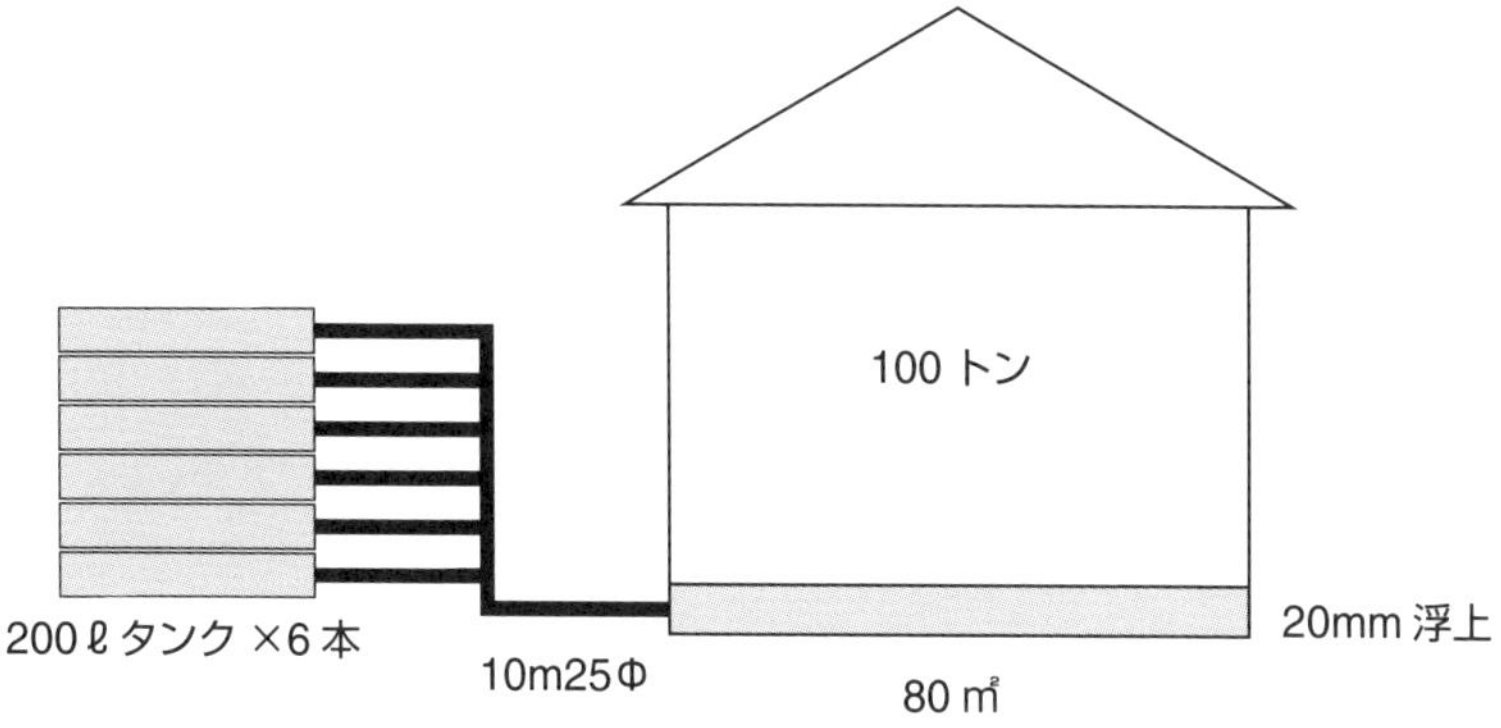

出典：株式会社三誠AIR断震システム

図2　空気圧による浮上の原理

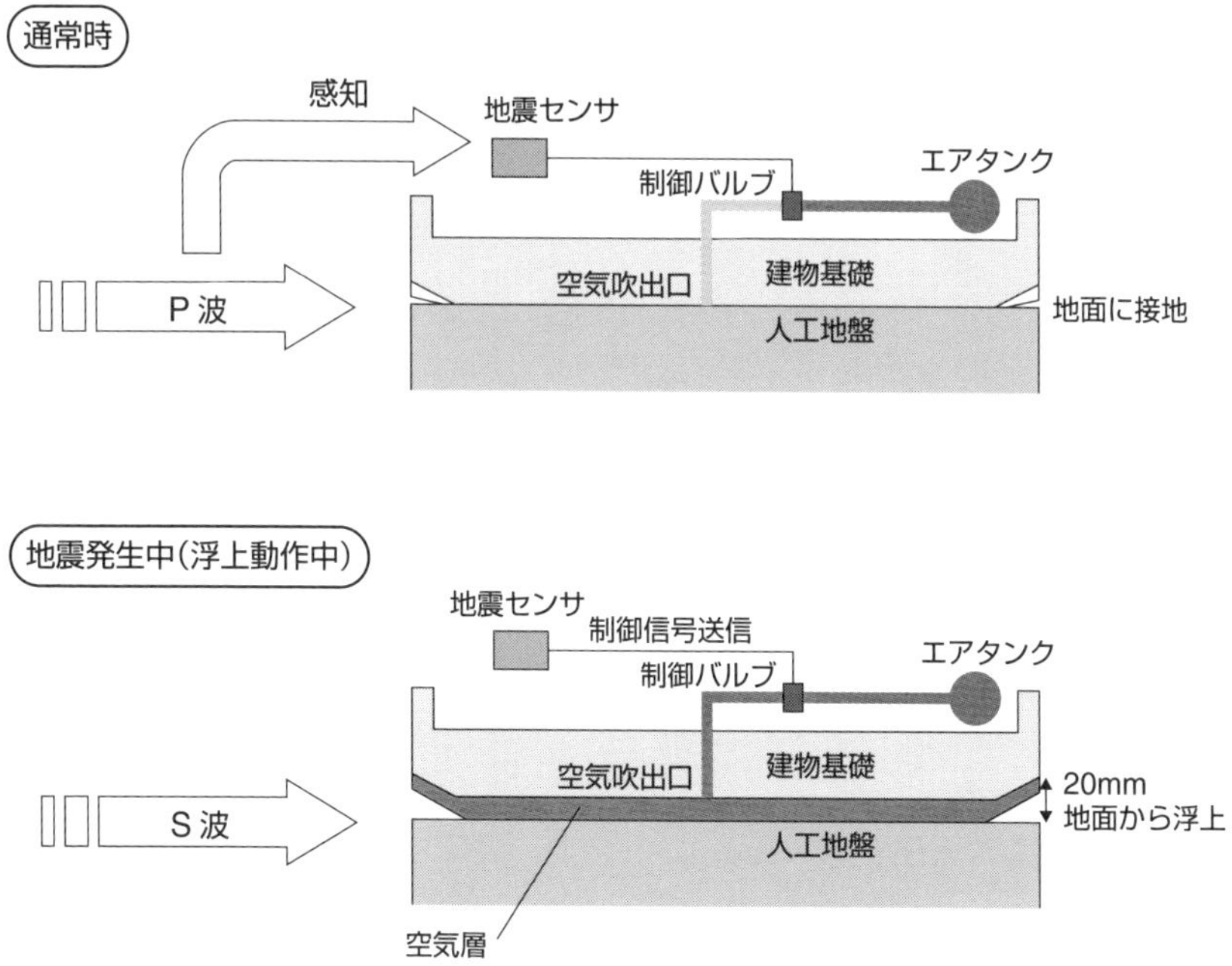

出典：株式会社三誠AIR断震システム

59 航空機操縦者用空気圧耐Gスーツ

下半身の血流滞留を防ぐ

ここでは宇宙航空研究開発機構（JAXA）の加藤博司先生と、西海孝夫先生の研究内容を紹介します。航空機の運動性能の向上により操縦者には大きな加速度がかかります。特に負の加速度がかかった場合には、下半身に血流の滞留が起こって脳内血液量が減少するそうです。これを防ぐために耐Gスーツが考案されています。耐Gスーツは血圧計測の、いわゆる腕帯が下半身を覆う形状です（61項に詳述）。ここに空気圧を充填することによって下半身の血管部を締めて、過度に血液が滞留することがないようにします。耐Gスーツに空気を送るのが、空気圧耐Gバルブです。この仕組みを見てみましょう。

図1に耐Gバルブの構造を示します。よく見ると調節弁ポジショナーのパイロット弁、減圧弁にそっくりです。大きな相違点は、バルブの上部におもりが付いていることです。現在は小型の加速度センサが実用されているので、このような大きなおもりはないですが、理解しやすいためそのまま説明します。上からの加速度がかかると、重力が作用して供給弁が開口して空気供給ポートから空気は耐Gスーツに供給されます。供給された空気はスーツの腕帯形状の内部に入って血管、主に静脈を締めあげ、下半身に滞留する血液量を減らします。出力圧は耐Gバルブの中のダイヤフラムを上部に押し上げ、加速度に応じた適切な出力圧が生成されます。

図2に空気圧耐Gバルブの入出力関係を示します。6Gの入力加速度に対して40 kPaの締め付け圧力が望まれています。この圧力は血管に対しては結構な圧力で、静脈圧力だけでなく動脈圧力を超えています。G（重力）のかかる時間は長くなく、耐Gバルブの性質としては、重力がなくなったときのリリーフ特性も重要と思われます。図3には耐Gスーツの加圧非定常特性を示していて、提案された電空レギュレータとの比較でいい結果を示しています。

要点BOX
- ●加速度がかかっても下半身に血流を滞留させない
- ●重力がなくなったときのリリーフ特性が重要

図1　空気圧耐Gバルブの構造

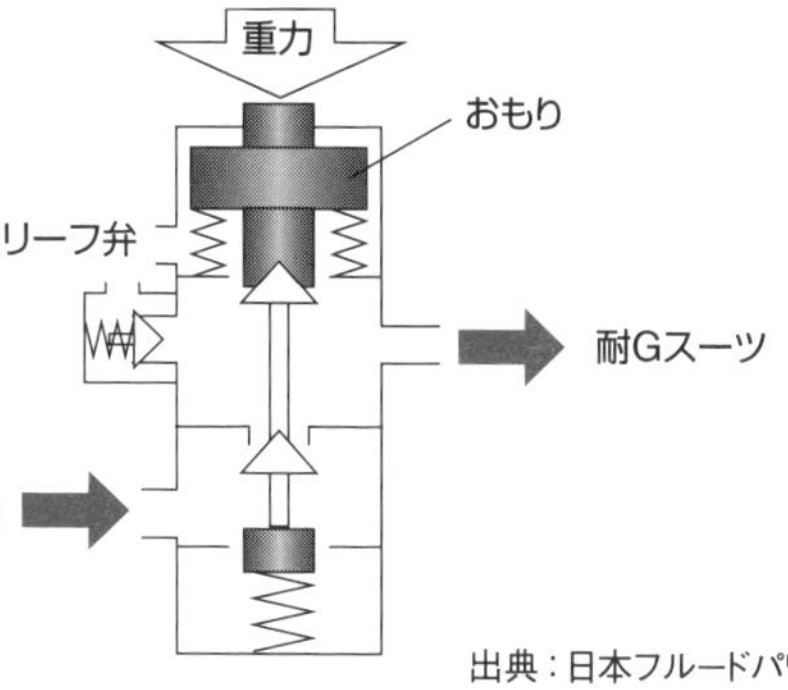

出典：日本フルードパワーシステム学会論文 西海孝夫

図2　空気圧耐Gバルブの入出力関係

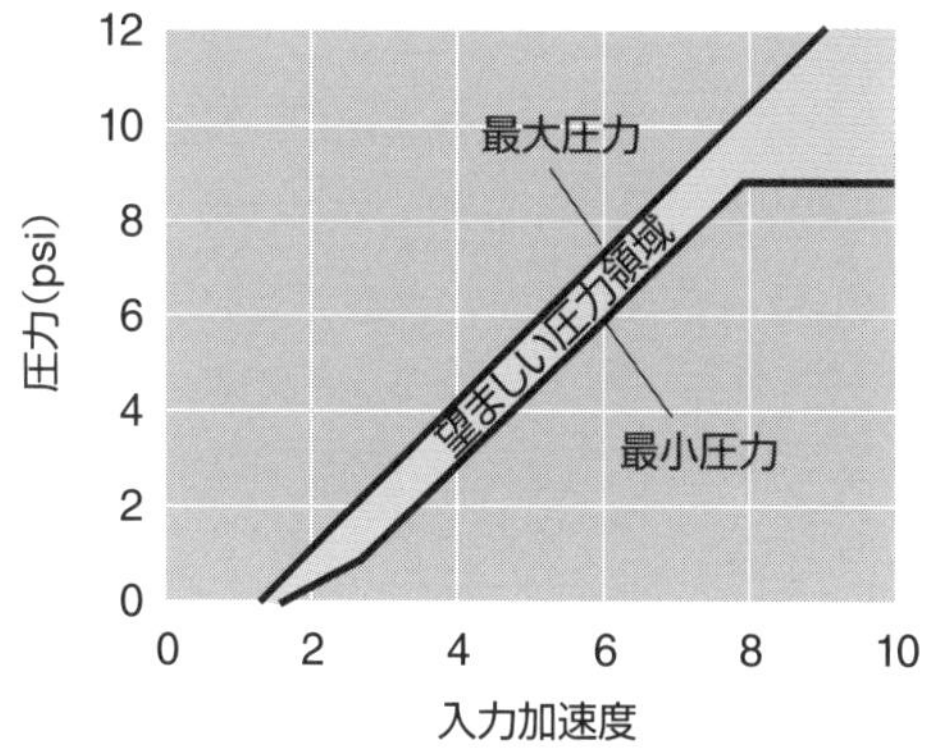

出典：日本フルードパワーシステム学会論文 西海孝夫

図3　耐Gスーツの加圧非定常特性

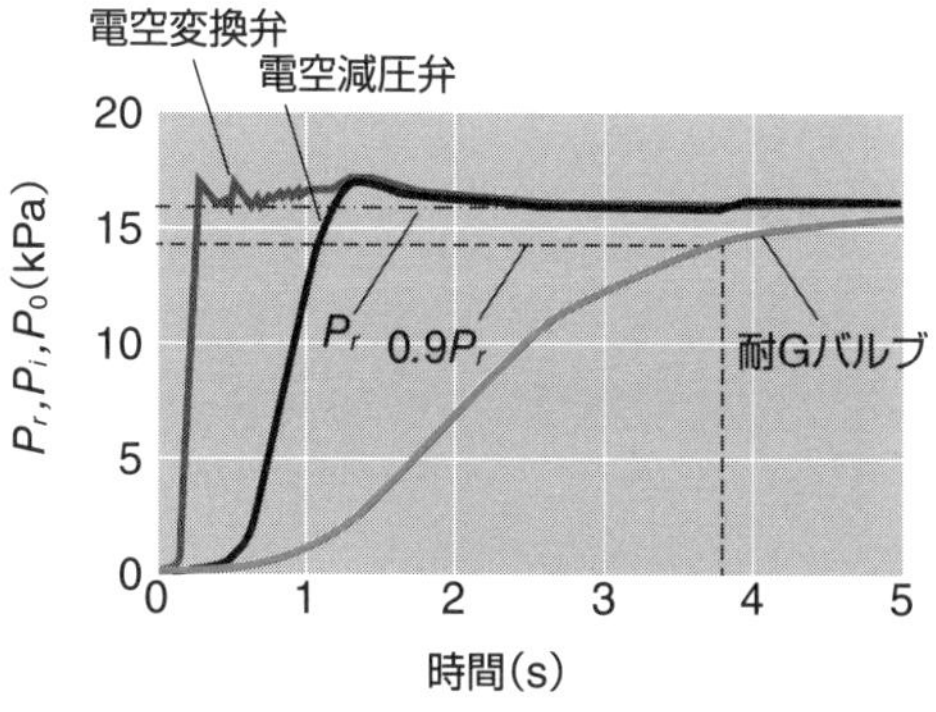

出典：日本フルードパワーシステム学会論文 西海孝夫

60 空気圧釘打機システム

圧縮空気を一気に開放

住宅の建築現場でパンパンという音を聞いたことはありませんか。釘を打つにはいやに速いと思われたことがあるかもしれません。これは空気圧釘打機（ネイラ）で、1秒間に7～8本の釘を連続して打っている音です。20年前までは0・98MPaまでの常圧でしたが、現在の多くの釘打機はコンプレッサ圧力が4・4MPa、釘打機の圧力は2・3MPaで動作しています。

図1に釘打機システムを示します。大気圧の空気は小型コンプレッサによって高圧になり、減圧弁と空気圧ホースを経由して釘打機に接続されます。この特徴は圧縮された空気のエネルギーを一気に放出させて釘を打ち出すもので、2ミリ秒（ms）で平均100W～300Wの仕事をします。この仕事を電動モータで行うとしたら、片手ではとても持てないような重さになり、実用的ではありません。

図2に1秒間に7本の釘を打っている際の圧力の時間波形を示します。釘打機の圧力P_3は釘を打つごとに脈動しています。約2秒経過して30本の釘を打ち続けると、タンクの圧力は徐々に低下して釘打機の圧力P_3も低下します。タンクの圧力が低下するとコンプレッサが再起動します。最近ではインバータ制御が行われ、作業内容によってモードを切り替えられるようになっています。特に可搬式小型コンプレッサでは電源容量の制限を受ける場合が多く、騒音対策とともにコンプレッサの運転制御が重要になっています。

このように空気圧を用いることで軽量の釘打機が実現し、短い時間で高いエネルギーを放出することによって釘をスムーズに打つことができます。釘を単に打つだけでなく、埃を除去するダスター機能やトリガを引き続けて打つ方法に対しての安全装置も考案されています。

要点BOX
- ●1秒間で7～8本を連続して打つ
- ●電動モータでは重すぎる
- ●コンプレッサの運転制御が重要

図1　空気圧釘打機システム

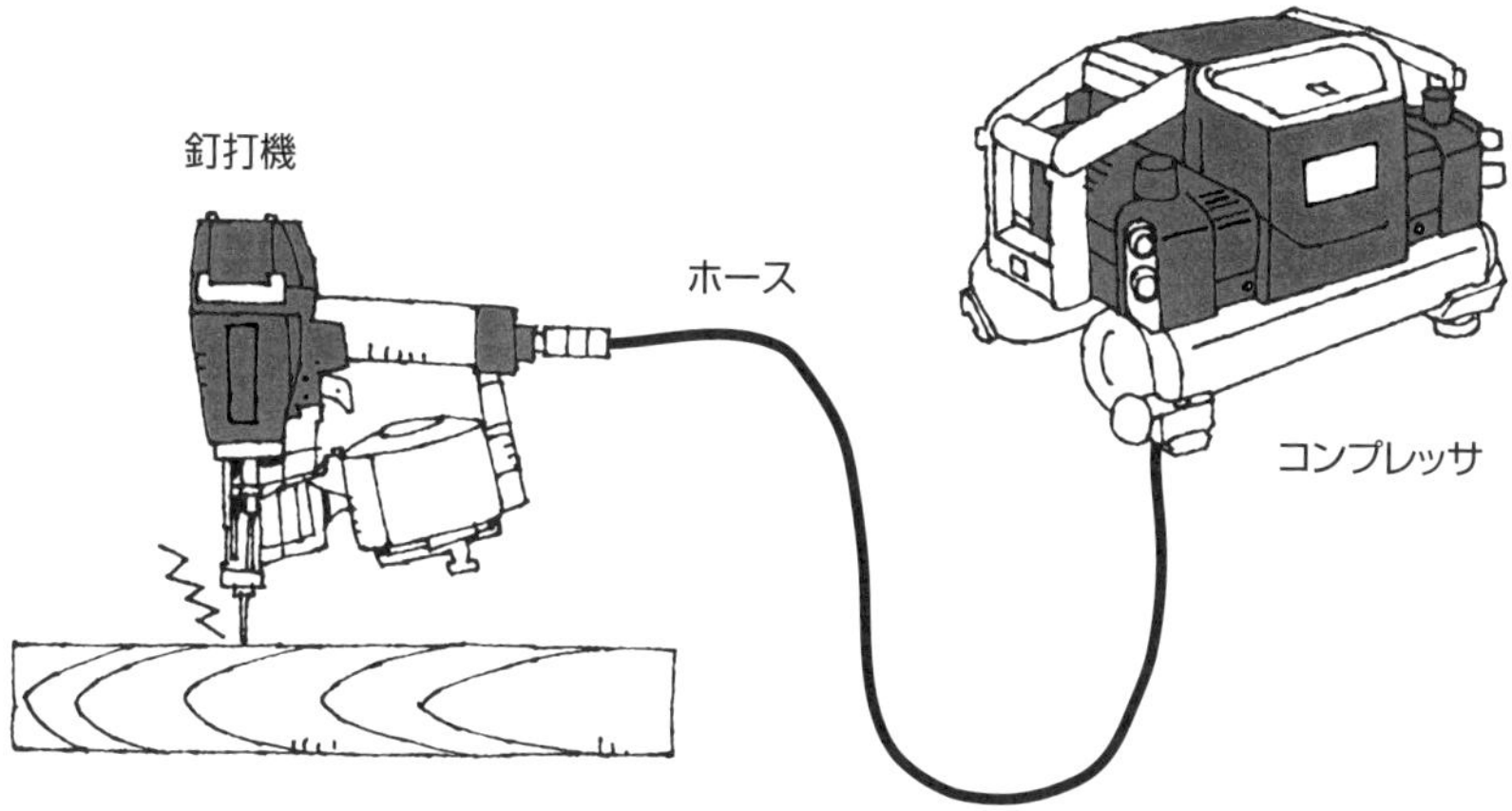

出典：マックス株式会社

図2　釘打機の各圧力実験結果

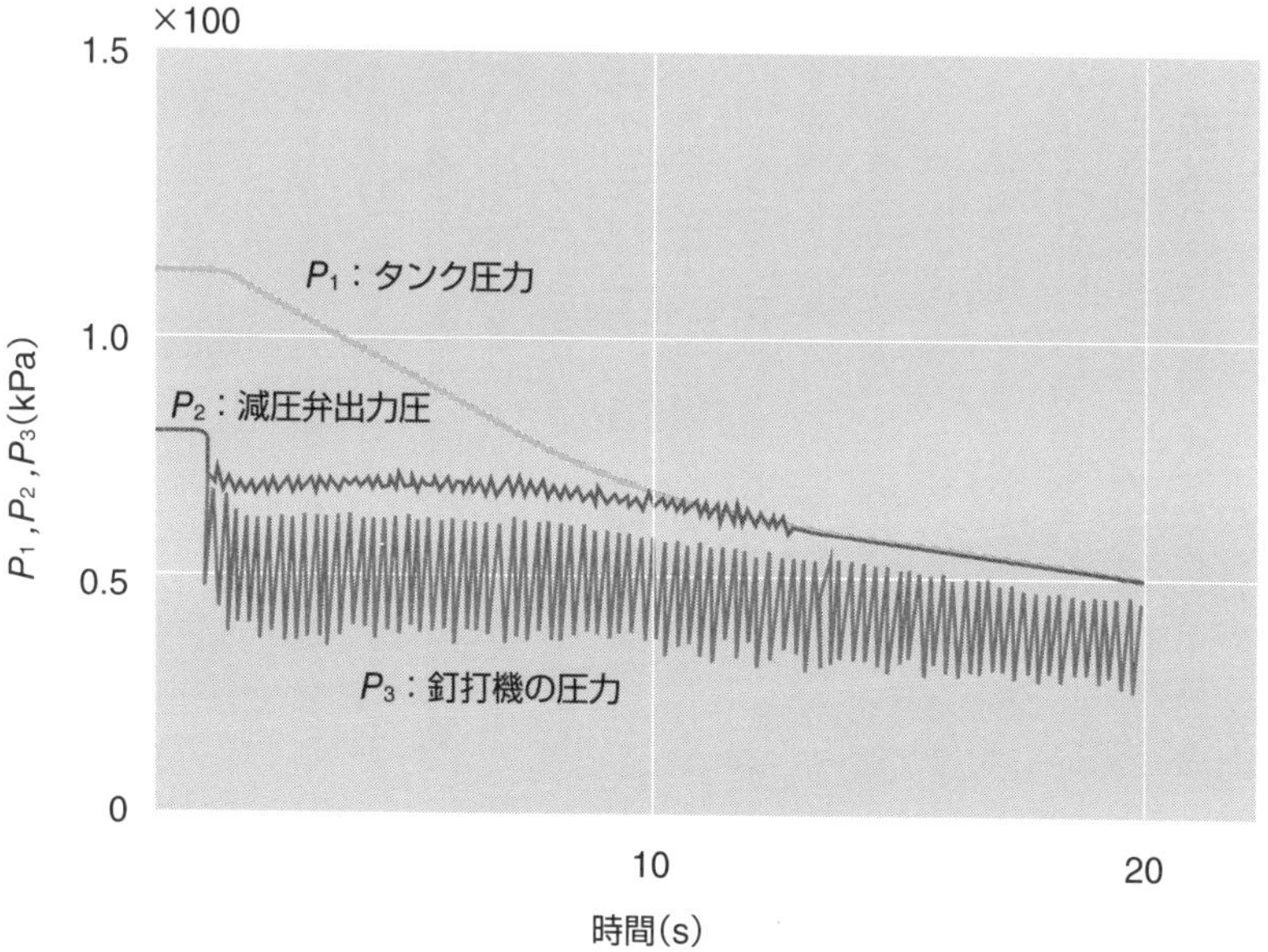

61 空気圧を用いた血圧計測

空気圧カフで動脈を圧迫させる

ここでは、なぜ空気圧カフ(空気圧腕帯)式血圧計は空気圧を用いて人の血圧が計測できるのか、分かりやすく紹介します。血管には心臓から血液を届ける動脈、組織から戻る静脈があります。心臓の収縮・拡張に伴って、心臓吐出圧に脈動が発生します。血圧は、最高血圧と最低血圧の間で変化します。体の内部の動脈の圧力を、血管を切ったり針を刺したりせずに空気圧を用いて測る方法は1905年、ロシアの医師ニコライ・コロトコフが発案しました。この技術は世界中で多くの人が用いており、ノーベル賞に値すると思われます。

200年以上前に動物の血圧を計測している様子が残っています(図1)。脚を縛られた馬が横たわっています。首の頸動脈部分に真鍮製のパイプを刺し、さらに接続したガラスパイプの内側に血液が上昇し、脈動している様子があります。この血液の高さによって血圧を測っています。

図2は手動ポンプを使った水銀圧力計と聴診器によって血圧を非侵襲に測る様子です。手動ポンプから腕帯に空気が送られ、動脈を圧迫します。最高血圧より高い空気圧では血管はつぶれて血液を通過させなくなります。これを圧平状態と言います。腕帯の空気圧を徐々に下げると、圧平状態の血管部分で特別な現象が発生します。音の聞こえ出す圧力が最高血圧、音の聞こえなく圧力が最低血圧です。

この理由を説明しましょう。圧迫する中途半端な状態では、脈動が発生すると、心臓に近い方の血管がピンと張るために音速が速くなり、前の圧力波を潰します。これが衝撃波となって音が発生します。この血圧計測法をコロトコフ音法と言います。

空気圧のセンサのみで脈動を計測する方法をオシロメトリック血圧計測法と言います。現在では、コストと利便性の面から、オシロメトリック血圧計測法が主流となっています。

要点BOX
- 1905年にロシアの医師が発案
- 圧平状態から音が聞こえ出すと最高血圧、聞こえなくなると最低血圧

図1　初期の侵襲血圧計測

図2　水銀血圧計と聴診器

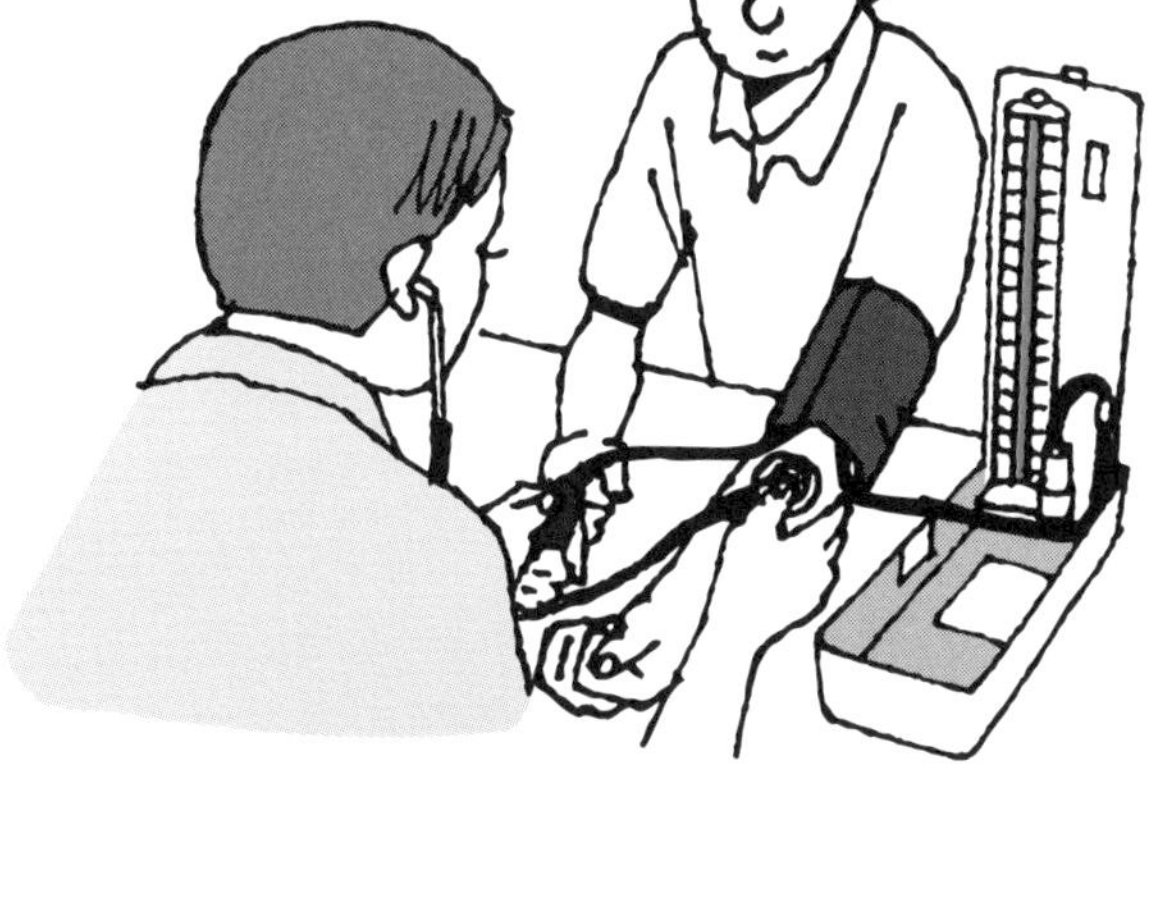

62 血圧計測のための空気圧制御系

短時間での測定

前項で説明したオシロメトリック血圧計測法には、空気圧を巧みに制御するシステムが入っています。ここでは、血圧計測のための空気圧制御について説明します。

図1にカフ圧力制御系を示します。図にはパソコンが描かれていますが、実際は小さなマイコンで行われています。空気圧腕帯のコンプライアンス特性は重要です。コンプライアンス特性とは、どれだけの空気が流入するとどれだけ圧力が上がるかの逆数であり、圧力が高いほど少しの空気で圧力が上がるということになります。この制御系はループゲインが血圧の高さによって大きく変化する特徴を有しています。つまり空気圧カフの圧力が高い領域では、少しの空気の出入りでカフ圧力は大きく変化します。

カフ圧力制御系の役目としては、まずカフ圧力を動脈最高血圧より高く設定し、その後、カフ圧力を1秒に約2㎜Hgの降下速度で減圧する必要があります。

用いられている制御弁は直動形ノズルフラッパ弁で、非常に単純な構造です。この直動形ノズルフラッパ弁の特性は、ノズルとフラッパ面の平板間の流れとなって大変に非線形です。カフの圧力が高いほど、少ない電圧で流量が変化することを示します。

いわゆるPI制御系で、カフ圧を被験者の最高血圧より少し高めまで昇圧して、その後に1秒間に2㎜Hgの減圧速度で最低血圧の下に持っていきます。私の場合は最高血圧が125前後のため、140～150ほどに上げられると腕が痛くて仕方がありませんでしたが、最近の自動血圧計では、加圧の段階で被験者がどれくらいの血圧か概略値を推定するプログラムが入っています。

図2に実験結果を示します。制御開始に若干振動が見られますが、おおむねよく制御されている結果となっています。

要点BOX
- ●圧力が高いほど少しの空気で圧力が上がる
- ●昇圧後、1秒に2mmHgの速度で減圧する
- ●加圧の段階で概略値の推定が可能

図1　カフ圧力制御系

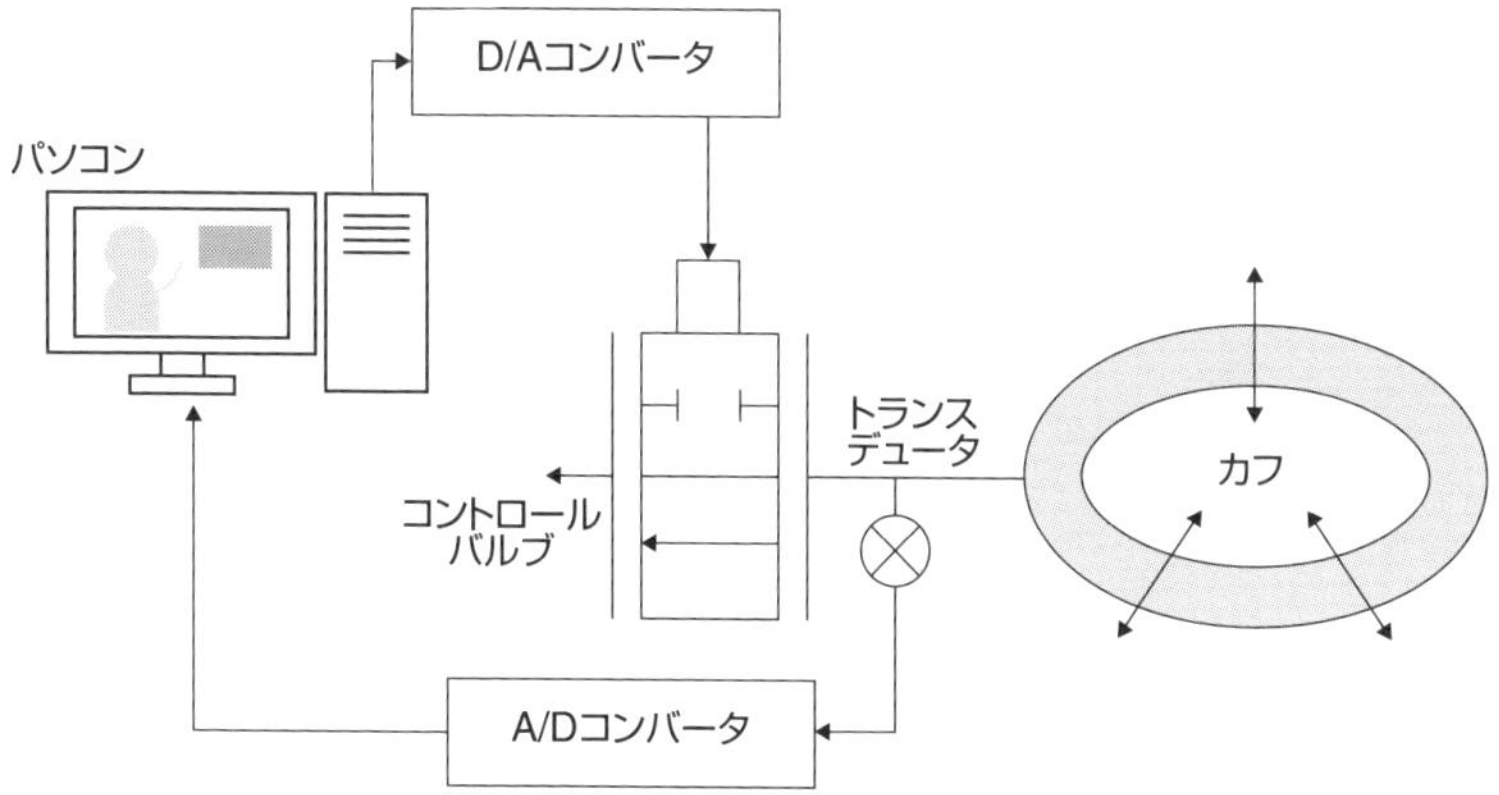

図2　空気圧制御実験結果

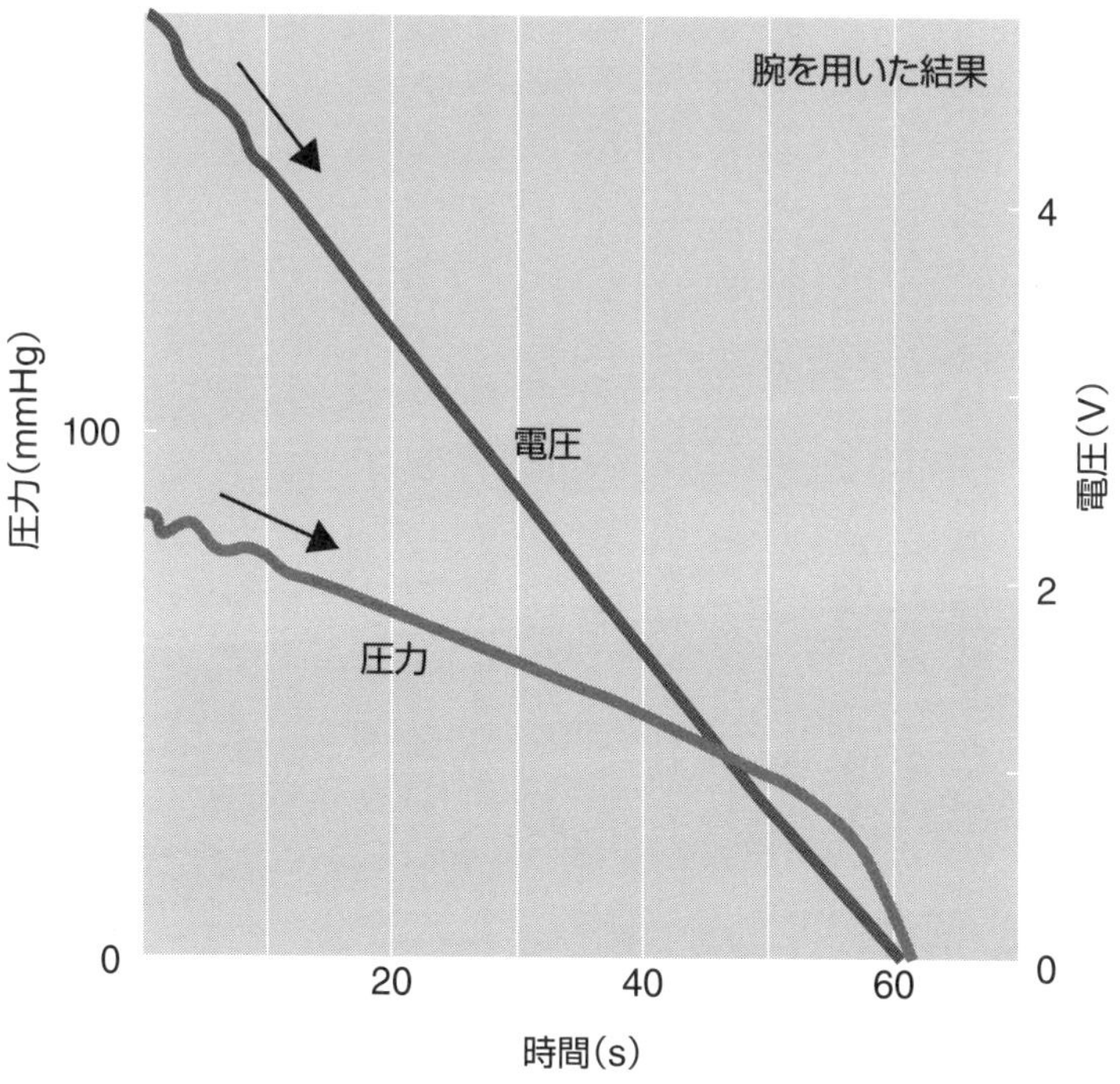

63 内視鏡手術ロボット

力感覚を医師にフィードバック

外科手術における開腹手術は、患者への負荷が大きく回復期間が長くなるため、お腹に小さな穴を開けてそこから腹腔鏡などの器具を入れて行う内視鏡手術が多く実施されています。アメリカ・インテュイティブサージカルの内視鏡手術支援ロボット、ダビンチサージカルシステム(ダビンチ)は日本において2024年時点で約700台採用され、インテュイティブサージカルの独壇場です。ダビンチは電動ロボットであり、高解像度の画像情報のみで手術を行うため、手術時の力感覚のフィードバックはありません。

これに対して、東京工業大学発のベンチャー企業・リバーフィールドが開発する内視鏡ロボットは空気圧を活用して力感覚を医師の操作部分に戻すため、安全な手術が期待できます(**図1**)。**図2**に空気圧アクチュエータと手術ロボットの概念を示します。患者のお腹に入るアクチュエータ部分にはセンサは設置されていないため、消毒が十分に行えるなどのメリットがあります。図中点線部のアクチュエータには保持具やハサミ、縫合器が取り付けられます。医師の手元にある空気圧シリンダの圧力によって、先端で出している力が分かります。手術中に操作具による力感覚を空気圧で再現できると、細かな手の動きや患者を配慮した手術を実現できます。

この形式のロボットは、ベトナム戦争時に危険な戦場で医師が手術をしなくとも、離れた場所からサーボ系によるメスなどの操作を求められたことを発想の起源とします。現在では多くの場合、手術室で患者の傍らで画面を見ながら手術が行われています。このように操作部分、スレーブの力を術者である医師にフィードバックする技術は制御の黎明期から提案されています。バイラテラルサーボ系と呼ばれ、航空機の場合は感覚を伝えることをフィーラーと呼んでいます。

要点BOX

- ●空気圧によって実際の力感覚を再現
- ●手術のしやすさに貢献
- ●軽量という空気圧の特徴が活かされている

図1　空気圧を応用した内視鏡ロボット

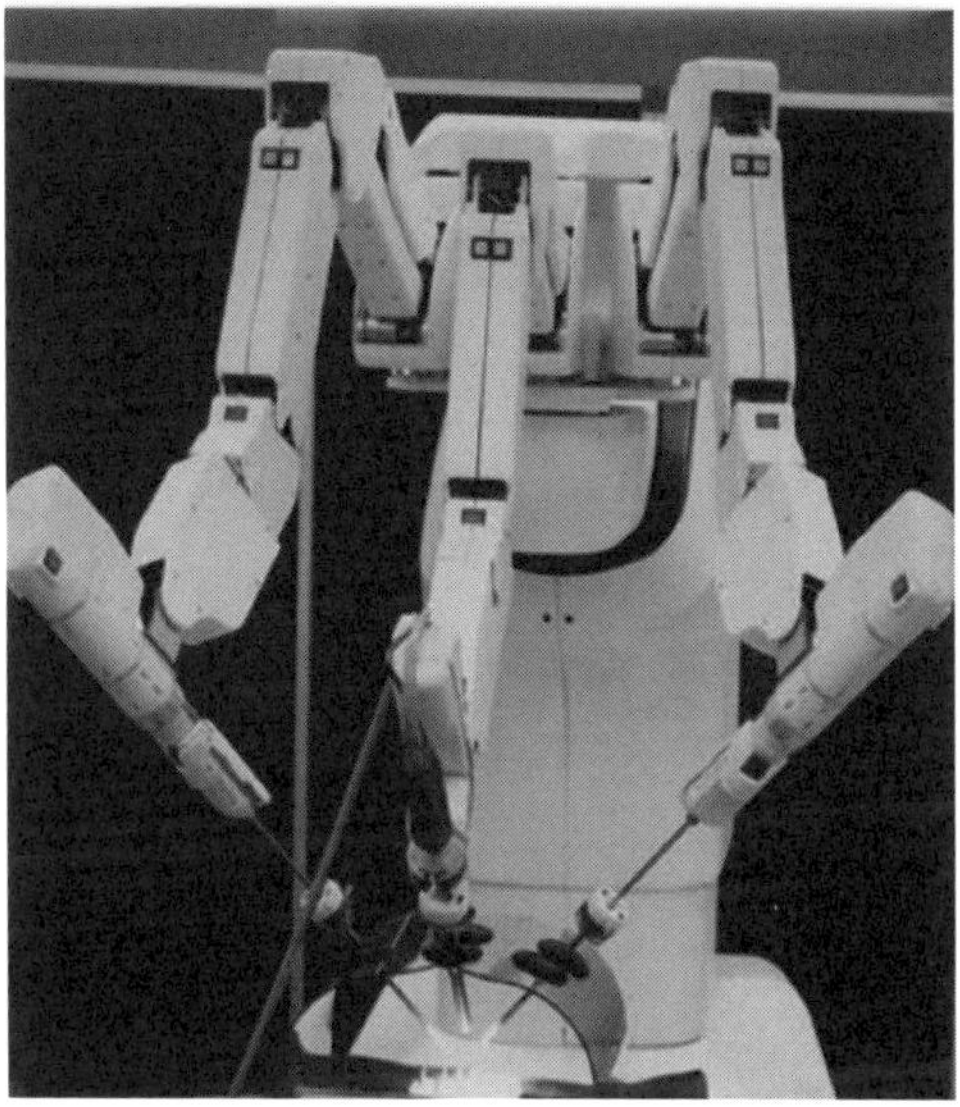

提供：リバーフィールド株式会社

図2　空気圧アクチュエータと手術ロボットの概念

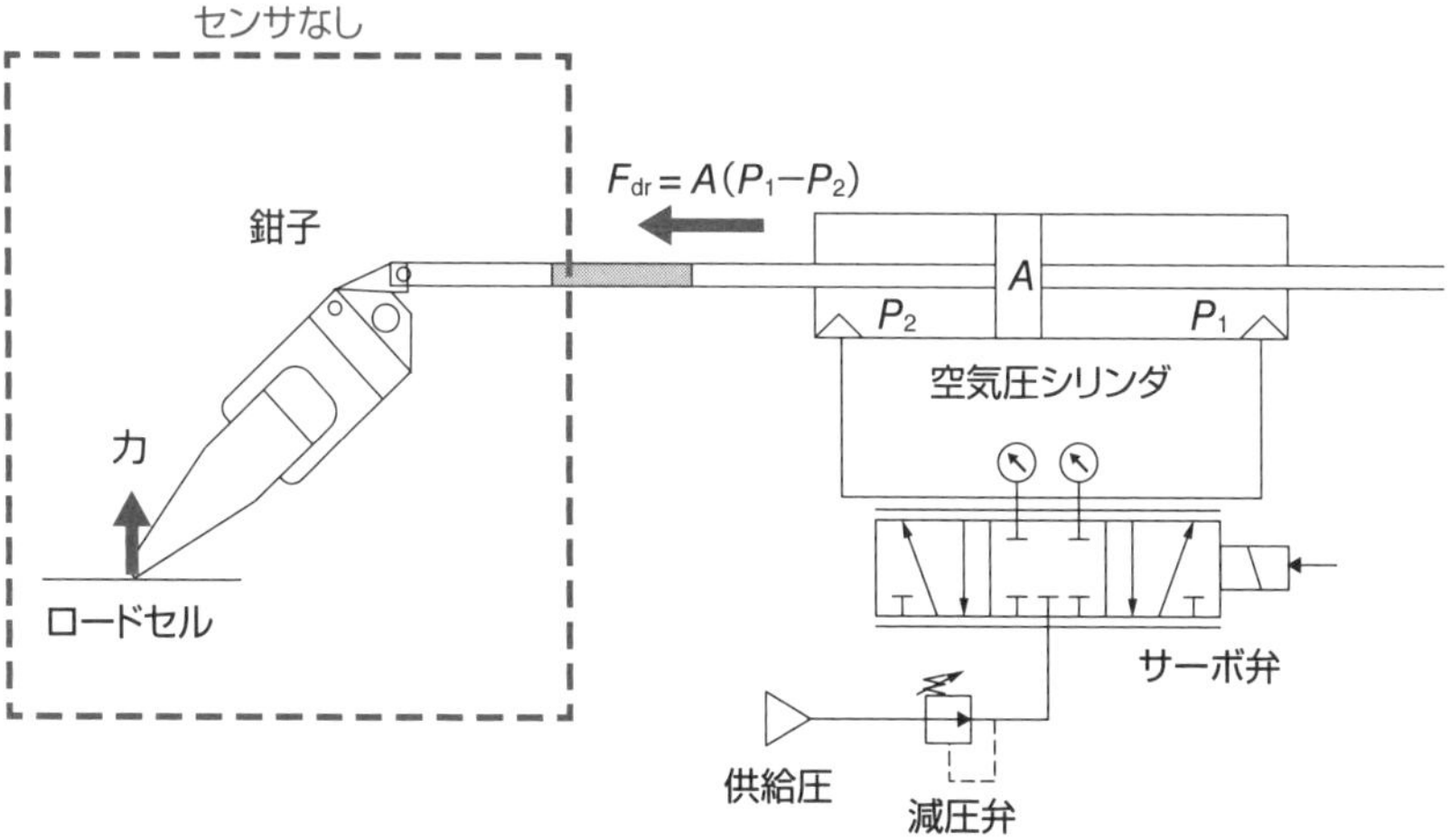

64 空気の波動、インパクトエアブロー

空気圧の威力を増す方法

20年ほど前、SMCのベテラン課長から、大学の先生は何にも分かっていないね、エアの消費はエアブローの方が断然多いですよと言われたことがありました。当時の私は、エアシリンダーの省エネをテーマに研究していました。エアブローとは、エアをノズルから出してチリや埃を製品から除去する技術ですが、確かに言われた通りかなと思いました。

図1のように、フーッと定常的に火のついたろうそくに息を吹きかける場合と、息んで一瞬でパッと吹き出す場合を考えてみましょう。フーッと一定に息を吹きかける場合には、ろうそくの炎はなかなか消えません。一方、一気に息を吐く場合にはろうそくの炎は簡単に消えます。油田やガス田の火災の消火には、水をかけるのではなくダイナマイトによる爆風で消火します。同じ原理ですね。

図2は大浩研熱が開発した、回転波動ノズルのパタガンです。中におもりの付いた円筒形のノズルで、自ら出す空気の運動量で回転してブロー作業を行う機構です。ブーンと結構な音を出します。チリや埃の除去効果は大きくなっています。流体の非定常な波動を用いています。大浩研熱のパタガン以外にも、SMCは省エアインパクトブローガン、CKDはパルスブロー弁として製品化しています。

通常のエアブローはベルヌーイの圧力上昇のみを使いますが、流体を回転させたり、パルス状にすると非定常項が効いてきて、波動による圧力上昇になります。したがって、同じ空気量でも波動が効果を持つわけです。

この波動による圧力上昇は油圧では油撃と呼ばれます。密度と音速と速度変化の積で表され、かなり大きな値になります。パタガンが出てから15年後に大手の空気圧メーカも製品化に取り組み、波動による圧力上昇を使い出しています。

要点BOX
- ●省エネ効果が大きいのはエアブロー
- ●空気を回転させ、波動によってエアブローの性能を高める

図1　ろうそくの炎を消す方法

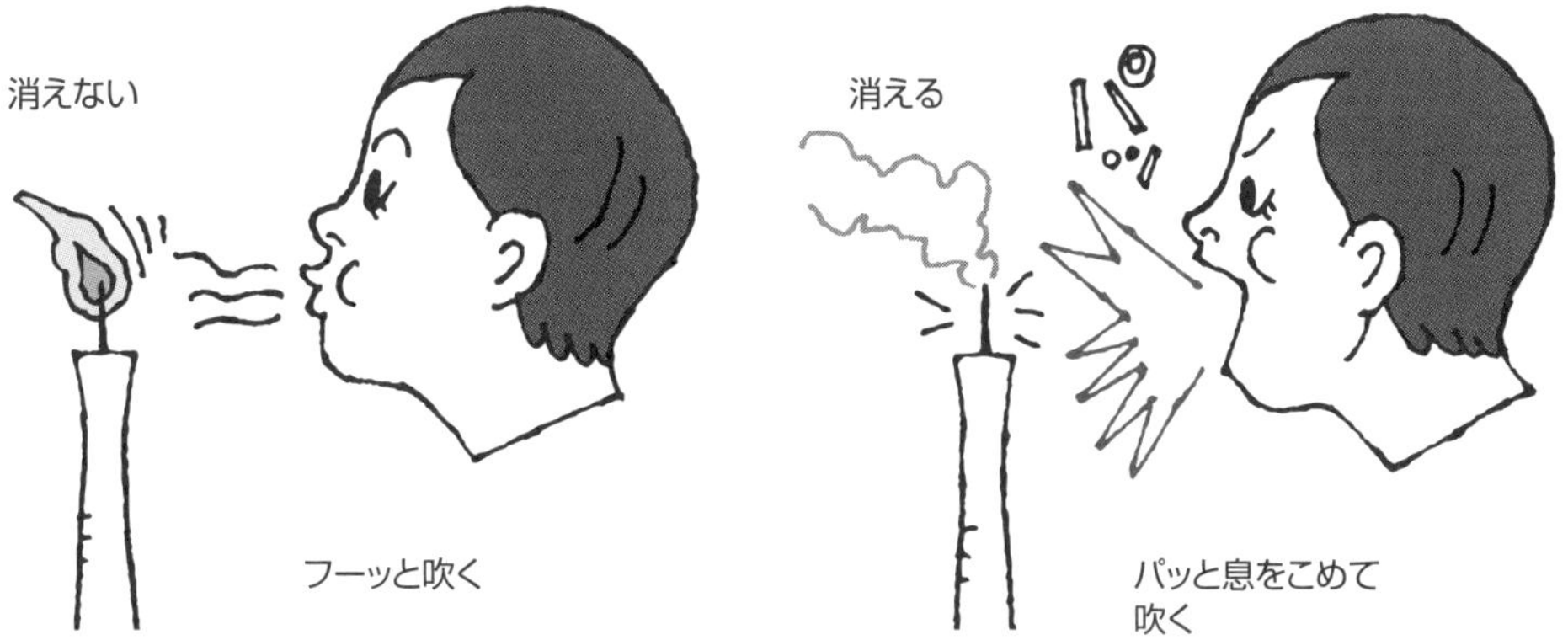

図2　パタガンの機構

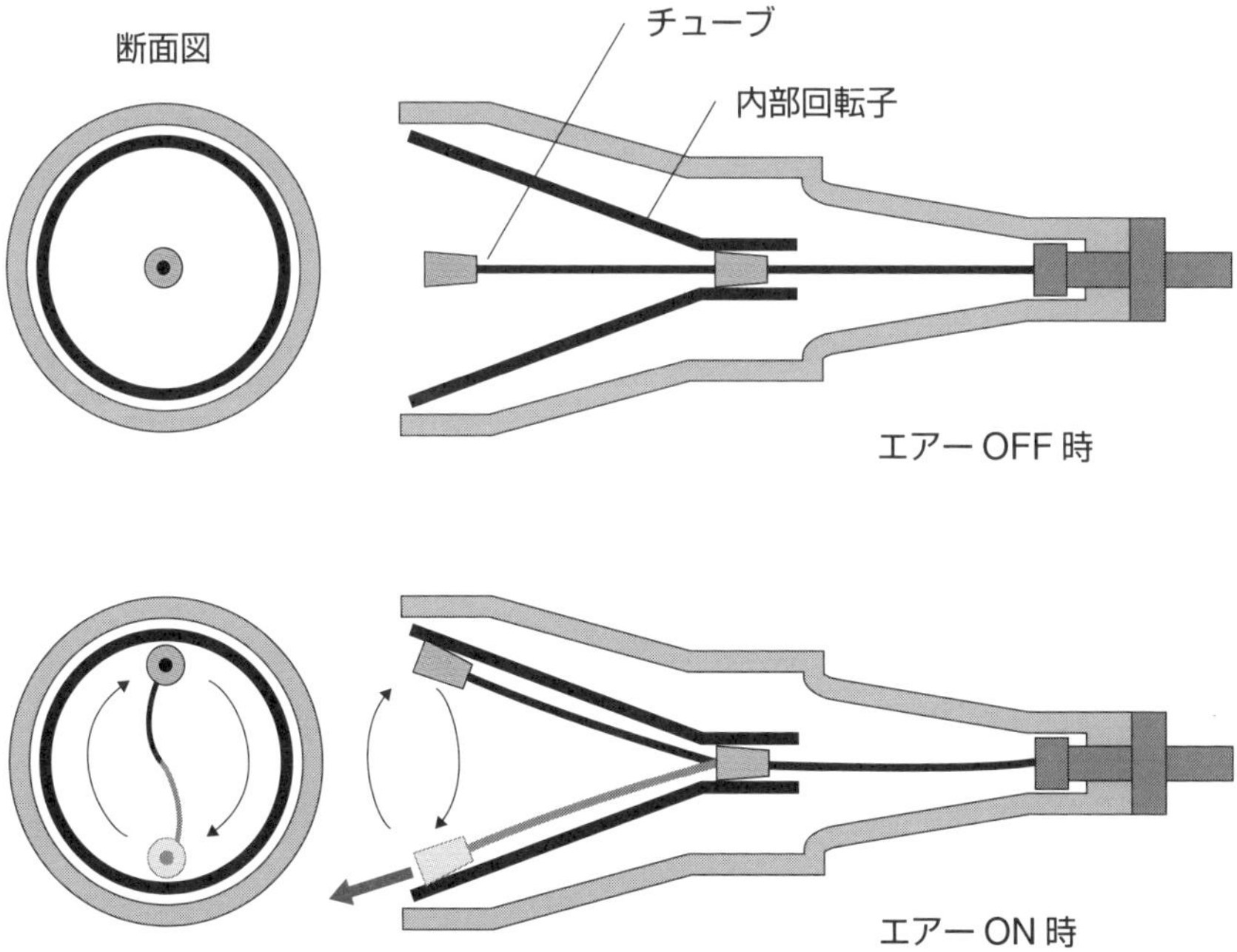

出典：大浩研熱株式会社

Column

空気圧の広がり

産業革命以来、空気圧と油圧は駆動機器に利用されてきました。空気圧は環境性や使いやすさから多くの分野で用いられています。

半導体分野の発達以前の約60年前では、計算や論理判断に空気圧が利用されました。フルイディックスと呼ばれて、流体の流れの切り替えで数値処理も行いました（53項で詳述）。余談ですが、当時は、機械式の計算機（代表的なものはタイガー計算機でした）で、自動車部でのラリーで平均速度や燃費を計算していました。アメリカが開発した巡航ミサイル・トマホークの初期モデルはフルイディックスで姿勢装置を制御していました。

この当時は演算増幅器が1つ2〜3万円する時代で、アナログ計算機によってシミュレーションを行っていました。日本は朝鮮戦争やベトナム戦争の特需によって、工業製品を作れば売れるという時期を経験しました。1970年代は空気圧で動作する調節器が活躍しました。

国内が活況に沸く中、私は大学卒業後の2年間は計測メーカに所属し、毎年給料が20％上がるような状況でした。しかしながら、空気圧の利用分野は限定されていて、シリンダによる駆動以外にエアブローと呼ばれるチリや埃の除去が主な利用分野でした。

空気式の調節器は信頼性が高く動作していました。1975年頃、私はそのことから空気圧に着目しました。この時代、空気圧を研究する人はほとんどいませんでした。動特性を研究し始め、電気系が進歩しても空気圧だからできることを追求していくことになります。

その後、半導体分野が大きく脚光を浴びて空気圧シリンダやロータリーアクチュエータが大量に用いられるようになります。本書でも解説する血圧眼圧計測にも利用され始めました。

1990年代には省エネルギー化が進められ、電動モータの小型化・高性能化に伴い、電動への以降が試みられました。2020年代に入り、空気圧システムの効率性について検討されていますが、未だ十分な結果が出ていません。

しかし、空気圧のよさは使いやすさと利便性、環境性にあります。多種多様なニーズに応え、環境性も兼ね備えた空気圧は、今後、さらに応用範囲を広げると思われます。

- 香川利春：高速応答性に優れた層流形流量センサの開発，計装46(8)，1～4，2003.
- 川嶋健嗣，石井幸男，船木達也，香川利春：等温化圧力容器を用いた充填法による空気圧機器の流量特性計測法，日本フルードパワーシステム学会論文集34(2)，34～39，2003.
- 吉田真，川東孝至，藤田壽憲，川嶋健嗣，香川利春：熱伝達を考慮したガスパイプラインのモデル化，計測自動制御学会論文集39(3)，253～258，2003.
- 尹鍾晧，井上慎太郎，川嶋健嗣，香川利春：放射状すきま流れを用いた低騒音減圧機構に関する研究，日本フルードパワーシステム学会論文集35(5)，77～83，2004.
- 加藤友規，川嶋健嗣，香川利春：等温化圧力容器を応用した圧力微分計の提案，計測自動制御学会論文集40(6)，642～647，2004.
- 船木達也，川嶋健嗣，香川利春：高速応答性を有する気体用層流型流量計の特性解析，計測自動制御学会論文集40(10)，1008～1013，2004.
- 尹鍾晧，村松久巳，川嶋健嗣，香川利春：すきま流れを用いた低騒音減圧機構の可視化による考察，日本フルードパワーシステム学会論文集36(3)，59～65，2005.
- 船木達也，川嶋健嗣，香川利春：気体用連続非定常流量発生装置の開発，計測自動制御学会論文集42(5)，461～466，2006.
- 黎しん，徳永英幸，蔡茂林，船木達也，川嶋健嗣，香川利春：旋回流を用いた非接触搬送系に関する研究：第1報ボルテックス・チャックの基礎特性，日本フルードパワーシステム学会論文集38(1)，1～6，2007.
- 香川利春，蔡茂林：空気圧パワーの計測とエアパワーメータ，油空圧技術47(1)，40～45，2008.
- 張小剣，吉田真，香川利春：分岐・合流を有する圧縮性流体回路の特性，フルードパワーシステム40(3)，50～55，2009.
- 安藤弘平：抵抗溶接機の圧縮空気回路の基礎的動作特性の調査報告，溶接技術11，1963.

【参考文献】

- 香川利春，北川能：特性曲線法における非定常層流圧力損失の高速高精度計算法，機論(B)49(447)，2638～2644，1983.
- T. Kagawa：Heat transfer effects on the frequency response of a pneumatic nozzle flapper, Trans. ASME J. Dynamic Systems, Measurement, and Control, Vol.107, 332～336, 1985.
- 香川利春，清水優史，森田矢次郎：ノズルフラッパを入力部とするノンブリード形空気圧パイロット弁負荷容量系の動特性に関する研究，計測自動制御学会論文集21(5)，480～486，1985.
- 香川利春：空気圧抵抗容量系の動特性，油圧と空気圧17(3)，39～46，1986.
- 香川利春，清水優史：空気圧抵抗容量系の熱伝達を考慮した無次元圧力応答―空気圧抵抗容量系の絞りが閉塞状態を伴う場合のステップ応答，油圧と空気圧19(4)，306～311，1988.
- 香川利春，清水優史，石井良和：空気圧シリンダのメータアウト制御特性に関する研究―シリンダ内の空気温度変化の考慮，油圧と空気圧23(1)，93～99，1992.
- 香川利春，星野毅夫，小山紀，清水優史：圧縮性流体の管路容量系における非定常流れに関する研究，計測自動制御学会論文集28(6)，655～663，1992.
- 香川利春：人工筋アクチュエータの非線形モデル，計測自動制御学会論文集29(10)，1241～1243，1993.
- 香川利春，藤田壽憲，山中孝司：人工筋アクチュエータの非線形モデル，計測自動制御学会論文集29(10)，1241～1243，1993.
- 香川利春：血圧計測，設計工学30(2)，43～46，1995.
- 藤田壽憲，潘衛民，松波辰也，香川利春：調節弁ポジショナの外乱特性，計測自動制御学会論文集32(6)，981～983，1996.
- 藤田壽憲，奥村英彦，山田忠治，井上信昭，遠藤愼二郎，香川利春：補助タンク付空気ばねにおける接続管路のばね特性への影響，日本機械学會論文集C編63(610)，1920～1926，1997.
- 香川利春，加藤達博，藤田壽憲，内藤恭裕：スリット型サイレンサの基本特性，油空圧講演論文集9(2)，60～62，1997.
- 渡嘉敷ルイス，藤田壽憲，香川利春：管路における空気の温度変化が空気圧シリンダ応答へ与える影響，日本油空圧学会論文集29(7)，149～154，1998.
- 川嶋健嗣，藤田壽憲，香川利春：等温化圧力容器を用いた空気の非定常流量発生装置，計測自動制御学会論文集34(12)，1773～1778，1998.
- 遠藤愼二郎，鵜川洋，藤田壽憲，香川利春：大型車用エアオーバハイドロリックブレーキシステムの解析，日本油空圧学会論文集32(5)，131～136，2001.

な

は

ま

や

ら

索引

今日からモノ知りシリーズ
トコトンやさしい
空気圧の本

NDC 534.9

2024年 7月19日 初版1刷発行

発行者 井水 治博
発行所 日刊工業新聞社
東京都中央区日本橋小網町14-1
(郵便番号103-8548)
電話 書籍編集部 03(5644)7490
販売・管理部 03(5644)7403
FAX 03(5644)7400
振替口座 00190-2-186076
URL https://pub.nikkan.co.jp/
e-mail info_shuppan@nikkan.tech
印刷・製本 新日本印刷(株)

●DESIGN STAFF
AD──────志岐滋行
表紙イラスト────黒崎 玄
本文イラスト────小島サエキチ
ブック・デザイン ──大山陽子
(志岐デザイン事務所)

●
落丁・乱丁本はお取り替えいたします。
2024 Printed in Japan
ISBN 978-4-526-08343-3 C3034

●定価はカバーに表示してあります

●著者略歴

香川 利春(かがわ・としはる)

1974年東京工業大学制御工学科卒業。同年、北辰電機製作所技術部門、1976年東京工業大学工学部助手、講師、助教授を経て、1996年精密工学研究所教授。ドイツアーヘン工科大学客員研究員。現在、東京工業大学名誉教授、(株)空気圧工学研究所代表、配管技術研究協会代表理事。生体計測、プロセス制御、空気圧工学を研究

●受賞歴

英国バース大学PTMC最優秀論文賞、計測自動制御学会蓮沼賞、産業標準化事業表彰・経済産業大臣表彰

●著書

『圧縮性流体の計測と制御 空気圧・ガス圧工学解析入門』
『圧縮性流体の計測と制御 空気圧解析入門』(共著、日本工業出版)